知識ゼロからの東大講義

そこが知りたい！ヒトの生物学 2時限目

坪井 貴司

丸善出版

まえがき

「自分は、どうやって生まれてきたのだろう?」と幼少期、思ったことがあるのではないでしょうか? みなさんがその頃知りたかったのは、「どのようにすれば子どもを授かるのか?」ではなく、「どういう過程を経て新しい生命が誕生するのか?」ということだったのではないでしょうか。言い換えると、「受精卵がどのような過程を経て胎児になるのか?」つまり、受精卵からどのようにしてヒトが発生するのかという疑問です。

この疑問に対して完璧な返答をすることは、残念ながら"まだ"できそうにありません。というのも、世界中の誰一人として、そのことについてまだ正確なことを知らないためです。もちろん、21世紀に入ってからの約20年の間に、ヒトの発生に関する研究の進歩は目覚ましく、かなりのことがわかってきました。

現時点でわかっていることは、ヒトの発生は、ビルや自動車などのものを作るといったこととまったく異なる過程を経るということです。ビルや自動車を作るためには、設計図や現場監督、作業員や工具、機械も必要です。しかし、ヒトを作り出すためには、設計図もなければ、現場監督や作業員もおらず、工具も機械すら必要ありません。あるのは、たった一つの受精卵とその中に含まれるゲノムだけです。このゲノム中にある遺伝子から作られるタンパク質が、別の遺伝子を活性化して別のタンパク質を作り出すというドミノ倒しが起こります。しかもさまざまなドミノ倒しが大量かつ同時に、さらに並列に受精卵の中で起こることで、外部から指示されるわけでもなく、勝手にヒトが作り出されていくように見えるのです。ヒトの発生が、このような複雑な制御を受けていることに驚かされます。と同時に、この制御に少しでも狂いが生じると、つまり遺伝子に変異が起こるとまったく予想もしないところにその影響が現れ、ヒトの体の形態形成に異常が起こります。

本書の第1章では、「ヒトがどのように発生するのか」そのしくみについて紹介します。発生学者ルイス・ウォルパートは、「人生において最も大事なときは、誕生でもなく、結婚でもなく、死でもなく、原腸陥入《げんちょうかんにゅう》である」という言葉を遺しました。原腸陥入がどうしてヒトの発生で大切なのかを説明するとともに、遺伝子に変異が起こると、どのような発生異常が起こるのかについても取り上げます。

続く第2章では、ヒトがどのようにして子孫を残すのか、またどのようなしくみで生物学的な性が作り出されるのかについて取り上げます。そして、生物学的な性は、男性か女性かの二元的なものではなく、実は広がりをもったスペクトラムであることや、生物学的に性同一性や性的指向がどこまで明らかになっているのかについても取り上げます。

第3章では、体を動かすために必要不可欠な筋肉や心筋の構造と収縮のしくみについて取り上げます。同じ筋力トレーニングのメニューをこなしているのにもかかわらず、なぜ筋肉隆々となる人とそうでない人がいるのか、短距離選手は寒さに弱いかもしれないのはなぜか、といった話題も取り上げます。そして、遺伝子変異と突然死の関係、自動体外式除細動器（AED）の大切さについて取り上げます。

最後の第4章では、私たちの五感、つまり、視覚（見る）、聴覚（聞く）、味覚（味わう）、嗅覚（嗅ぐ）、触覚（皮膚などの感覚）のしくみについて取り上げます。皮膚感覚を担う受容体は、トイレに行きたいという感覚を感じるために必要不可欠であることや、熱いと辛いは同じ感覚であること、嗅覚や味覚受容体が、鼻や舌だけでなく、さまざまな臓器に発現している理由について取り上げます。

本書は、前著（『そうだったのか！ヒトの生物学』）では紙面の都合上取り上げることのできなかったテーマ、ヒトの発生や生殖、そして運動や感覚といった私たちの生きるためのしくみを取り上げました。そして、前著と同様に、私たちの体に関する素朴な疑問を元に、現在の生物学がその疑問をどこまで解明できているのかという観点から、生物学にあまり触れたことのない人にもわかりやすい平易な言葉で説明することを心掛けました。

しかし、どうしても専門用語を使わざる得ない場合があるため、時には複雑で難しいと思われる箇所もあるかもしれません。ただ、ヒトの発生や体のしくみの精巧さ、凄さをわかっていただくためには、最低限の用語は理解していただく必要があります。その点だけ我慢して読み進めていただきたいと思います。そして、最終的には、私たちの体は、非常に難解なしくみで動いているように見えるけれども、実は単純な基本原理で動いていることを知っていただけると嬉しい限りです。

本書が完成するまでには非常に多くの方々のご尽力を賜りました。東京大学大学院総合文化研究科坪井研究室の皆さんには、さまざまな意見やイラスト作成に協力いただきました。共同研究者や旧知の友人からは、温かい激励をいただきました。そしてこのような機会を与えてくださった丸善出版株式会社、いつも励ましてくださった小畑悠一さんのおかげで本書を世に出すことができました。この場をお借りして、皆様に厚く御礼を申し上げます。

本書を通して、「いのちの神秘さと大切さ」を感じていただければ、筆者としてこの上ない喜びです。

さあ、「そこが知りたかった！」が満載のヒトの生物学の世界へようこそ！

２０２３年　７月

坪井貴司

目次

1

発　生

誕生と成長のしくみ

1章 発 生 誕生と成長のしくみ

渋谷駅には、JRと私鉄合わせて10路線が乗り入れています。乗り換えのための連絡通路が非常に入り組んでいるため、渋谷駅は、迷宮《ダンジョン》と呼ばれることもあります。さまざまな路線が入り組んだ姿は、まるで血管や神経、臓器が複雑に配置されたヒトの体のようです。渋谷駅ではこの状況を改善するために、100年に1度の大改造がすすめられています。たとえば2023年、山手線を2日間以上運休させ、これまで別々だった山手線渋谷駅の内回りと外回りのホームを一体化する工事が実施されました。

この大工事の裏側には人員の配置や重機、線路など資材の緻密な事前準備、精巧な設計図が必要です。計画と準備が整ったうえで、大人数の作業員が一致団結して共同作業をすることで、この事業が成し遂げられたのです。

▼100年に1度の大改造とヒトの発生の大きな違い

では、受精卵から私たちの体を作る大工事、つまり「発生」ではどうでしょうか。渋谷駅の工事では、長時間にわたり電車を運休することができました。しかし、私たちの体では、血管を作るために心臓を止めるといったことは、個体の死に直結するためできません。私たちヒトの体は、たった1個の**受精卵**が分裂を繰り返すことで細胞数を増やし、個々の細胞が適切な場所へと配列されることによって構築されます。ヒトなどの多細胞生物が個体を構築するまでの過程を発生と呼びます。たった1個の受精卵が、最終的に約37兆個の細胞にまで分裂することで、ヒトの体が構築されます[1]。そのため、私たちの体では、まるで電車を運休させることなく、線路を切り替えるというような離れ業で、作り上げられているのです。

突然ですが「風が吹けば桶屋が儲かる」ということわざを知っていますか？　このことわざは、一見まったく関係のないところに因果関係があることを示す言葉です。具体的には、強い風によって砂ぼこりで目が悪くなる人が増え、そのため三味線で生計を立てる人が増えるため、三味線の胴に張るネコの皮の需要も増え、ネコが減り、増えたネズミが桶をかじるので、桶屋が儲かるというものです。ヒトの発生もこの話に似ています。つまり、ヒトの遺伝子*A*から作られるタンパク質Aが遺伝子*B*を活性化してタンパク質Bが作られる。すると、タンパク質Bが遺伝子*C*を活性化して、タンパク質Cが増える、という反応がドミノのように繰り返されます。渋谷駅の工事とは異なり、さまざまな遺伝子から作られるタンパク質が、ドミノのようにさまざまな現象を引き起こし、積み重なり、最終的に私たちヒトの体が形作られていくのです。遺伝子は、体の設計図だとよく例えられますが、遺伝子自体は、体を作る個々のタンパク質の設計図であるだけで、直接的に組み立てる機能はありません。つまり、遺伝子が変異すると、作り出されるタンパク質が変異し、そのタンパク質によって引き起こされる現象が変化し、体の形態形成に異常が起こるのです。

渋谷駅の大工事とヒトの発生とは、似ているようで、その作り方が大きく異なるのです。

▼桁違いに大きい卵 ― 大きいことの利点と欠点

ヒトの発生は、卵と精子が受精した受精卵から始まります。受精卵は、他の細胞よりもはるかに大きく、その大きさは、直径約１００マイクロメートル（１マイクロメートルは、１０００分の１ミリメートル）の球状をし、その体積のほとんどを細胞質が占めています。一方、ヒトの体細胞は、直径約10マイクロメートルです。ヒトの体細胞と受精卵を比較すると、受精卵のサイズはひときわ巨大で、体積は体細胞のおよそ１０００倍です。

なぜ受精卵はこれほどまで大きいのでしょうか？　受精卵が大きいのには、いくつかの理由があります。受精卵には、外部から栄養素を取り込むための口もなく、栄養素を吸収するための消化管もありません。そのため、外部から栄養素を取り込んで利用するためのさまざまな臓器が完成するまでは、発生に必要な栄養素をすべて細胞質に貯蔵するため、受精卵が大きくなっています。

受精卵は、２つ、４つ、８つと分裂するたびに細胞の大きさが小さくなります。この過程を**卵割**《らんかつ》と呼びます。卵割の間は、細胞分裂だけが行われ、細胞がもとの大きさにまで成長するようなことは起こりません。つまり受精卵は、細胞が成長しないことで細胞の数を増やすことに専念し、栄養補給という問題の解決を、外部から栄養素を取り込むしくみが整うまで回避しています。卵割中の細胞は成長する必要がないため、卵割における細胞分裂は、**母細胞**《ぼさいぼう》（分裂前の細胞）の細胞内に存在するさまざまな分子を、**娘細胞**《じょうさいぼう》（分裂後にできた細胞）に均等に分配できるというメリットがあります。そのため、受精卵に存在するさまざまなタンパク質や栄養素の濃度は変化しません。このように、母細胞と同じ形状と機能を持つ２つの娘細胞ができる分裂は、**対称細胞分裂**《たいしょうさいぼうぶんれつ》とも呼ばれます。

細胞が大きいことの欠点もあります。それは、ＤＮＡ（染色体）とその産生物の分配です。私たちヒトの体を構成する細胞の中では、ＤＮＡから転写されたＲＮＡ、ＲＮＡから翻訳されたタンパク質がさまざまな生命現象を調節しています（⇒「そうだったのか！ヒトの生物学」（以後「そうだったのか」）、66ページ）。分裂前の母細胞には、母親由来の染色体が23本、そして父親由来の染色体が23本、合わせて46本の染色体が存在します。分裂後の娘細胞にもそれぞれ46本の染色体を均等に分配する必要があるため、細胞分裂前に染色体を複製しなければなりません。ここで問題になるのが、受精卵の大きさです。１つのＤＮＡを転写、翻訳し産生したＲＮＡやタンパク質を、体細胞よりも１０００倍も大きい受精卵内のすみずみまでいきわたらせ、機能させることは非常に困難です。そのため、受精卵は、まず成長する必要のない細胞分裂である卵割を行うのです。卵割が進むにしたがって、細胞の大きさが小さくなると、ＲＮＡやタンパク質が細胞のすみずみまでいきわたり作用できるようになります。このように受精卵が巨大であることは、受精後の発生に重要であり、利点でもあるのですが、染色体を正しく分配することが難しくなり、染色体数の異常になりやすいという欠点もはらんでいます[2]。

卵割中の受精卵では、転写と翻訳は行われているのでしょうか？　ＲＮＡからタンパク質への翻訳は行われているのですが、ＤＮＡからＲＮＡへの転写は行われていません。親の体内で卵のもととなる卵母細胞が成熟する過程で、細胞内に栄養素と一緒に卵割に必要なＲＮＡやタンパク質も同時に貯蔵されているためです。卵割が終わると、分裂した細胞が集合して組織や器官を形成し、それぞれが特徴的な機能を持ち始めます。この過程を**分化**といいます。分化の初期に必要なRNAも卵母細胞のときに転写され、必要な場所に局在しています。つまり、卵割や細胞の分化に必要なRNAやタンパク質は、受精卵の中に既に貯蔵されていて、必要なタイミングで翻訳、また活性化されることで発生が進むのです。[3] 体を作るためには多くの資材が必要なため、受精卵はあらかじめ大きくなっています。

▼自分の置かれた位置情報を知る

では、実際の発生の様子を見てみましょう。マウスの卵割は、1日ごとに起こります。卵と精子が受精した3日後、8細胞になった胚が再び分裂し、16細胞からできた**桑実胚**《そうじつはい》と呼ばれる構造になります。その後、桑実胚では細胞同士の接着性が増して、**緊密化**（**コンパクション**とも呼ばれます）します（**図1**）。しかし、卵割による細胞数の増加には限度があり、いくらでも細胞を増やせるわけではありません。というのも、分裂のたびに個々の細胞の容積が半分になり、小さくなりますす。すると、すぐさま細胞として存在できる最小のサイズに達します。そのようになると、細胞分裂しながら細胞が大きく成長する必要が出てきます。しかし、細胞が成長するためには、何らかの手段で外部から栄養素を入手しなければなりません。そのため、一部の細胞が栄養素を外部から取り入れるために特殊化、つまり分化する必要があります。もともと均一な細胞がそれぞれ別の細胞に分化するためには、何らかの情報が必要となります。

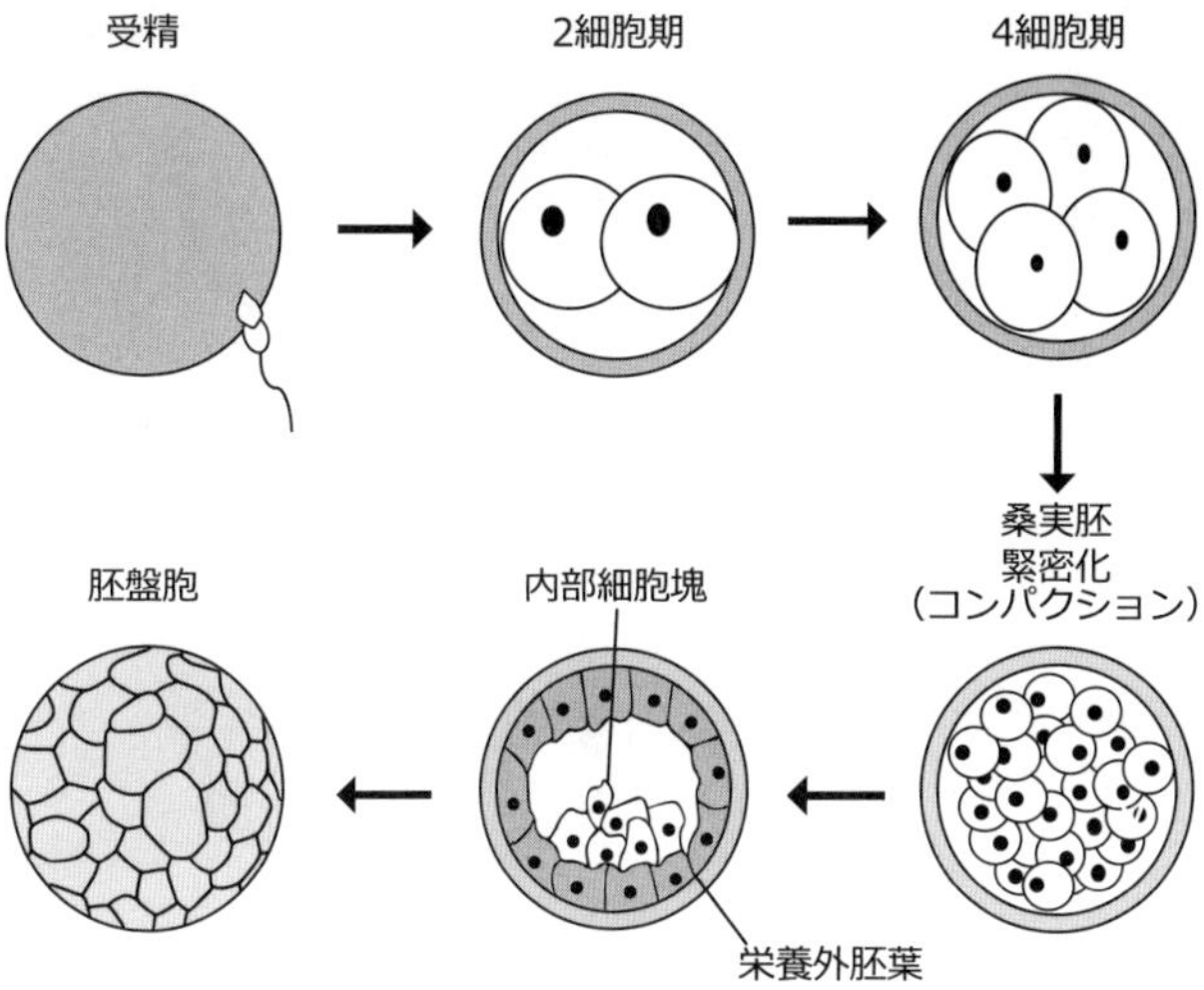

図1　発生

アフリカツメガエルなどの下等な動物の場合、卵母細胞内に含まれているRNAやタンパク質は場所によって濃度の差があり、細胞が分化するのに必要な情報は、細胞内分子の濃度勾配という形で貯蔵されています。卵割が起こると個々の娘細胞が受け取る分子に濃度差が生まれ、これが引き金となり、さまざまな機能を持つ細胞へと分化していきます。しかし、私たちヒトを含めた哺乳類の卵母細胞では、特定の分子の濃度勾配は存在しません[4]。つまり、下等動物のような方法は利用できないのです。

では、哺乳類の受精卵にとって、何が重要な情報なのでしょうか？　卵割が進行し、細胞数が32個、64個（64個にまで卵割が進んだ状態を**胚《はい》盤《ばん》胞《ほう》**と呼びます）と増えていくと、胚全体に対して各細胞の大きさが小さくなります。すると、一部の細胞は胚の内側へ、残りの細胞は外側に位置します。つまり胚の内側または、体液に面した外側にいるのか、その違いが重要な情報になるのです。外側にいる、つまり体液に面していることを感じ取った細胞の中では、さまざまな遺伝子が活性化され、**栄養外胚葉**《えいようがいはいよう》と呼ばれる層に分化します（**図2**）。栄養外胚葉は、胚に栄養を補給するための構造へと分化し、子宮壁へとめり込んでいくため、胎児になることはありません[5]。一方、胚の内側の細胞は、**内部細胞塊**《ないぶさいぼうかい》（マウスの場合は、わずか10～15個の細胞からなる）と呼ばれ、遺伝子の発現は起こりません。栄養外胚葉が、胚の内部へ体液を輸送し始めると、胚の内側は、体液で満たされ、**胞胚腔**《ほうはいくう》と呼ばれる大きな内腔ができあがります。この状態になると、内部細胞塊の一部だけが、体液で満たされた胞胚腔に面した状態になります。このように哺乳類の胚では、下等動物とは異なり、胚の内側かあるいは外液と接している外側かという単純な物理的な位置情報を利用して、分化していきます。

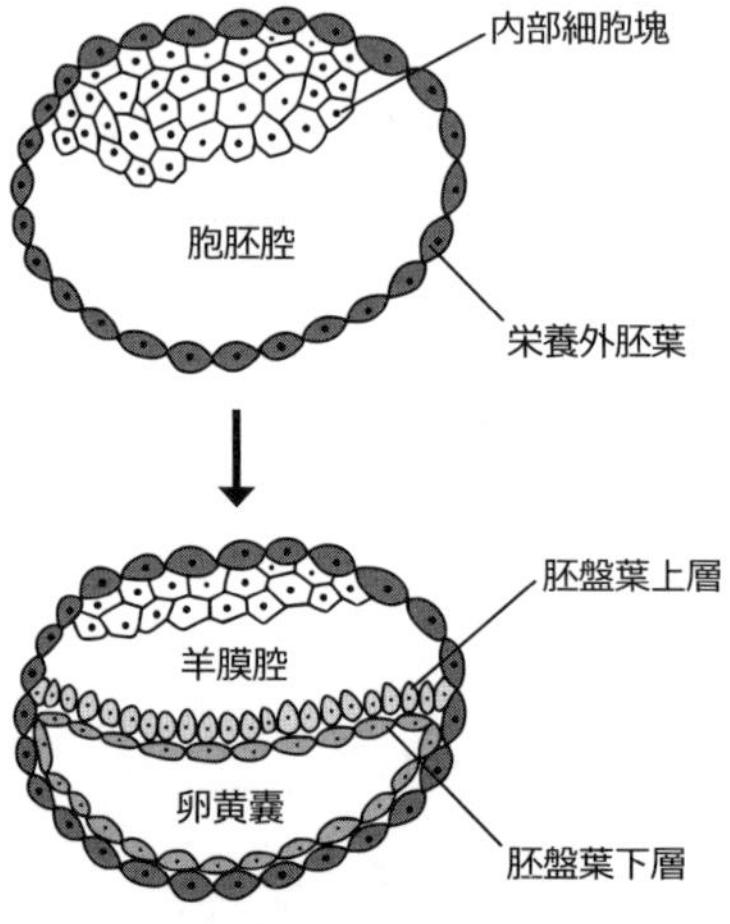

図2　胚盤葉上層と胚盤葉下層

▼袋の中に袋を作る

しばらくすると、胞胚腔に面している内部細胞塊の細胞が変化して、**胚盤葉下層**《はいばんようかそう》と呼ばれるシート状の細胞層が作られ始めます。これまでは、胞胚腔に面している細胞だけが胚盤葉下層になると考えられていましたが、現在では内部細胞塊の一部の細胞が、ランダムに胞胚腔へ移動し、残りの細胞が栄養外胚葉へ移動することがわかってきました。[6] 一方、一部の胚盤葉下層の細胞は、自分がいる場所に留まります。大部分の細胞は栄養外胚葉に沿って広がっていき、最終的には、**卵黄嚢**《らんおうのう》と呼ばれる袋を形成します。

内部細胞塊の残りの細胞は、さらに2つの層を形成します。胚盤葉下層に面している細胞は、その場所に留まり、**胚盤葉上層**《はいばんようじょうそう》と呼ばれる層になります。この胚盤葉上層の上に位置する細胞は、その後胚盤葉上層から離れていきます。すると、そこに新たな内腔である**羊膜腔**《ようまくくう》が形成されます。このように、羊膜腔と卵黄嚢の間に2つの円盤状の層（胚盤葉上層と胚盤葉下層）からなる**二層性胚盤**が完成します（**図2**）。その後、羊膜腔に面した胚盤葉上層の細胞が、胎児を形作るためのさまざまな細胞に分化していきます。[7][8] この袋《ふくろ》を作り出す作業が、母親《おふくろ》の子宮《こぶくろ》の中で粛々と行われているのは、何とも不思議です。

発生の基本講義①　全能性と多能性

内部細胞塊の細胞は、さまざまな機能を有する細胞へと分化していき、最終的に胎児が形作られます。言い換えると、分化する前の内部細胞塊の中の細胞は、体のあらゆる細胞へと分化することができます。このように、ある細胞がさまざまな細胞へと分化できる能力を持つ場合、そのような能力を持つ細胞のことを**幹細胞**《かんさいぼう》（stem cell）と呼びます。胚を壊して、内部細胞塊の細胞を単離

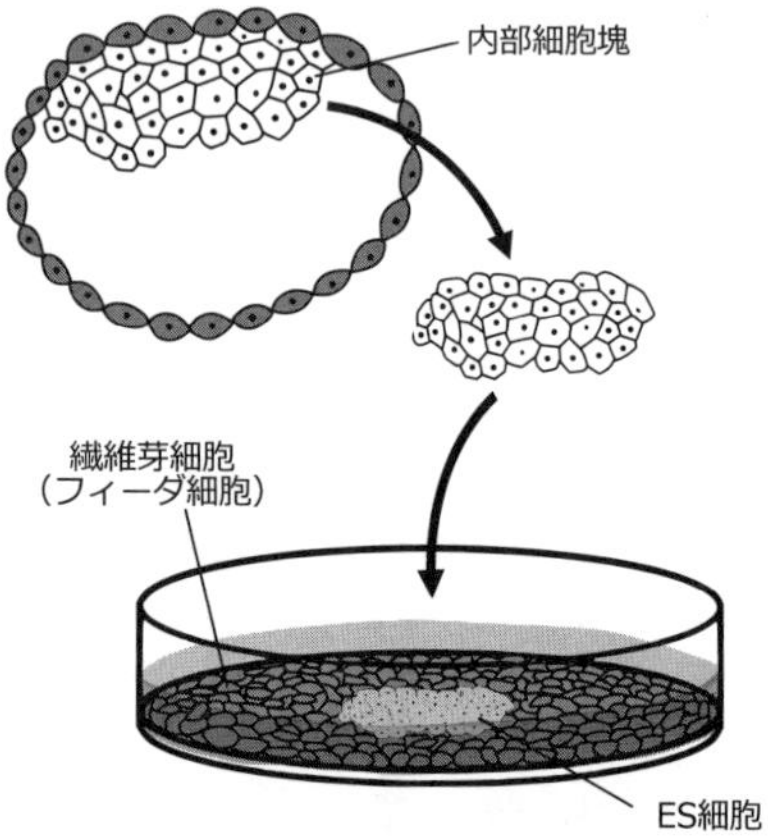

図3　胚性幹細胞の作成方法

し、この細胞を増殖させるための特定の因子を分泌する**繊《せん》維《い》芽《が》細《さい》胞《ぼう》（フィーダ細胞）**（注　医学系の分野では、繊維を線維と書く）の上で培養すると、無限にこの細胞を培養することができます（**図3**）。このように内部細胞塊の細胞を胚から取り出して培養したものを**胚《はい》性《せい》幹《かん》細《さい》胞《ぼう》**（embryonic stem cell）、あるいは英語の頭文字をとって、**ES細胞**と呼びます。[9]

　マウスの受精卵から作成したES細胞をマウスの胞胚腔に注入し、この胚をホルモン処理によって偽妊娠させたマウスの子宮に移植すると、注入したES細胞は、さまざまな組織の細胞へと分化します。[10] 注入したES細胞から精子や卵も作り出され、それらの精子や卵から正常なマウスが生まれてきます。これらのことから、ES細胞は、胎盤などを除くあらゆる種類の細胞や組織になりうる能力を持ち、この能力は**万能性**と呼ばれます。一方で、1個の細胞だけで個体を作り出せる能力は**全能性**と呼ばれ、高等動物では受精卵だけが持っています。

　私たちの体内には、約37兆の細胞（体細胞）が存在し、個々の細胞が持つ固有の機能が統合されることで、私たちの体の**恒常性**（**ホメオスタシス**と呼ばれます）が維持されています。しかし、体細胞には寿命があり、寿命を迎えた細胞は、新しい細胞へと入れ替わります。その入れ替わる速度は、組織によって大きく異なり、たとえば小腸の表面を覆っている**小腸上皮細胞**の寿命は、2〜4日程度です。一方、肝臓の肝細胞は、体外から取り込んだアルコールや薬剤などの化合物を解毒するために、障害を受けるとただちに細胞が死んでしまいますが、3日程度で新たな肝細胞に入れ替わります。つまり、組織の中には、傷ついた組織を修復できるように、必要な細胞を供給するための幹細胞があらかじめ準備されています。このような組織中に存在している幹細胞のことを**体性幹《たいせいかん》細胞《さいぼう》**（somatic stem cell）と呼びます。

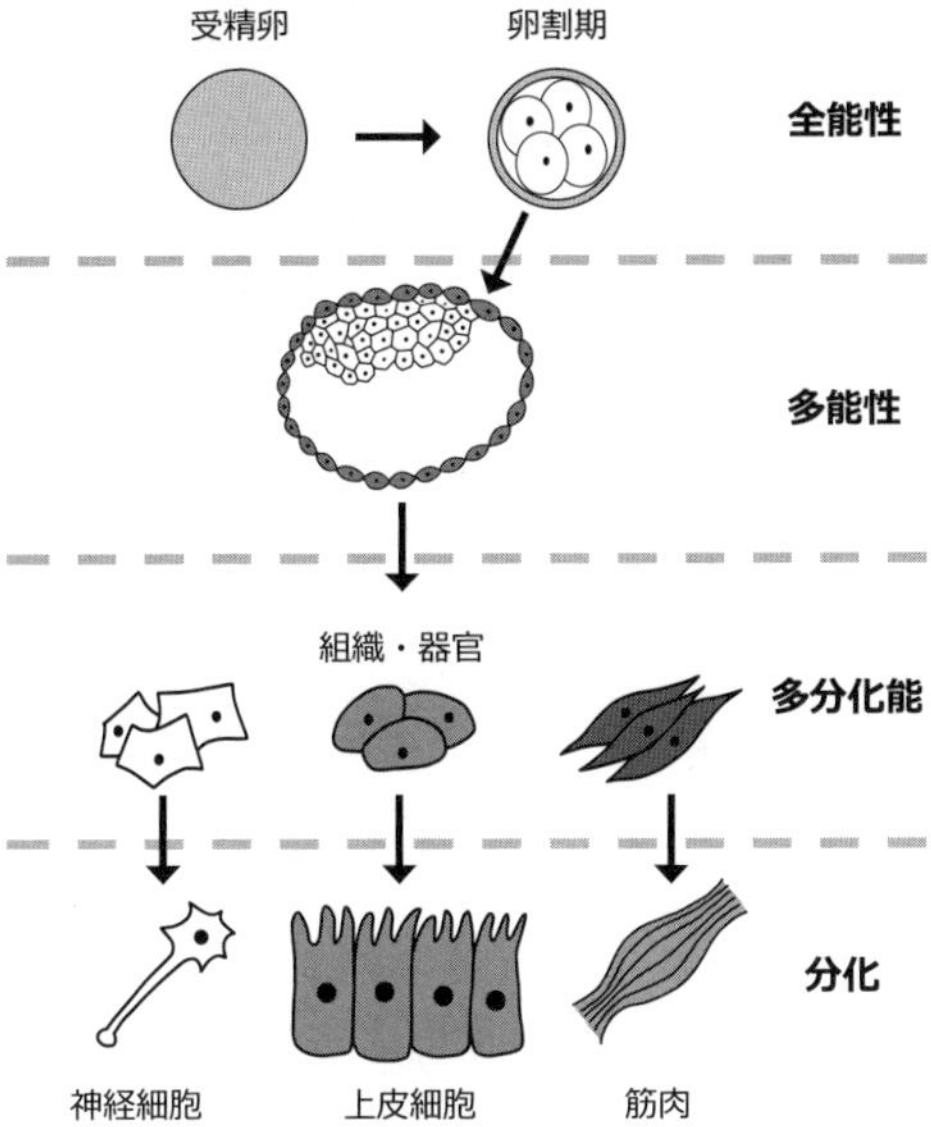

図4　全能性と多能性

体性幹細胞の多くは、生殖細胞以外の細胞に分化できる**多能性**を持ちますが、体性幹細胞から完全な個体を形成することは残念ながらできません（**図4**）。

卵割中の細胞の役割はどのタイミングで決まっていくのでしょうか？　次の実験を見ていきましょう。マウスの4細胞期の胚の**割球**を1つひとつの割球に分離します。そして個々の割球を偽妊娠の状態のマウスの子宮に移植すると、完全なマウス個体が生まれてきます。このことから、マウスでは4細胞期のそれぞれの割球は、完全な個体になれる全能性を有していると考えられています。[11] 同じことがヒツジでも観察されています。[12] おそらくヒトの胚でも、4細胞期のそれぞれの割球は、完全な個体になると考えられますが、そのような実験を行うことは倫理的に問題があるため、ヒトでは完全には解明できていないのが現状です。

いずれにしても、発生初期の胚細胞はさまざまな種類の細胞になることのできる能力を持っています。しかし、発生が進むにしたがい、その能力は次第に限られていき、最終的には、限られた1種類の細胞にしか分化できなくなるのです（図4）。

▼時間を巻き戻すことはできるのか？

私たちの体内の細胞は、1個の受精卵から発生し、受精直後はあらゆる細胞に分化できる万能性があります。しかし、ひとたび特定の細胞に分化すると他の細胞には分化できなくなるように、他の細胞に分化するために必要な遺伝子は、分化していくにしたがって、取り除かれていくのではないかと考えられていました。一度分化してしまうと、全能性のある細胞へ後戻りできないと考えられていたのです。

1962年、イギリス・オックスフォード大学の大学院生だったジョン・B・ガードンは、アフリカツメガエルの卵の核を紫外線によって破壊し、そこにオタマジャクシの小腸の細胞から取り出した核を移植しました。すると、核を移植した卵細胞から、オタマジャクシが生まれ成長し、生殖

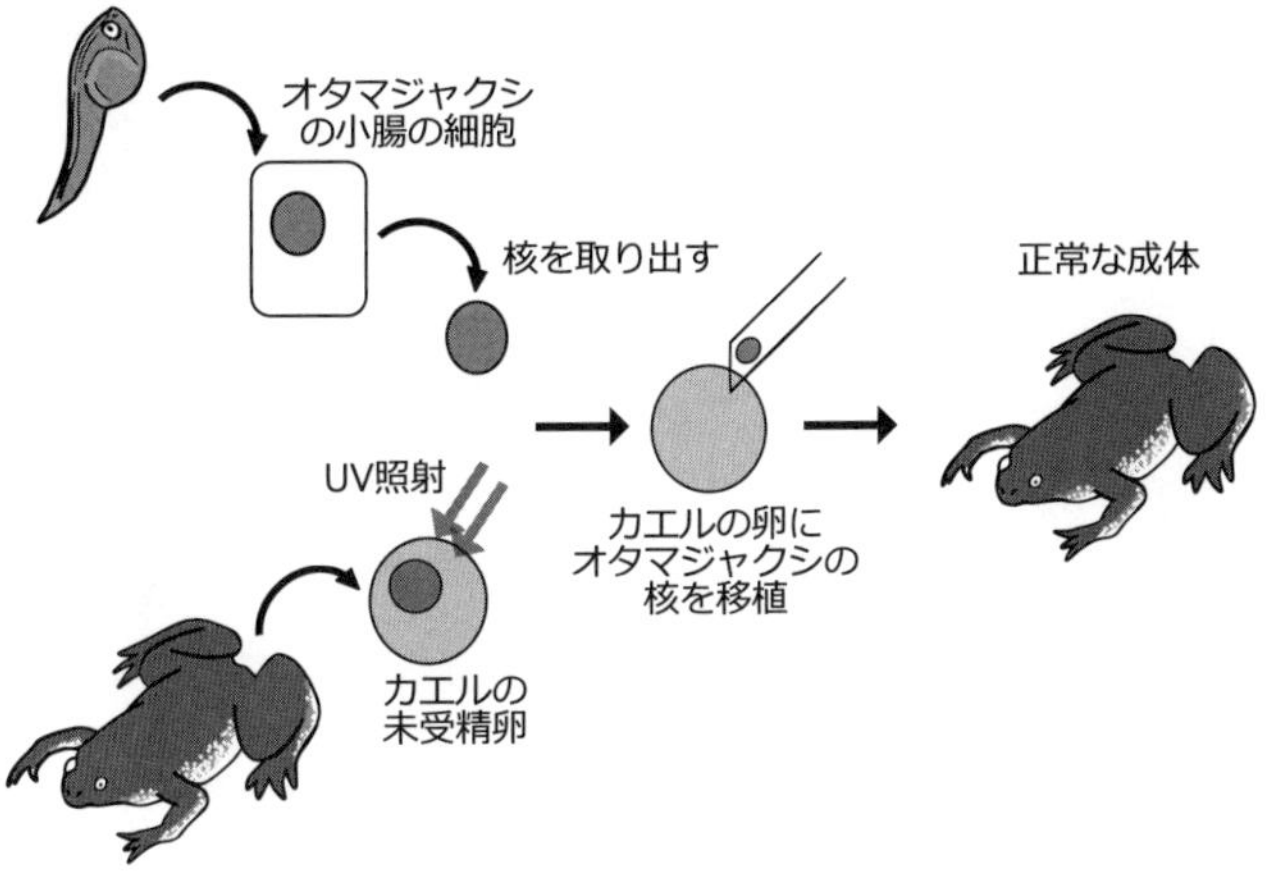

図5　核移植実験

能力のあるカエルが発生したのです。[13] この実験から、「体のすべての細胞を生み出す遺伝情報は受精卵しか保有しておらず、神経細胞や肝臓の細胞などに分化してしまった細胞の核には、分化した細胞に必要な遺伝情報だけしか残っていない」という当時主流だった学説を覆すことになりました。しかし、この実験は、非常に高度な実験技術が必要であったため、この研究成果はなかなか受け入れませんでした（**図5**）。

その後、1986年に、4〜8細胞期の受精卵の割球を、核を取り除いた未受精卵へ移植することがヒツジで試みられ、哺乳類で初めてとされる核移植によるクローンヒツジが誕生しました。[14] そして1996年には、スコットランドのロスリン研究所のキース・H・S・キャンベルとイアン・ウィルムットは、ヒツジのES細胞を用いてクローンヒツジの作出に成功しました。[15] 彼らは、まずヒツジの受精卵の胚盤胞からES細胞を樹立しました。このES細

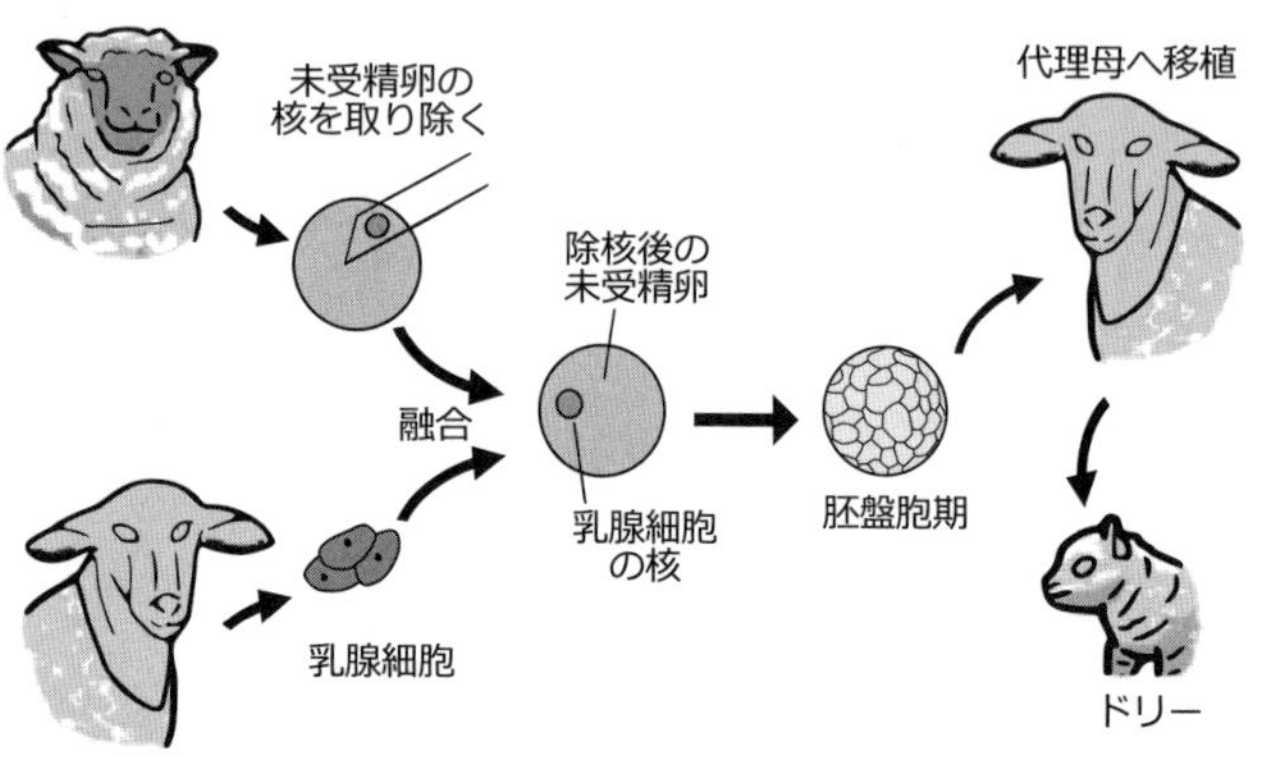

図6　クローンヒツジドリーの作出方法

胞を栄養飢餓状態で培養し、**細胞周期**（⇒「そうだったのか」、131ページ）をリセットします。核を取り除いた未受精卵とリセットしたES細胞とを電気刺激によって融合させることで核移植し、この胚をヒツジの子宮へ移植したのです。そして翌1997年、ウィルムットとキャンベルは、同じ手法を用いて、分化した体細胞である成体のヒツジの乳腺細胞を用いてクローンヒツジであるドリーの作出に成功しました[16]。このドリーは、分化した乳腺細胞とまったく同じ遺伝情報を持って生まれました（**図6**）。つまり、卵には「体細胞を全能性胚細胞に初期化（リセット）する能力」があり、細胞の分化してしまった時間を巻き戻すことができることが証明されたのです。しかし、体細胞からクローンを作出する成功率は低いままでした。

発生の発展講義① ES細胞からiPS細胞へ

受精卵が分裂し始めると、精子由来（父親由来）と卵由来（母親由来）のDNAがどちらとも脱メチル化されます。すると、最初の数回の分裂でDNAのメチル化のパターンがリセットされ、精子や卵の**エピジェネティック**な情報が消去されます。その結果、細胞はさまざまな細胞へと分化できるようになることがわかっています（⇒「そうだったのか」、95ページ）。

ES細胞は、受精後すぐに産生されるOCT4, SOX2, NANOGと呼ばれるタンパク質によって、ES細胞の全能性が維持されています。具体的には、OCT4, SOX2, NANOGは**転写因子**と呼ばれ、それぞれ自身の遺伝子（つまり、*Oct4, Sox2, Nanog*遺伝子）が転写される際の転写開始部分として機能している領域（この部分をプロモーター領域と呼びます）に結合します。自身の遺伝子領域だけでなく、他の2つのプロモーター領域にも結合できるので、それぞれの遺伝子の転写を活性化します。また、ES細胞の増殖と複製に必要不可欠なタンパク質をコードする遺伝子が活性化されていると、OCT4, SOX2, NANOGは自身の遺伝子を活性化するだけでなく、これらの遺伝子のプロモーター領域に結合して転写を活性化します[17]。これにより、ES細胞は無限に培養し続けることができるのです。

これから、本書の中ではたくさんの遺伝子とタンパク質が出てきます。遺伝子の表記は、全生物で共通していないため、わかりにくいのですが、一定のルールが存在します。マウスやラットの場合、遺伝子の頭文字だけ大文字、すべてイタリックで表記します。ヒトの場合、すべて大文字、すべてイタリックで表記します。遺伝子から産生されるタンパク質は、マウス、ラット、ヒトのすべてにおいて大文字表記になります。つまり、*Oct4, Sox2, Nanog* 遺伝子は、マウスまたはラットの遺伝子を意味し、そこから産生されるタンパク質は、OCT4, SOX2, NANOG と表記します。ここでES細胞に話を戻します。

ES細胞を用いれば、遺伝子の欠損や変異によって起こるヒトの疾患のモデルマウスを作り出すことができます。たとえば、ヒトの疾患で見られる遺伝子の欠損や変異と同じものをマウス由来のES細胞の遺伝子に遺伝子組換え技術を用いて人為的に組み込みます。そして、遺伝子組換えを行ったES細胞をマウス胚の内部細胞塊へ移植します。すると、この胚から生まれたマウスは、正常な細胞と遺伝子組換えされた細胞が混ざった状態で生まれてきます（この状態を、ギリシャ神話の怪物になぞらえて**キメラ**と呼びます）。また、マウスの精子と卵の中には、遺伝子組換えされたES細胞から発生したものも含まれています。キメラのオスマウスとメスマウスを交配させると、次の世代では、遺伝子組換えされた精子から発生した個体、つまり、体内のすべての細胞が遺伝子組換えされた個体が生まれます[18]。このようにして作出したマウスを用いることで、ヒトの疾患に対する効果のある薬剤の探索や新たな治療法の発見につながると考えられます。そのため現在世界中でさまざまな遺伝子組換えマウスが作出されています。この遺伝子組換えマウスの作出方法の開発に携わったマーチン・エヴァンス、マリオ・R・カペッキ、オリバー・スミシーズは、２００７年ノーベル生理学・医学賞を共同で受賞しています。

ここで1つ疑問が湧いてきます。なぜヒトの疾患をマウスの細胞で研究するのでしょうか？　ヒト由来のES細胞を用いて、特定の種類の細胞へ分化誘導する方法を発見できれば、損傷あるいはがん化したヒトの組織を修復したり、移植可能なヒトの臓器を作り出したりできるはずです。実際、1998年に体外受精の余剰胚（不妊治療のために体外で受精させてできた胚）からヒトのES細胞が作り出されました。[19] しかし、これには大きな「倫理的な問題」が含まれていました。ヒトES細胞を作り出すためには、ヒトの受精卵を破壊しなければなりません。もちろん、研究に用いられている余剰胚は、治療に用いられないことが確定しています。しかし、余剰胚をヒトの子宮に戻すと、理論上ヒトが生まれます。そのため、余剰胚であったとしても、これを破壊することは、「人工妊娠中絶」や「殺人」に相当するのではないかという意見が出ました。一方、初期胚には、感覚器官はなく、思考や感情といったヒトの特徴があるとも思われないため、ヒトには該当しないという意見や、合意されたルールのもとであれば、科学の発展のためにはよいのではないかという意見も出されました。科学的進歩によってヒトES細胞が樹立できるようになったことで、新たな生命倫理的な問題が生まれたのです。

「ヒトの受精卵を破壊してよいのか？」という生命倫理的な問題を回避する方法として、マウスの体細胞をES細胞に似た多能性を持つ細胞に変える方法が2006年に山中伸弥によって発見されたのです。具体的には、高効率で細胞に遺伝子を導入できる方法を用いて、[20] マウスの繊維芽細胞に4つの遺伝子（*Oct3/4*, *Sox2*, *c-Myc*, *Klf4*遺伝子）を導入しました。その結果多能性を持つ細胞を樹立できることがわかり、**iPS細胞**（induced pluripotent stem cell：**人工多能性幹細胞**）と命名されました。[21] iPS細胞をマウスの通常の内部細胞塊と入れ替えても、正常なマウスが生ま

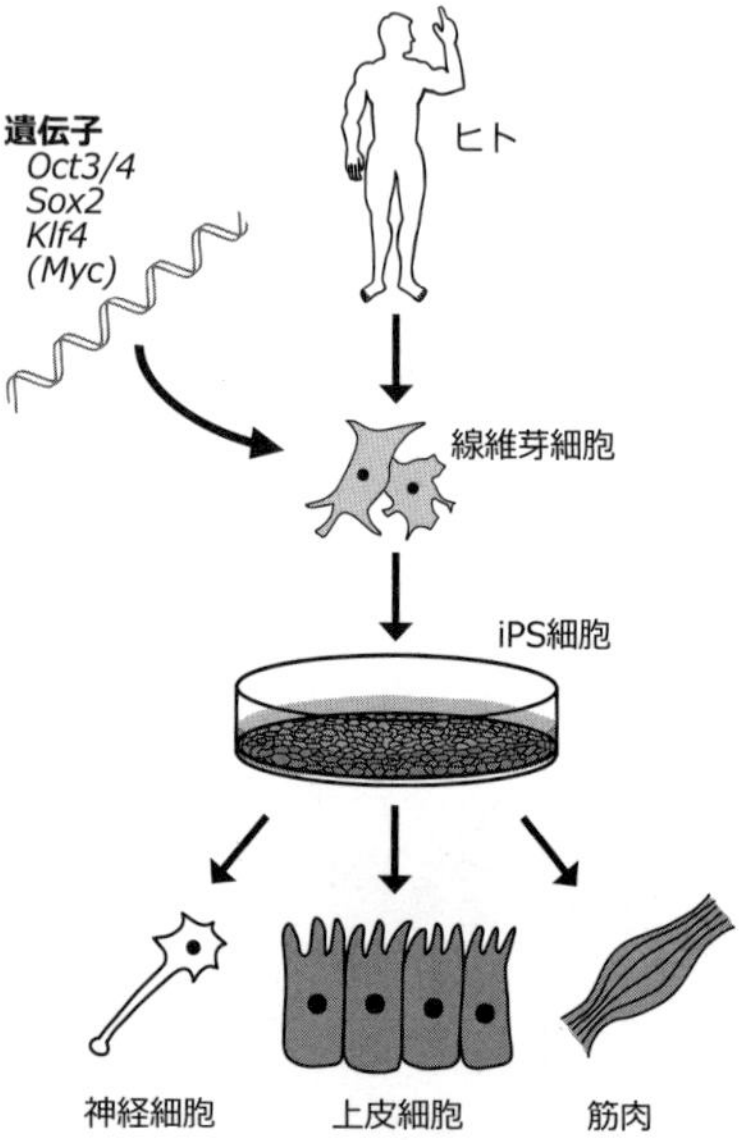

図7　ヒトiPS細胞の作製方法

れてくることから、iPS細胞が、マウスのES細胞に似ていることが証明されています。その翌年、山中らの研究グループは、ヒトのiPS細胞の樹立（ヒトiPS細胞をヒトの内部細胞塊と入れ替えてヒトが生まれてくるという実験はできないため、ヒトiPS細胞らしきものの樹立といったほうが正しいかもしれません）にも成功しています[22]（**図7**）。なお、iPS細胞を樹立する際に用いられた4つの遺伝子のうち、c-*Myc*遺伝子は、変異をするとがんを引き起こす遺伝子（**がん原遺伝子**と呼ばれます）であるため、がん化するリスクが懸念されていました。現在では、c-*Myc*遺伝子を用いることなく、iPS細胞を樹立することも可能になっています[23]。さらに、iPS細胞を経ることなく体細胞を異なる種類の細胞へと変換する技術も進歩しています。

　iPS細胞を作り出した山中伸弥は、核移植実験を行ったジョン・ガードンとともに、成熟した細胞が初期化されると多能性を持つようになることを発見したという理由で、2012年ノーベル生理学・医学賞を共同で受賞しました。

▼フリーズドライ細胞からクローンマウス?!

ＥＳ細胞やｉＰＳ細胞、さらには不妊治療で用いる卵や精子などは、液体窒素の入った専用の保存容器を用いて凍結保存します。しかし、液体窒素の補充を忘れたり、大震災などで保存容器が転倒して液体窒素が失われてしまうと、貴重な試料を失うことになります。

体細胞をフリーズドライするには、どのような凍結乾燥保護剤がよいのかを調べる研究が２０２２年に行われました。メスマウスから採取した体細胞を、天然糖質であるトレハロースまたは緑茶に含まれるエピガロカテキンを用いてフリーズドライしました。すると、エピガロカテキンを用いてフリーズドライした場合、細胞を正常な状態に戻しやすいということがわかりました。そこで、エピガロカテキンを用いてフリーズドライした体細胞の核を取り出し、未受精卵に核移植したところ、クローン胚盤胞が発生しました。この胚盤胞からクローンＥＳ細胞を樹立できることもわかりました。樹立できたクローンＥＳ細胞を用いてもう一度核移植を行ったところ、クローンマウスの作出にも成功しました。しかし、現時点ではこのクローンＥＳ細胞からクローンマウスが生まれる成功率はわずか０・０２％しかありません[24]。今後、大幅な成功率の改善が必要ですが、地球上に生息するさまざまな生物の遺伝子の情報、つまり遺伝資源をこれまで以上に低コストで安全かつ簡単に収集し、生物多様性を守る新たな方法の１つとして細胞のフリーズドライが注目されそうです。

▼体は二次元ではなく三次元

漫画やアニメなどは、「二次元」と呼ばれる場合があります。これは、実在しない架空のキャラクターといった意味で用いられているようですが、もともとの意味は二次元空間、つまり平面に絵が描かれていることが由来です。二次元空間とは、縦方向と横方向の2つの座標で表す平面的な空間のことを意味します。厚みはないため、高さ方向は存在しません。

私たちが暮らしている現実の空間はどうでしょうか？ 私たちが住む空間は、幅と高さと奥行きの3つの座標がある「三次元空間」です。私たちは、それぞれの方向に自由に移動することができます。架空という意味での二次元に対して、現実の世界に住む人のことを三次元と呼ぶようです。

三次元の空間に生きている私たちの体も頭と足（高さ）、お腹と背中（奥行き）、右手と左手（幅）というように三次元の立体構造をしています。頭と足の**前後軸**（あるいは**頭尾軸**）、お腹と背中の**背腹軸**《はいふくじく》、右手と左手の**左右軸**という3つの基本的な軸があります。これらの軸をまとめて**体軸**《たいじく》と呼びます。

さて、羊膜腔と卵黄嚢の間にある胚盤葉上層と胚盤葉下層から、どのようにヒトへと変化していくのでしょうか？ 明確な体軸は、この状態ではまったく見られません。しかし、ここから**原腸**《げんちょう》**形成**《けいせい》と呼ばれる劇的な変化が始まります。

まず、胚盤葉下層の中心の細胞群でさまざま遺伝子の発現が起こります。マウスの場合、発現してくる遺伝子の中に*Hex* 遺伝子があります。この *Hex* 遺伝子から作り出されるＨＥＸタンパク質

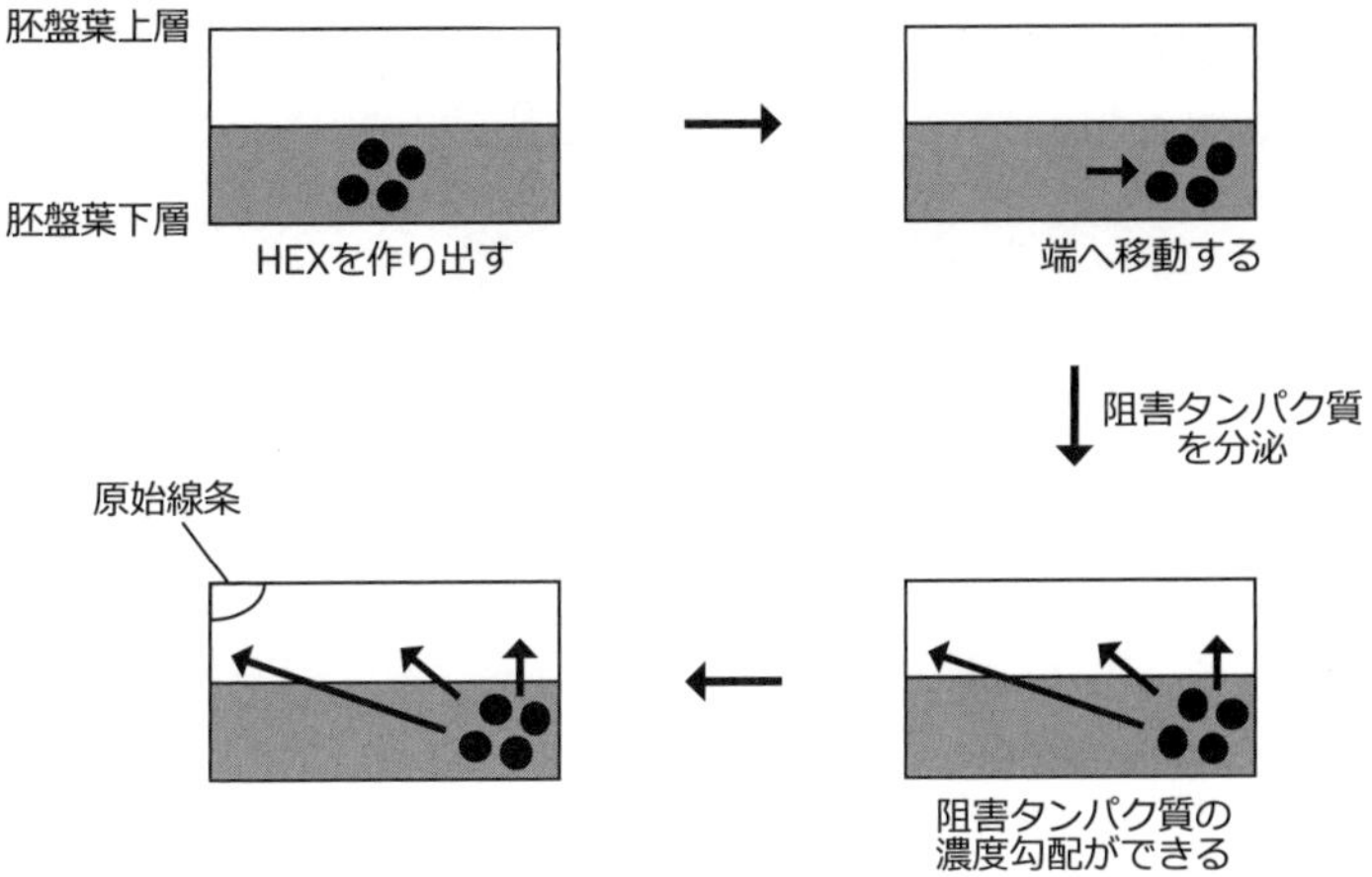

図8　原腸の形成

は、特定のDNA配列に結合し、遺伝子の転写を制御します。[25]ただ、なぜ胚盤葉下層の中心の細胞群だけ、*Hex*遺伝子を発現し始めるのかについては明らかになっていません。現在までにわかっていることは、中心の細胞群がHEXタンパク質を作り始めると、その細胞群が胚盤葉下層の端へと移動を開始するということです。[26][27]どうしてこれらの細胞群がなぜ胚盤葉下層の端へ移動するのかについても、わかっていません（**図8**）。

胚盤葉下層の端にたどり着いた*Hex*遺伝子を発現する細胞群は、たどり着いた場所で阻害タンパク質を分泌し始めます。このタンパク質は、分泌し始めた細胞のすぐ上の胚盤葉上層の細胞にしか作用しません。一方で、胚盤葉下層の端に集合した*Hex*遺伝子を発現する細胞群から一番遠い場所にある胚盤葉上層の細胞からも、別のタンパク質が分泌され始めます。すると、その周囲の細胞がそのタンパク質に引き寄せられて、集合してきます。[28]この一連の

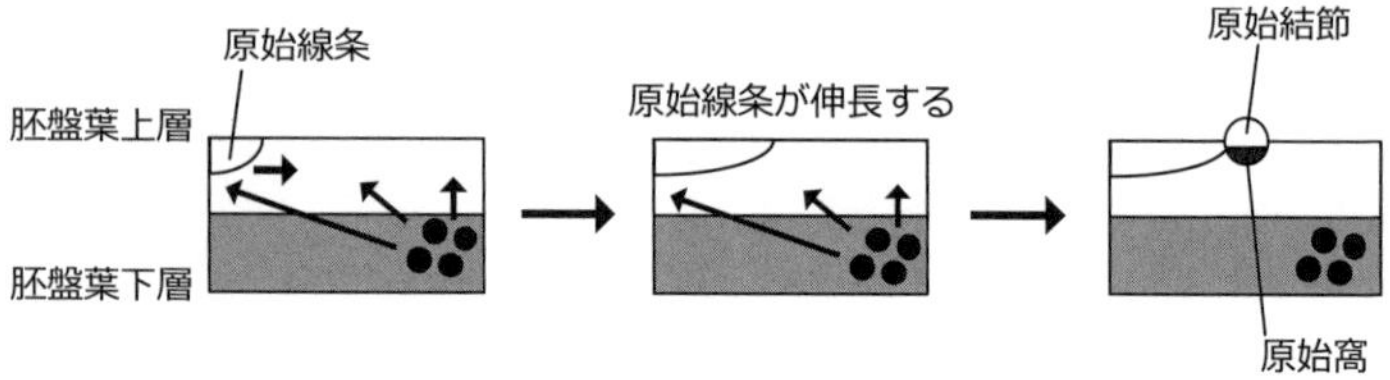

図9　原始線条と原始結節

反応によって胚盤葉上層に**原始線条**《げんしせんじょう》と呼ばれる1本の線が現れ、その先端部分に少し盛り上がった構造が出現します。この盛り上がった構造を**原始**《げんし》**結節**《けっせつ》と呼び、その中心には小さな凹み（**原始窩**《げんしか》）ができます。この原始線条が最初に現れた部分に将来の尾部が形成され、その反対側の原始線条が伸びていく先に頭部が形成されます。このように頭部と尾部の位置が定まって体軸の1つである前後軸が決まります（**図9**）。

一方で、最近の研究から、胚の前後軸は子宮から受ける左右の圧力によって生じる可能性が示されました。この研究では、マウス胚を、細いチューブに入れて培養した際と、太いチューブに入れて培養した際に前後軸の発生にどのような違いがあるのか、比較検討がなされました。その結果、細いチューブに入れて培養し、胚に対して周囲から適切な圧力を加えることで、前後軸が形成され、一方で太いチューブに入れて、周囲から圧力が加わらない場合には、前後軸が形成されないことがわかったのです。このことから、前後軸の形成は自律的に進むのではなく、胚と母体の子宮との相互関係により生じる「物理的な力」により直接的に制御される可能性が示唆されたのです[29]。この研究結果はマウスにおけるものなので、そのままヒトに適用できませんが、今後の研究の進捗が気になるところです。

▼細胞のミルフィーユ

原始結節の周囲に存在する細胞は、何種類ものシグナル伝達タンパク質を産生し、周囲に分泌します。すると、シグナル伝達タンパク質を受け取った細胞群は、シグナル伝達タンパク質に引きよせられて集合してくると同時に、細胞同士の結合力が弱まり、バラバラになります。バラバラになった細胞群では、さまざまな遺伝子の発現が起こり、これまで胚の表面を覆っていた細胞（上皮細胞と呼ばれる）から、**上皮細胞**の性格を失った細胞（**非上皮細胞**と呼ばれる）へと変化します。この過程を**上皮間葉転換**と呼びます。非上皮化した細胞の一部は、胚盤葉上層から離れるように移動を開始し（この現象を**遊走**《ゆうそう》と呼びます）、胚盤葉下層（卵黄嚢の壁）の中へ潜り込んでいきます[30]。再び胚盤葉下層にたどり着いた細胞群は、もともと卵黄嚢に存在していた細胞と置き換わるように、再び上皮細胞へと変化します。

原始結節に近い細胞ほど、多くのシグナル伝達タンパク質のシャワーを浴びるため、他の部位よりも潜り込む運動が先に起こります。この現象は、原始線条に沿って進んでいきます。このような運動を**陥入**《かんにゅう》と呼びます。新たに移動してきた細胞によって置き換えられた胚盤葉下層を含む卵黄嚢は、**二次卵黄嚢**と呼ばれるようになります。一方で、これまでの卵黄嚢（**一次卵黄嚢**）は、次第に退縮し、これまでの役目を終えます。胚盤葉下層の中央部に新しく潜り込んだ細胞層は、内胚葉と呼ばれます。これらの細胞は、体内にある上皮組織、つまり消化管や肝臓、膵臓といった臓器を構築するための細胞群になります。

その後、遅れて潜り込んできた細胞群は、上皮の性格を持つことなく、胚盤葉上層と胚盤葉下層の間の狭い隙間に入り込んで、新しい細胞の層を作り出します。この新しい細胞層を胚盤葉上層と内胚葉の間に存在する細胞層ということで中胚葉と呼びます。この中胚葉の細胞は、非上皮細胞の特徴を持っています。つまり、細胞同士の結合がないため、さまざまな場所に遊走します。一方で、最後まで胚盤葉上層に留まり、陥入しなかった細胞群は、外胚葉と呼ばれるようになります。このように原始結節と原始線条は、単に前後軸を形成するだけでなく、胚盤葉上層という1層の細胞層を、**内胚葉**、**中胚葉**、**外胚葉**という3層の細胞でできたミルフィーユに変化させる非常に重要な役割を担っています（図10）。

▼ヒトとホヤは同じ仲間？

動物は、背骨を持つ**脊椎動物**《せきついどうぶつ》と、背骨を持たない**無脊椎動物**《むせきついどうぶつ》に分けられます。しかし、分類学的には、**脊索**《せきさく》を持つ**脊索動物**と持たない**無脊索動物**に分けられます。脊索動物には、脊椎動物に加えナメクジウオなどの**頭索類**《とうさくるい》とホヤなどの**尾索**《びさく》

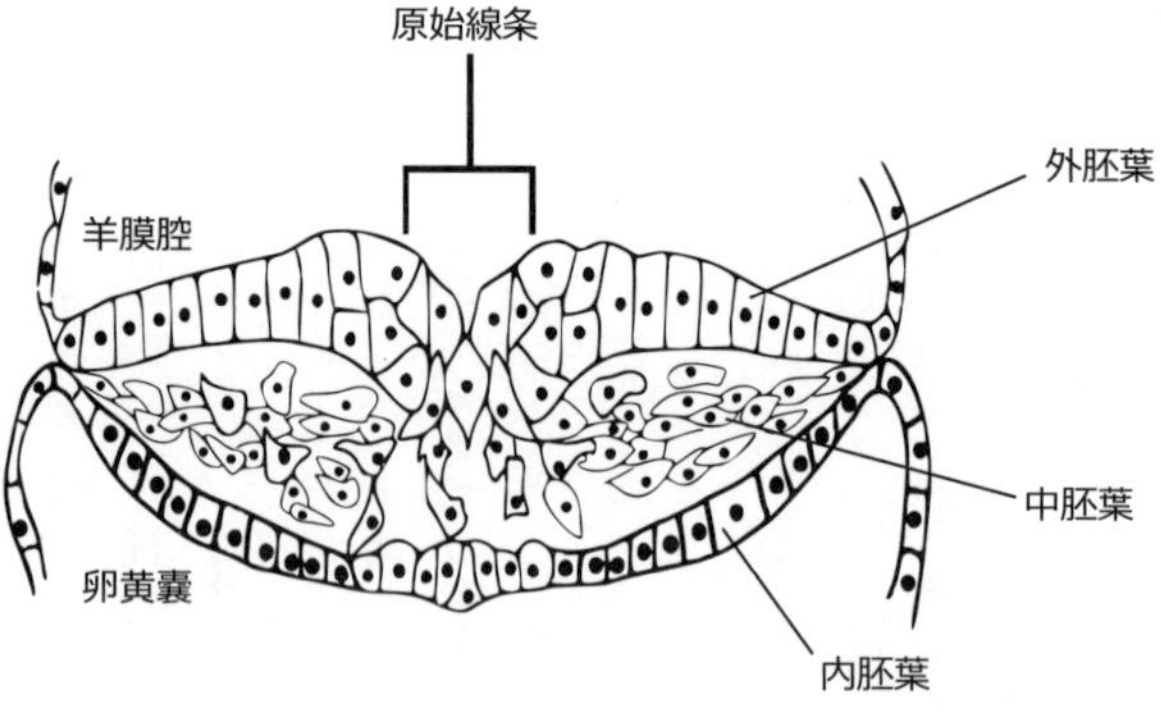

図10　外胚葉、中胚葉、内胚葉の形成

類《るい》が含まれます。なんとヒトは、ナメクジウオやホヤと同じ仲間に分類されるのです。一見似ても似つかない生き物ですが、発生を見てみると同じ脊索を持つ動物であることがわかります。しかしナメクジウオなどの脊索が脊椎に変化することはありません。

内胚葉が形成されるとすぐ、その中央部分（**正中線**《せいちゅうせん》と呼びます）の細胞群が周囲の細胞から離れて外胚葉の方向に向かって上へと移動し始めます。このような細胞運動を始める細胞群は、原始結節から高濃度のシグナル伝達タンパク質のシャワーを受けた細胞で、シャワーを受けたことで、そのような動きをするようにプログラムされたとも考えることもできます。移動した細胞群は、前後軸沿いに整列して脊索を形成します（**図11**）。

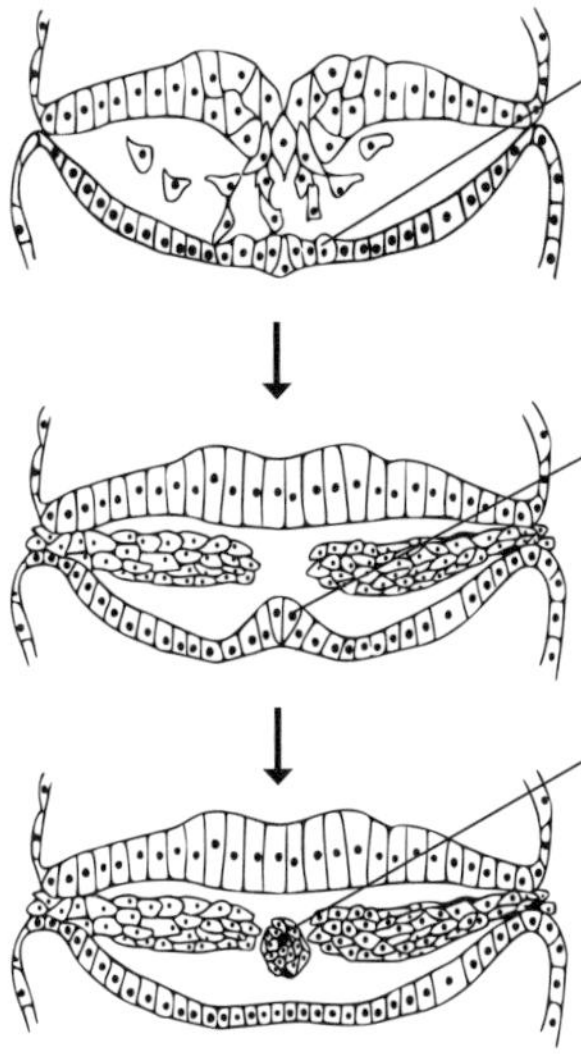

図11　脊索の形成

卵から孵ったホヤは、おたまじゃくしのような姿をしています。脊索と尾を持ち、この尾を振って泳ぎ回ります。おたまじゃくしのような姿をしているときは、元気よく泳ぎますが、卵から孵って1日半ぐらいすると、岩に付着し、少しずつ体の形を変化させ、あの特徴的な形態をとるようになります（**図12**）。つまり脊索は、ホヤのような無脊椎動物において も、おたまじゃくしの状態で身体を支え、泳ぐために必要不可欠な構造となるだけでなく体を形作るシグナル伝達タンパク質を分泌するためのシグナルセンターとして機能します。

▼ソニックヘッジホッグ？

1978年エリック・ヴィーシャウスとクリスティアーネ・ニュスライン＝フォルハルトは、ショウジョウバエの異常な胚の中に、胚の表面に小さなとげが密集して生えていて、ハリネズミ（英語でヘッジホッグ：hedgehog）のようなものを見つけました。この異常胚を解析したところ、ある遺伝子の変異であることがわかり、その原因遺伝子はハリネズミのような形態を胚に引き起こすことから、*Hedgehoge*（*Hh*）遺伝子と命名されました[31]。その後、*Hh* 遺伝子は、ショウジョウバエだけでなく、哺乳類で似た機能を持つ遺伝子（**相同遺伝子**と呼ばれる）が3種類（ゼブラフィッシュでは4種類）あることがわかりました。この3種類のうち2種類は、実在するハリネズミの名前から*Desert hedgehog*（*Dhh*）遺伝子、*Indian hedgehog*（*Ihh*）遺伝子と名付けられ、残る1つは発見者が当時大人気だったゲームソフトのキャラクターであるソニック・ザ・ヘッジホッグの大ファンだったことから、**ソニックヘッジホッグ**（*Sonic hedgehog*（*Shh*）遺伝子）と名づけられました[32]。*Hh* 遺伝子を発見したヴィーシャウスとニュスライン＝フォルハルトは、1995年にエドワード・B・ルイスとともに

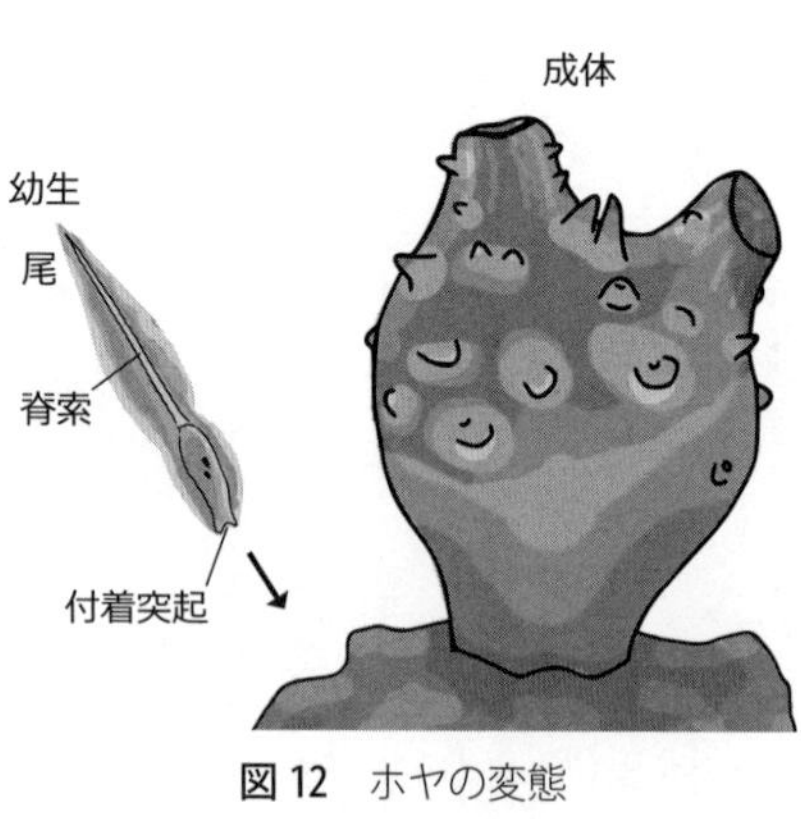

図12 ホヤの変態

ノーベル生理学・医学賞を受賞しました。

シグナルセンターとして機能する脊索は、このソニックヘッジホッグ（SHH）タンパク質を分泌します。SHHは、脊索の近傍で濃度が一番高く、離れるにしたがい濃度が低下するという濃度勾配が形成されます[33]。SHHは、胎生期の発生段階において**形態形成**（morphogenesis：**モルフォジェネシス**）に最も重要なタンパク質であるため、**モルフォゲン**と呼ばれます。私たちの脊索は、発生の初期ではモルフォゲンを分泌し、身体を正しく形作る作用をします。発生が進むと、脊索は椎間板に置き換わり、身体を支える脊椎や椎骨の間にあるクッションの役割をするようになります。

ショウジョウバエの変異体に関与する遺伝子には変わった名前が数多くあるので、もう少しだけ紹介します。ショウジョウバエに生えている毛は、1つの毛穴から1本です。この毛は、感覚器官として機能しています。1つの毛穴から2本の毛が生えるという変異体が存在し、その原因遺伝子は、二刀流の宮本武蔵から *Musashi* 遺伝子と名づけられました。それ以外にも、変異すると心臓が形成されないことから『オズの魔法使い』のブリキ人形にちなみ *Tinman* 遺伝子、アルコールに弱くすぐに酔っぱらうという俗語の Cheap date から *Cheap date* 遺伝子、ショウジョウバエから見つかった長寿遺伝子は、「I'm not dead yet（INDY）」から *INDY* 遺伝子、外生殖器を形成できないことから有名な人形の名前にちなんで *Ken and Barbie* 遺伝子、雄のショウジョウバエの性的指向をホモセクシュアルにしてしまう *satori* 遺伝子などがあります。

哺乳類でも、がんのスイッチとして機能する遺伝子として *Pokemon*（ポケモン：POK赤血球系・骨髄球性幼若化因子（POK Erythroid, Myeloid ONtogenic factor））遺伝子として名づけられたものがありました。しかし、株式会社ポケモンの米国法人が、がんを引き起こす遺伝子と同じ名前であることが悪評につながることを危惧して研究者に警告書を送ったところ、この遺伝子名は、*Zbtb7*遺伝子と変更されました。遺伝子にも適切な名前をつけることはとても大切です。

▼皇帝サウザー ― 内臓の位置が左右逆転？

『北斗の拳』という漫画をご存じでしょうか。[34] 主人公の「ケンシロウ」は、暗殺拳「北斗神拳」の伝承者として、さまざまな強者たちと死闘を続けます。北斗神拳は、人体の構造を利用し、無類の攻撃力を発揮する拳法なのですが、皇帝サウザーと呼ばれる人物に対しては、北斗神拳がまったく通用せず苦戦していました。通用しない理由は、サウザーの内臓の位置が逆転していたためだったのです。同様のストーリーが、天才的な手術技術を持つことで世界中にその名を知られる、無免許の天才外科医・間黒男を主人公にした『ブラック・ジャック』でも取り上げられています。[35]

本当に内臓の位置がすべて左右逆になるようなことはあるのでしょうか？ そもそも、臓器はなぜ左右対称の位置になく、心臓、脾臓、膵臓は左寄り、肝臓と盲腸は右寄りというように位置が決まっているのでしょうか？

発生の基本講義② 細胞骨格

私たちの体を構成している細胞には、**細胞骨格**と呼ばれる繊維状の構造が発達しています。細胞骨格は建物の柱や梁のように、細胞が形態を維持するために必要不可欠なものです。体の左右を考えるためには、この細胞骨格の知識が必要です。細胞骨格には、**アクチンフィラメント**、**中間径フィラメント**、**微小管**と呼ばれる3種類のタンパク質繊維で構成されています（図13）。中でも微小管に結合して細胞内の物質輸送を担うタンパク質を**モータータンパク質**と呼び、**キネシン**と**ダイニン**が知られています。モータータンパク質は、細胞内の化学エネルギーを運動エネルギーに変換して生体分子を輸送し、細胞の活動に必要な分子の局在や活性を調節しています。このタンパク質のおかげで、脳の高次機能や個体発生などが調節されています。

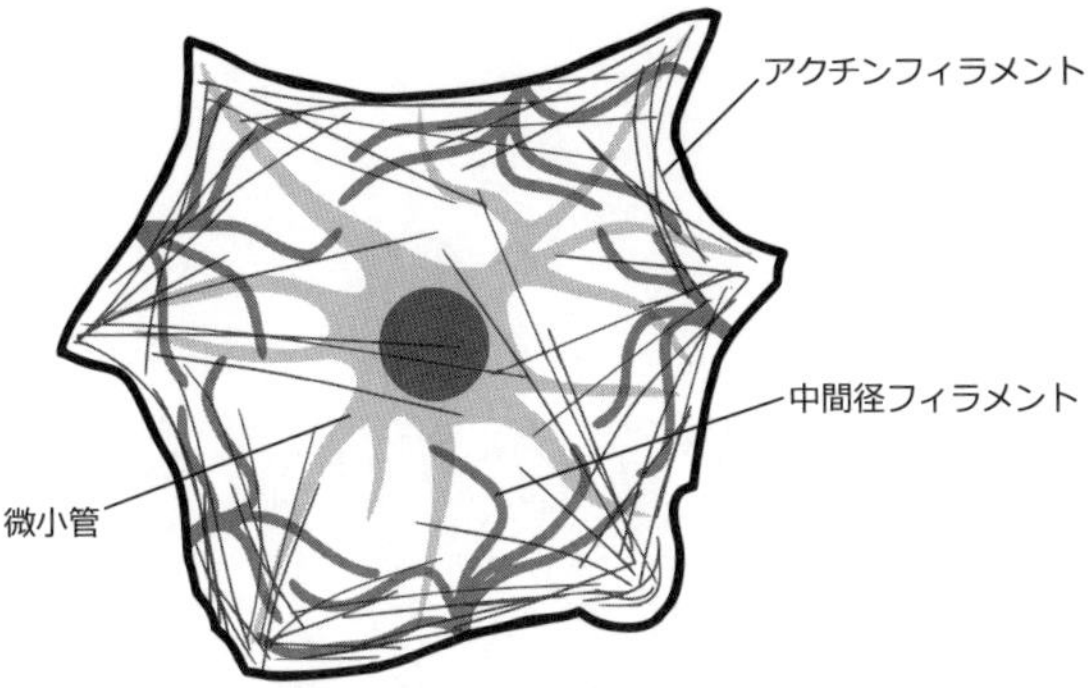

図 13　細胞骨格繊維の細胞内分布

　微小管は、**αチューブリン**と**βチューブリン**という球状のタンパク質が交互に結合することで構築されます。この状態を**原繊維**といいます。微小管は、原繊維が円形に13本並び、管状を形成しています。そのため、片側の末端にはαチューブリン、反対側の末端にはβチューブリンが現れ、αチューブリンが存在する末端を**マイナス端**、βチューブリンが存在する末端を**プラス端**と呼びます（図14）。キネシンは、微小管のプラス端に向かって、ダイニンは、微小管のマイナス端に向かって動きます。キネシンは1本の尾部と2つの球状の頭部の構造をしていて、尾部は積荷と結合し、2つの頭部には、ATPを加水分解してエネルギーを得る部位と、微小管に結合する部位があります。そして、ヒトの二足歩行のように、微小管の上を移動します（**図15左**）。ダイニンはキネシンと逆に、微小管のマイナス端に向かって動きます。

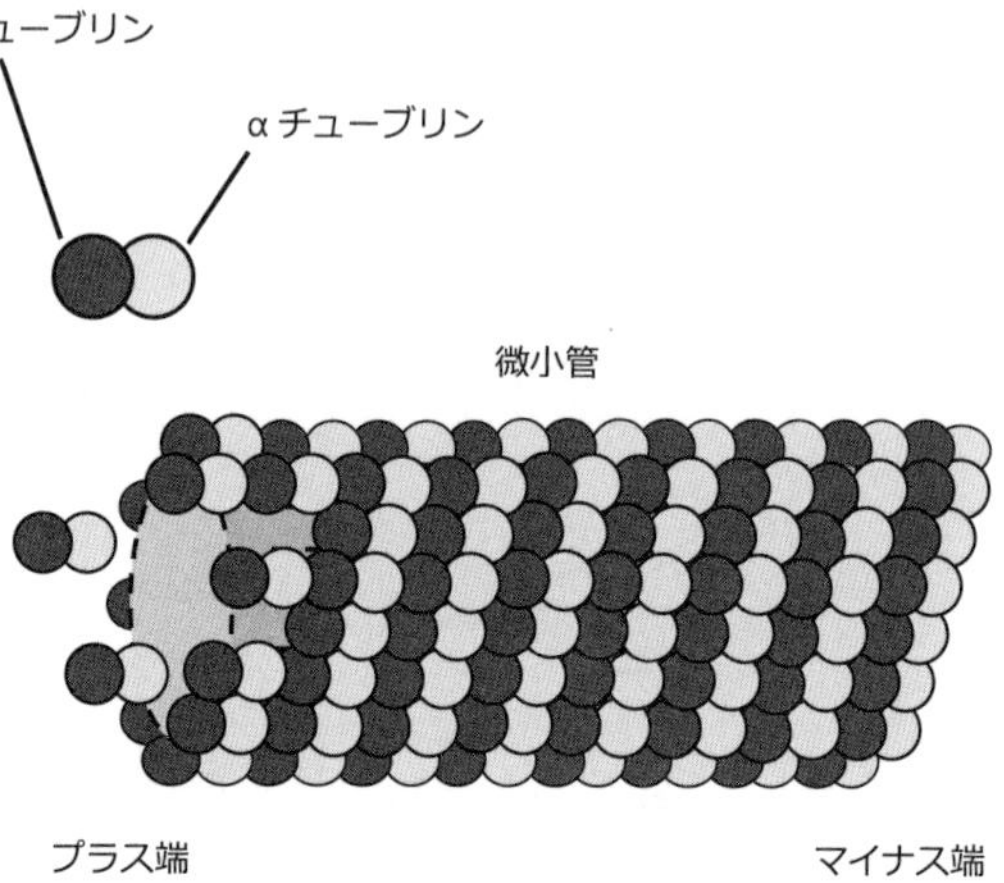

図 14　微小管の構造

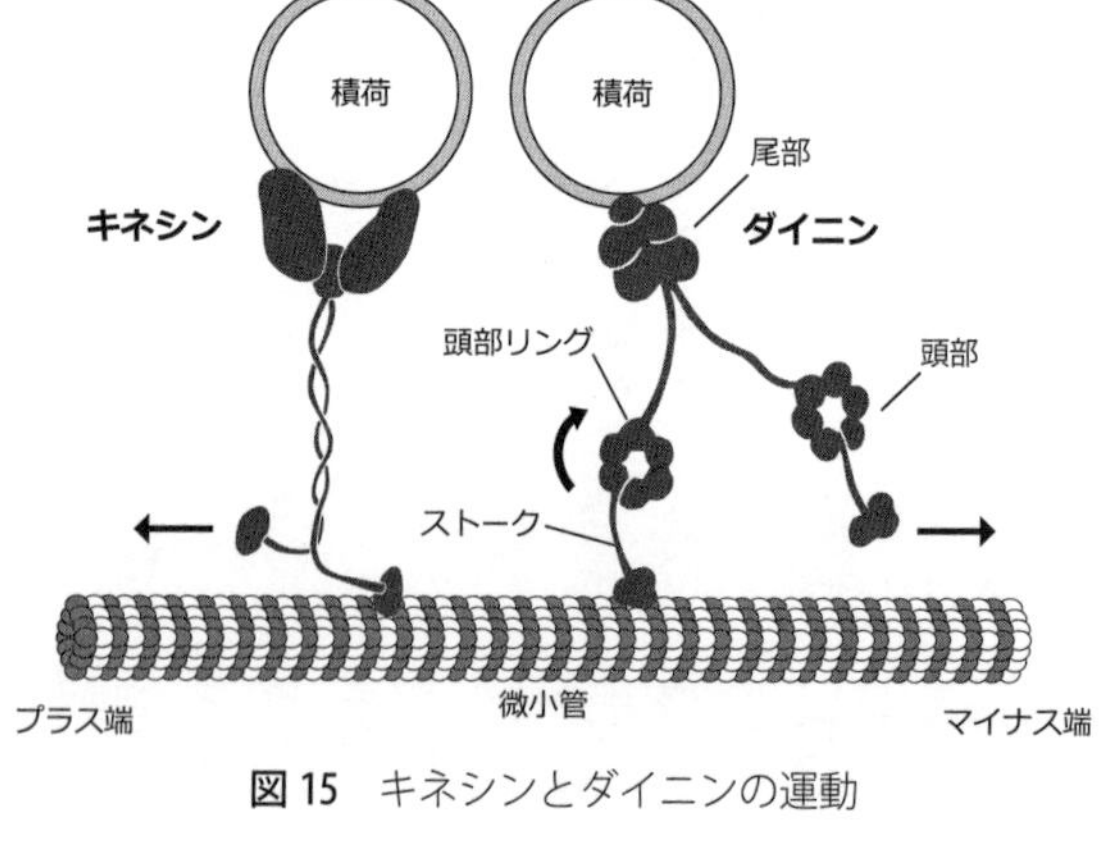

図 15　キネシンとダイニンの運動

ダイニンの頭部には、キネシンよりも巨大な分子で2つの頭部リングと呼ばれる構造をしていて、そこから腕のようなストークと呼ばれる構造が突き出ています（**図15右**）。

▼繊毛の動きが大切

　キネシンは、現在までに45種類ほど発見されています。キネシンの中でも*Kif3B*遺伝子を破壊したマウス（*Kif3B*$^{-/-}$ノックアウトマウス）では、マウスが生まれてきませんでした。つまり、KIF3Bは発生の過程で非常に重要なはたらきをしていることがわかりました。*Kif3B*$^{-/-}$ノックアウトマウスに何が起こっているのかを詳細に調べていくと、心臓の位置が逆になっていたのです。なぜキネシンが存在しないと臓器の位置が逆になるのでしょうか？

　正常なマウスの**結節**《ノード》（ヒトでは**原始結節**）の細胞群では、**繊毛**《せんもう》が生えているのに対して、*Kif3B*$^{-/-}$ノックアウトマウスのノードの細胞群では、繊毛が作られていないことがわかりました。これは、KIF3Bのキネシンが存在しないため、微小管に沿って、繊毛を作る材料を輸送できないために起こることがわかりました。私たちの体に存在する繊毛は、肺の気管から異物を取り除いたり、排卵された卵を受精しやすい場所へ移動させたりする機能があります。

　なぜ繊毛がないことで、臓器の位置が逆になるのでしょうか？　この繊毛はノードの細胞から後ろ斜めに向いて突き出ていることがわかったのです。ただ突き出ているだけでなく、時計回りに円錐型を描いて、1分間に600回転という速さで回っていたのです。正常なマウスのノードでは、

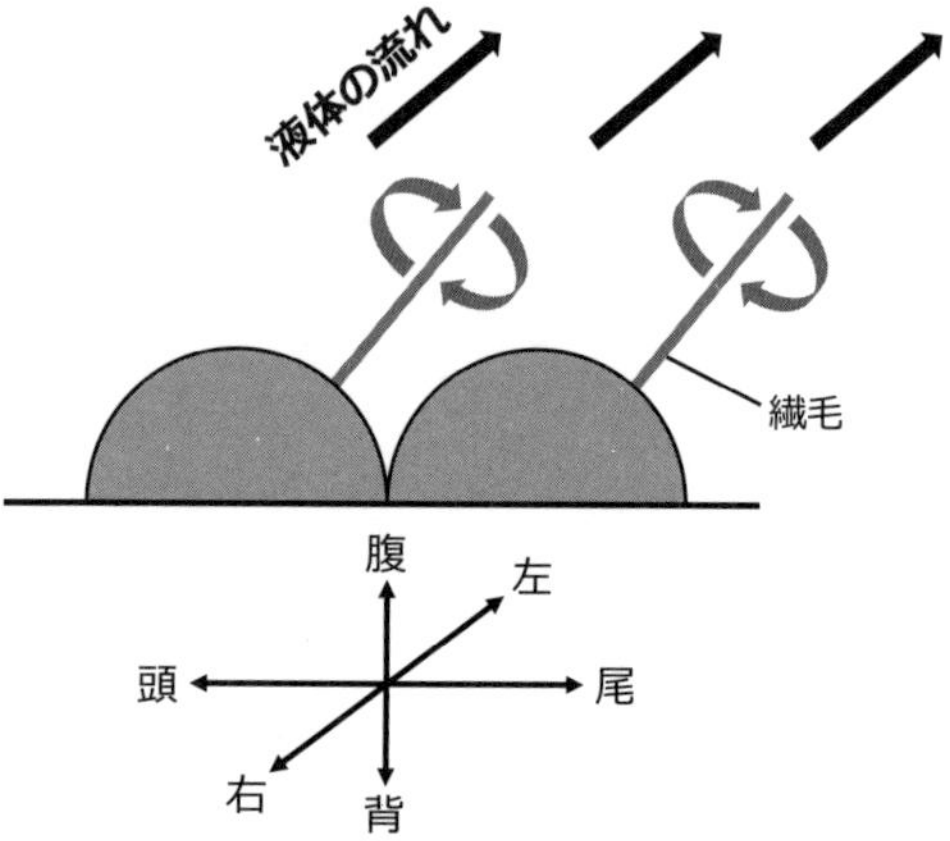

図 16　ノード流

繊毛が回転することで、ノードを満たしている体液が左向きに流れていることがわかり、**ノード流**と名づけられました。一方で、*Kif3B*$^{-/-}$ノックアウトマウスでは、このノード流がまったく起きないことがわかったのです。なぜ、繊毛が回転するだけでこのような一方向的な水流が発生するのでしょうか？　それは、繊毛が回転して右側へ動くときは、繊毛が結節の細胞に近づくため、結節の細胞表面の抵抗によって体液が流れにくくなるためです。一方で、繊毛が左側へ動くときには、結節の細胞から離れる方向へと動くため、抵抗の影響を受けず、効率的に体液を押すことができます。そのため、体液が左の方へと一方向に押されるようになります（**図16**）。

ノード流が発生することによって原始結節の左側では常に体液が供給されるようになります。原始結節の細胞からは、ソニックヘッジホッグなどのさまざまなシグナル伝達タンパク質の他に**ノーダル**（結節から分泌されるタンパク質という意味）と呼ばれるシグナル伝達タンパク質も含まれています。原始結節の細胞が分泌するノーダルの量は、体液のカルシウム濃度に影響を受けるため、ノード流によってカルシウム濃度の高い体液が常に供給される左側の細胞は、より多くのノーダルを産生、分泌するようになります。ノーダルは、さまざまなタンパク質の合成を促し、その一部は、遺伝子発現調節を行うため、左側と右側の細胞は異なる遺伝子が活性化されるようになります。その結果、臓器が非対称の位置に構築されることがわかりました。[36] 非対称の位置に臓器を構築できることで、体内の限られた空間の中に効率よくさまざまな機能を持つ臓器を配置できるようになったと考えられます。

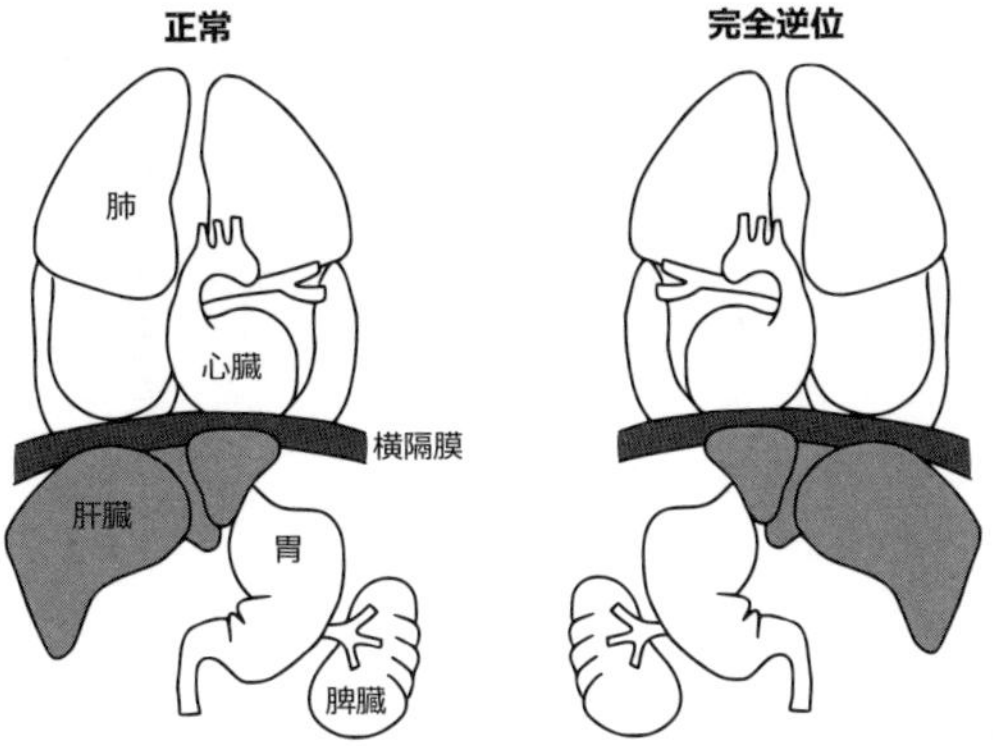

図 17　カルタゲナー症候群

さて、皇帝サウザーのようにヒトでも内臓の位置が逆転して生まれてくるということはあるのでしょうか？　実際に、**カルタゲナー症候群**という疾患があり（日本では1～4万人に1人の割合で出生すると推定されています）、約半数の患者で完全**内臓逆位**が見られます（**図17**）。この疾患では、繊毛や**鞭毛**《べんもう》が正しく機能していないため、呼吸器系で感染が起こりやすく、精子の動きが悪くなり雄性不妊となる場合が多くなっています。カルタゲナー症候群では、原始結節の繊毛が動かないためノード流が発生せず、その結果臓器の位置が反転するということがわかったのです。なお、内臓の位置が逆転しているショウジョウバエの変異体が発見された際、その原因遺伝子はこの皇帝サウザーにちなんでサウザー遺伝子と命名されました。[37] いずれの場合も、モータータンパク質の変異によって臓器の位置が逆転するというのは、興味深いです。

▼細胞も手をつなぐ

シグナルセンターである脊索からは、ソニックヘッジホッグ（SHH）などのシグナル伝達タンパク質が分泌されます。すると、脊索の真上に存在する外胚葉の領域の細胞群が、新たな遺伝子が発現し始めます。この細胞群が存在する領域を**神経板**と呼びます。その後、神経板の両側にはちょうど川の堤防のように別の種類の細胞群が形成され、**神経堤**と呼ばれる構造を形成するようになります。その後、神経板は深い谷を形成するようになり神経溝と呼ばれるようになります（**図18**）。そして左右の神経堤が出会うと、お互いに結合して、神経管が形成されます。

外胚葉の上皮細胞は、通常は**E-カドヘリン**という細胞間接着タンパク質を産生しています。そのため、E-カドヘリンを持つ細胞同士が結合して、上皮細胞に特有のシート状の構造を形成しています。しかし、上皮細胞がシグナル伝達タンパク質に反応すると、**N-カドヘリン**という別の細胞間接着タンパク質を産生し始めます。N-カドヘリンを産生する細胞は、N-カドヘリンを産生している細胞と結合することはできるのですが、E-カドヘリンを産生する細胞とは結合できなくなります。その結果、N-カドヘリンを産生する細胞同士だけが相互に結合し、管状の構造を構築し、その結果E-カドヘリンで結合しているシート状の上皮細胞から離れます。ちょうど、手をつなぐような方法によって、外胚葉から神経管が形成されます（**図19**）。そして、神経管は外胚葉から離れていきます。その後、再度結合した神経堤は胚を覆うようになり、外胚葉になります。外胚葉は、その後胎児の皮膚へと分化していきます。

神経管が形成されるころ、神経管の背側と外胚葉の間に、神経堤細胞と呼ばれる細胞群が形成されます。この細胞群は、神経管と外胚葉との相互作用によって新たに生み出された細胞群です。詳細は後で述べますが、この神経堤細胞はさまざまな細胞へと分化することから、外胚葉、内胚葉、中胚葉に次ぐ、第四の胚葉と呼ばれています。

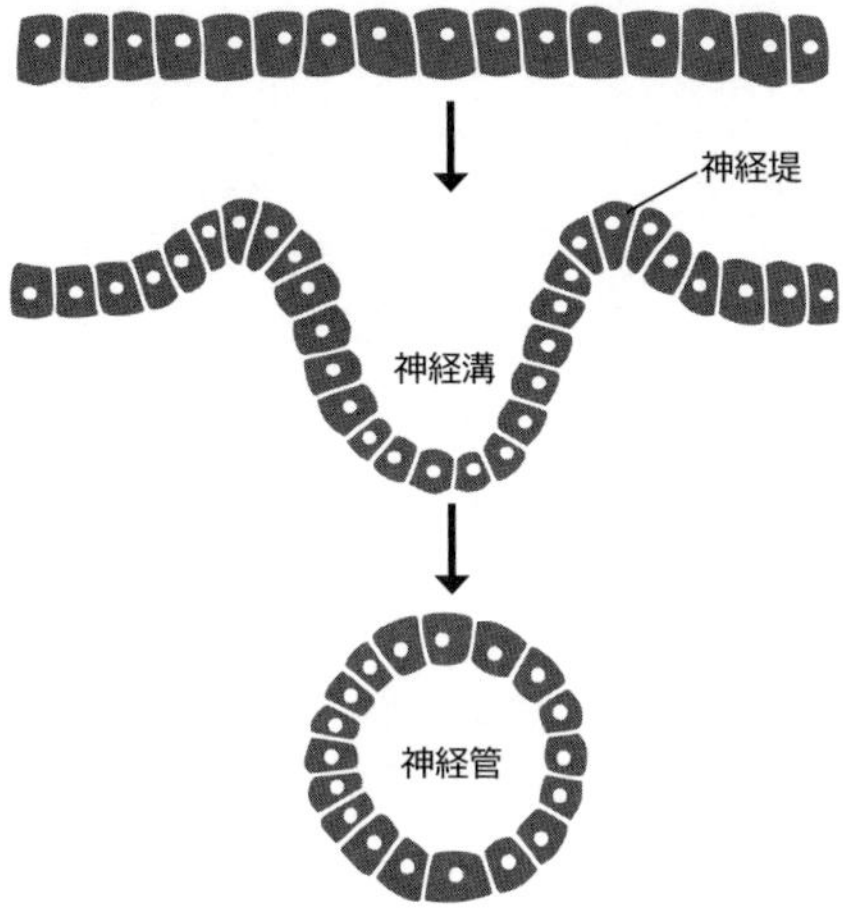

図 18　神経板から神経管へ

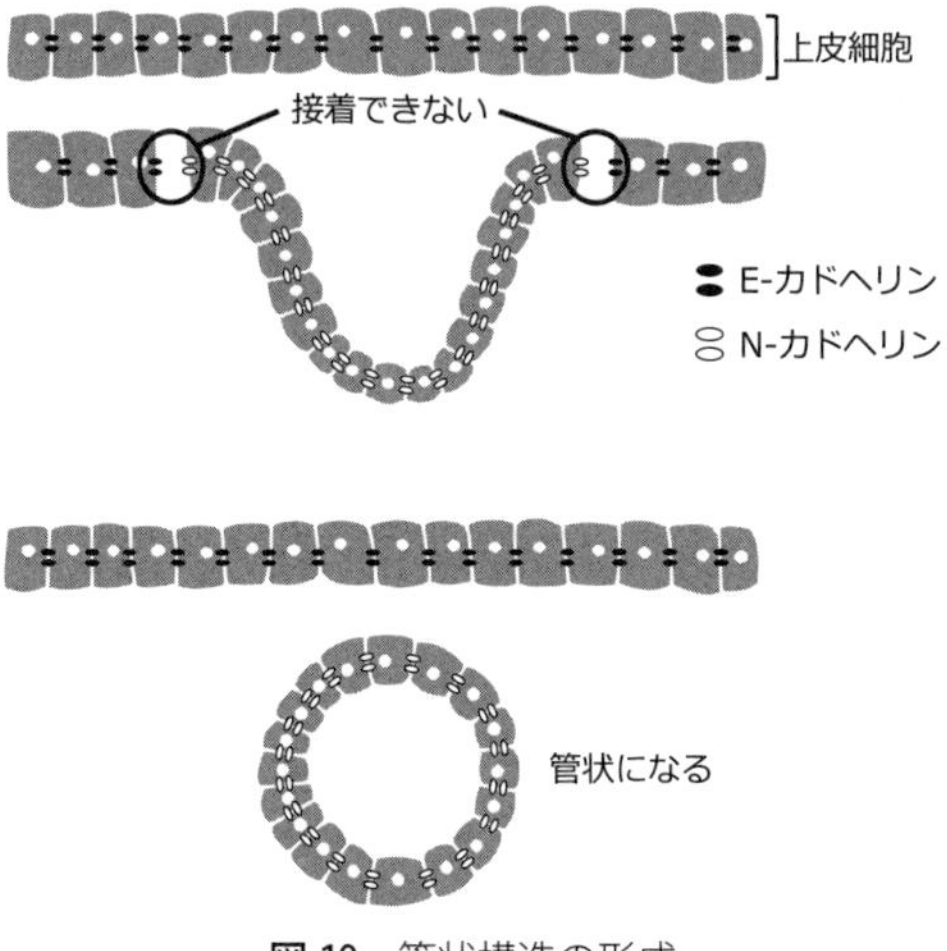

図 19　管状構造の形成

コラム　葉酸サプリメントはなぜ必要?

受精後22日頃には、頭側と尾側に向かって神経管が形成されていきます。頭側の開口部（**前神経孔**）は25日頃閉鎖し、尾側の開口部（**後神経孔**）は2日遅れの27日頃に閉鎖します。しかし、神経堤の細胞が中央方向へと向かう力が弱い場合、神経管が正しく形成されないという**神経管閉塞障害**が起こります。神経管は、前側では脳になり、後側では脊髄になります（**図20**）。前側の神経管の閉鎖が正しく起こらなかった場合は無脳症に、後側の神経管の閉塞が正しく起こらなかった場合は二分脊椎症になります（**図21**）。神経管の閉塞障害の程度が軽度な場合、神経組織は皮膚でおおわれていますが、重症な場合、神経組織が露出した状態で生まれてきます。このうち**二分脊椎症**の場合、腰部の中央にこぶ（腫瘤）があることが多く、出生時には症状がなくても、成長して身長が伸びるにしたがい、脊髄が尾側に引っ張られるようになるため、下肢が変形したり、運動機能が低下したり、膀胱や直腸の機能が低下して、排泄に障害が起こる場合もあります。日本における二分脊椎症の発症率は、2007～2011年において、出生1万人に対して5・59人で[38]、発生率は低下していません。

1991年、イギリスのビタミン研究グループは、過去に神経管閉鎖障害の胎児を妊娠した経産婦に、水溶性ビタミンである**葉酸**（**ビタミンB9**）を1日あたり4ミリグラム、妊娠前4週から妊娠12週まで投与しました。その結果、神経管閉鎖障害の再発が約72%も抑制されることが明らかになりました[39]。葉酸は、細胞増殖に必要なDNA合成に関与するだけでなく、ホモシステインというアミノ酸からタンパク質合成に必要なメチオニンという必須アミノ酸へ変換する際にも必要です。この葉酸を代謝する酵素の機能が低下している葉酸代謝関連の遺伝子多型（⇒「そうだったのか」、79ページ）を保有している妊婦では、体内で葉酸がうまく利用できないため、二分脊椎症の胎児を妊娠する確率が高いと報告されています[40]。なお、日本人の6割以上はこの遺伝子多型を持っているといわれています。

日本では、2000年に厚生労働省から妊娠を望む女性が、通常の食事から葉酸を摂取（葉酸量にして400マイクログラム）することに加えて、サプリメントや栄養補助食品から

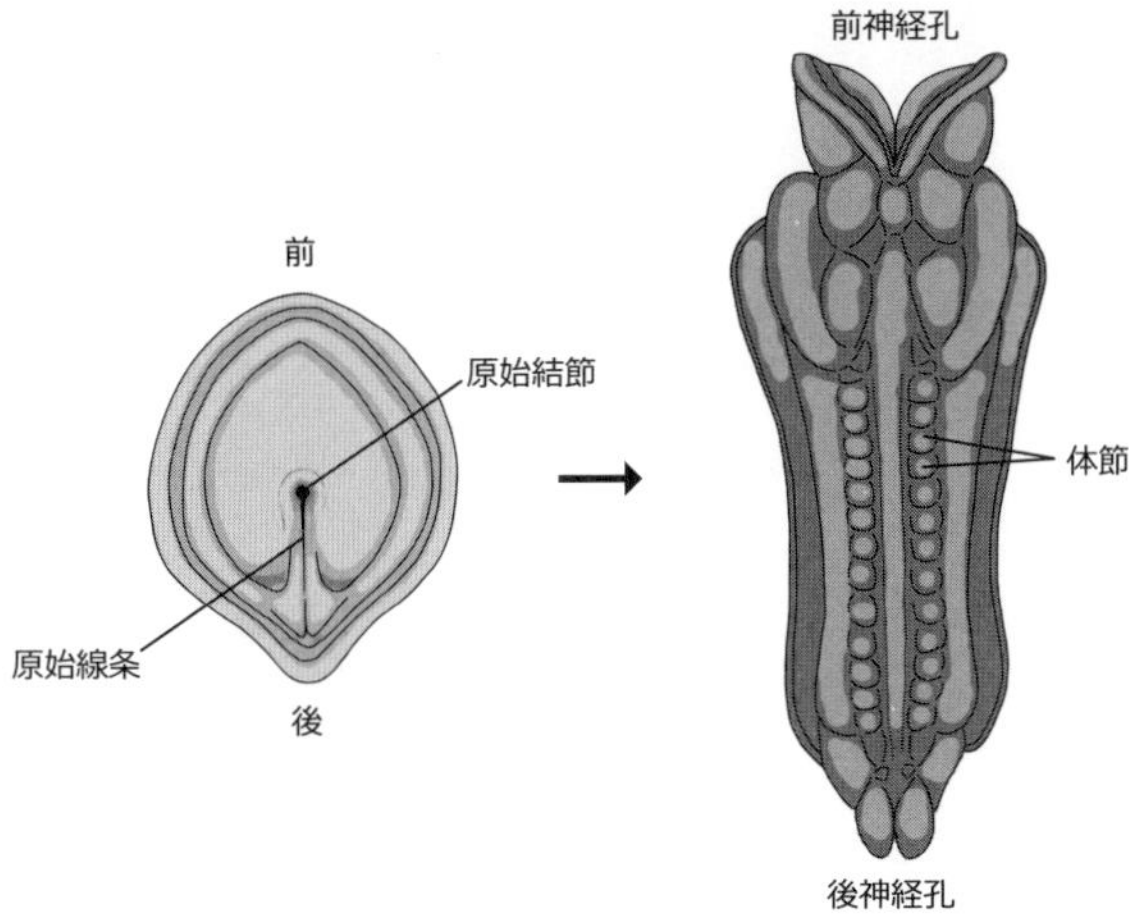

図 20　神経管の形成

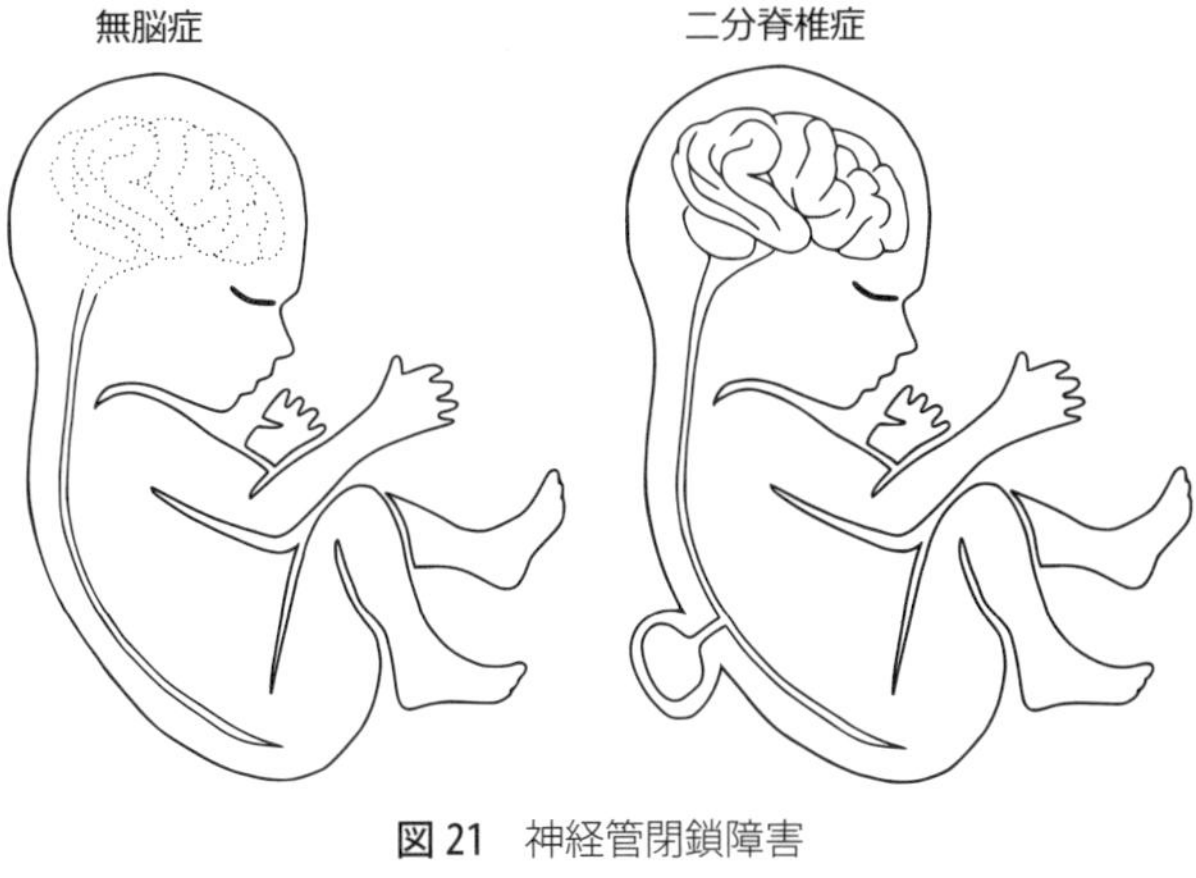

図 21　神経管閉鎖障害

1日400マイクログラムの葉酸を摂取することで、神経管閉鎖障害の発症リスクを低減できる可能性があり、リスク低減のために、妊娠1か月以上前から妊娠3か月までに摂取するのがよいとされています。[41]

ポイントは、通常の食品だけでなく、サプリメントや葉酸添加食品から葉酸を摂取することが勧められていることです。食品中の葉酸は、水溶性ビタミンであるため調理中に失われやすく、体内での吸収率が一定ではないためです。一方、サプリメントや葉酸添加食品に用いられている合成葉酸は、食品中の葉酸と比較して体内の吸収効率が高いため[42]、サプリメントでの摂取が勧められています。ただし、神経管閉鎖障害の原因は、葉酸欠乏だけではないため、葉酸を摂取しても発症を完全に抑えることができないことに注意が必要です。葉酸を過剰に摂取すればより効果が高くなるというわけでもありません。2010年に厚生労働省は、食事から摂取することが必要な葉酸の1日量を、成人女性で240マイクログラム、妊婦で480マイクログラムと推奨しています。また、1日の最大摂取量を1000マイクログラム（1ミリグラム）以下としています。サプリメントや栄養補助食品を多量に摂取することで、容易に上限を超えてしまう場合があることに注意が必要ですが、日本の妊娠女性の**葉酸サプリメント**摂取率は20%にとどまっています。[43] 葉酸サプリメントは、神経管閉鎖障害の発生リスクを低下させるだけでなく、**巨赤芽球性貧血**という貧血、**口唇口蓋裂**、**先天性心疾患**の発症リスクを低下させることが明らかになっています。このように、胚の発生は、すべてが遺伝子で決定されているわけではなく、あくまでも遺伝子と環境（この場合葉酸の摂取量）の相互的な作用によって起こるのです。

▼ちくわを作る ― 消化管は体の外？

神経管が頭尾方向に急速に伸びていくことによって、卵黄嚢と比較して羊膜腔が急激に拡大していきます。この変化に呼応して、一枚の袋だった内胚葉由来の卵黄嚢が**胚子**《はいし》（受精からおよそ器官形成期の終わりまでの状態のこと）の体内に取り込まれ原始腸管になります。そして、取り込まれず胚子の体外に残されたもとの卵黄嚢、そして原始腸管と卵黄嚢をつなげる**卵黄腸管**に区分されるようになります。

原始腸管は、やがて初期の前腸と後腸になります。前腸からは、顎、口腔、咽頭、食道、胃、十二指腸の前半が、後腸からは横行結腸の左側、下行結腸、S状結腸、直腸、肛門が作られます。一方中腸では、十二指腸の後半、小腸（空腸、回腸）、上行結腸、横行小腸の右側が作られます（**図22**）。取り残された卵黄嚢は卵黄腸管とともに次第に機能を失っていき、最終的には、**臍**《さい》**帯**《たい》の中に閉じ込められた小さな

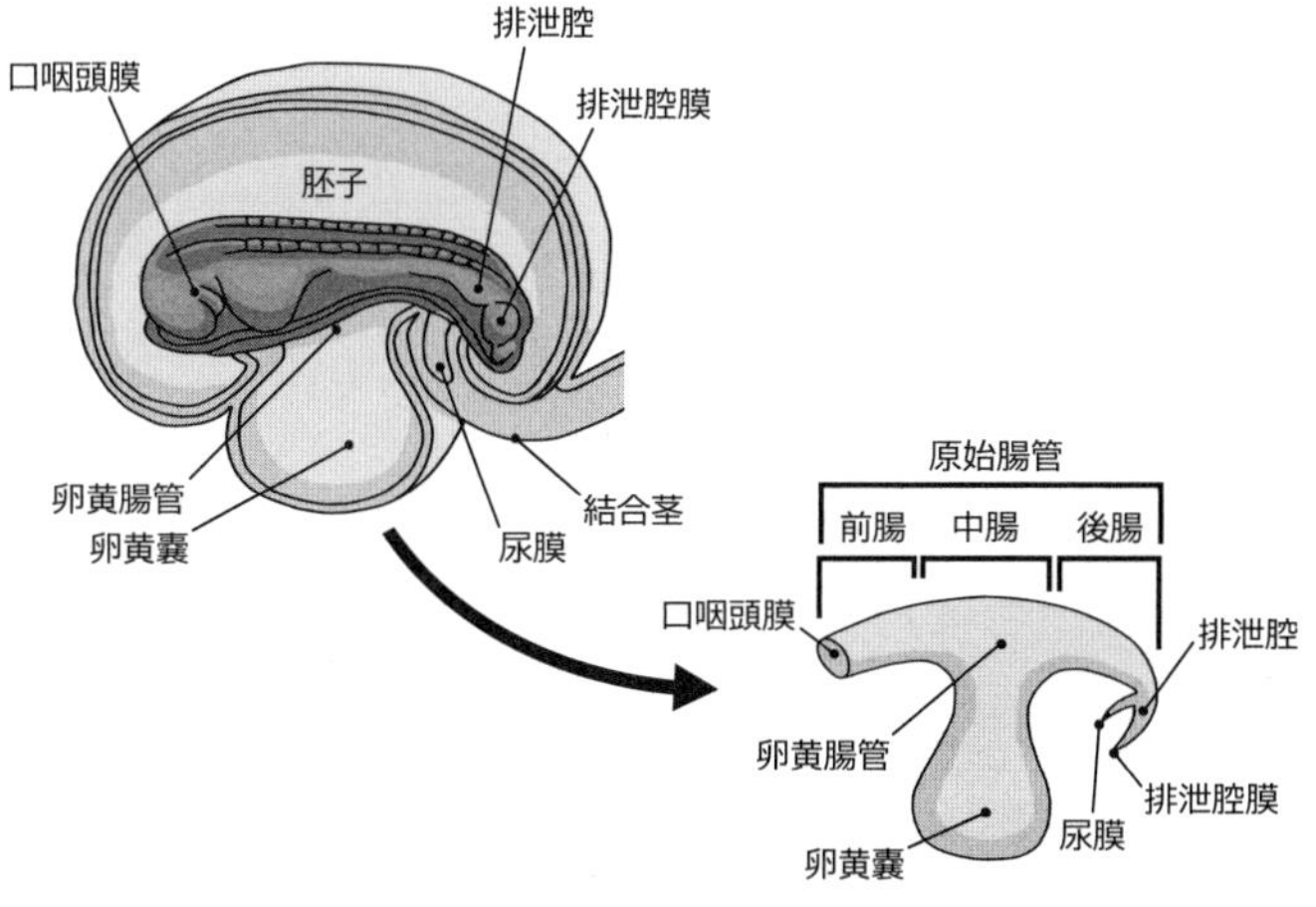

図22　3分割される卵黄嚢

袋へと退行します。稀に生まれてからも残っている場合があり、臍腸管遺残《さいちょうかんいざん》と呼ばれます。

原始腸管は、卵黄嚢という胚子の外側の部分を内側にして取り込み、最終的には体内に作られたちくわのような1本の管になります。ちくわの両端には、**口咽頭膜**と**排泄腔膜**があり、この部分は周囲の細胞から支持されていないために破れやすく、破れることでそれぞれ将来の口と肛門になります。つまり、消化管は私たちの体の中にありますが、そもそも体の外側だったのです。受精後3週頃の胚子では、後腸から臍帯に向けて尿膜と呼ばれる小さな突起が出てきます。尿膜からは、膀胱や尿道、女性では膣や子宮頸部が発生します。このように受精後のたった3週間で、1つの受精卵から体の基本形が作り出されるのです。

▼体節の形成にも濃度勾配が大切

中胚葉は、外胚葉と内胚葉の間を埋める細胞ですが、その後、3つの細胞群へと別れていきます。脊索に最も近い部分を**沿軸中胚葉**、逆に脊索から最も遠い部分を**側板中胚葉**、そしてこれらの2つの群のわずかな領域は**中間中胚葉**と呼ばれます（**図23**）。

中間中胚葉からは、卵巣や精巣といった生殖器と腎臓が発生してきます。側板中胚葉は、背腹の2つに分離して、一方は羊膜腔の外側を包む組織へと、もう一方は卵黄嚢の外側を包む組織へと変化していきます。

このような中胚葉の変化にも、モルフォゲンが重要な作用をしていて、モルフォゲンの濃度の違いによって制御されていると考えられています。モルフォゲンの1種である**骨形成タンパク質**

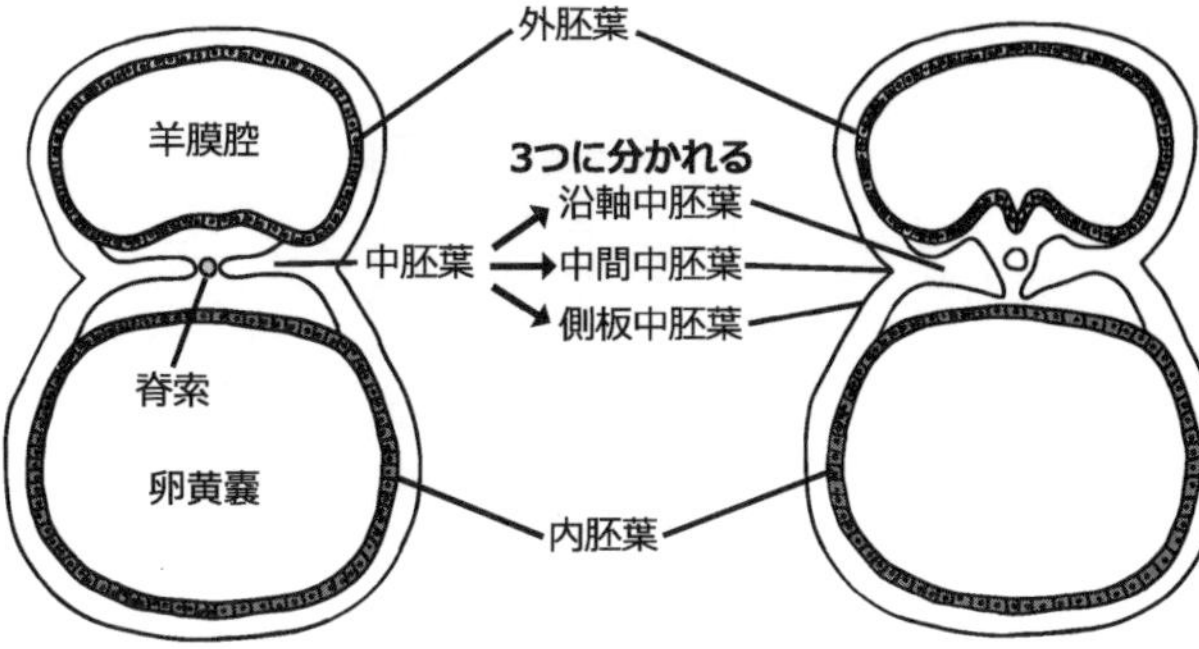

図 23　中胚葉の変化

（bone morphogenetic protein：ＢＭＰ）は、側方ほど高濃度で正中の脊索に近づくほど低濃度になっています。ＢＭＰは、骨の形成を誘導する増殖因子として発見されましたが、細胞の遊走や細胞の自殺（**アポトーシス**と呼ばれます）なども制御していることが明らかになっています。

　沿軸中胚葉からは、団子のような組織、**体節**《たいせつ》と呼ばれる大切な構造が生まれてきます（**図20**参照）。体節は、将来の後頭部に相当する部分から尾に向けて、1対ずつ形成されます。非常に正確なペースで進行するだけでなく、そのふくらみが透けて見えるため、体節の数で、その胎齢を推定できます。受精から5週目には、全体で42〜44対ほどの体節が形成されます。尾部で体節が作られている際、最初に頭部で作られた体節はすでに次の段階へと進んでいるため、44対すべての体節を一度に見ることはできません。

　団子のような体節はどのようにして形成されるのでしょうか？　まだ体節ができていない中胚葉の細胞は、**繊維芽細胞増殖因子**（fibroblast growth factor：ＦＧＦ）を分泌します。細胞が体節を作るためには、細胞間の接着を緩める必要がありま

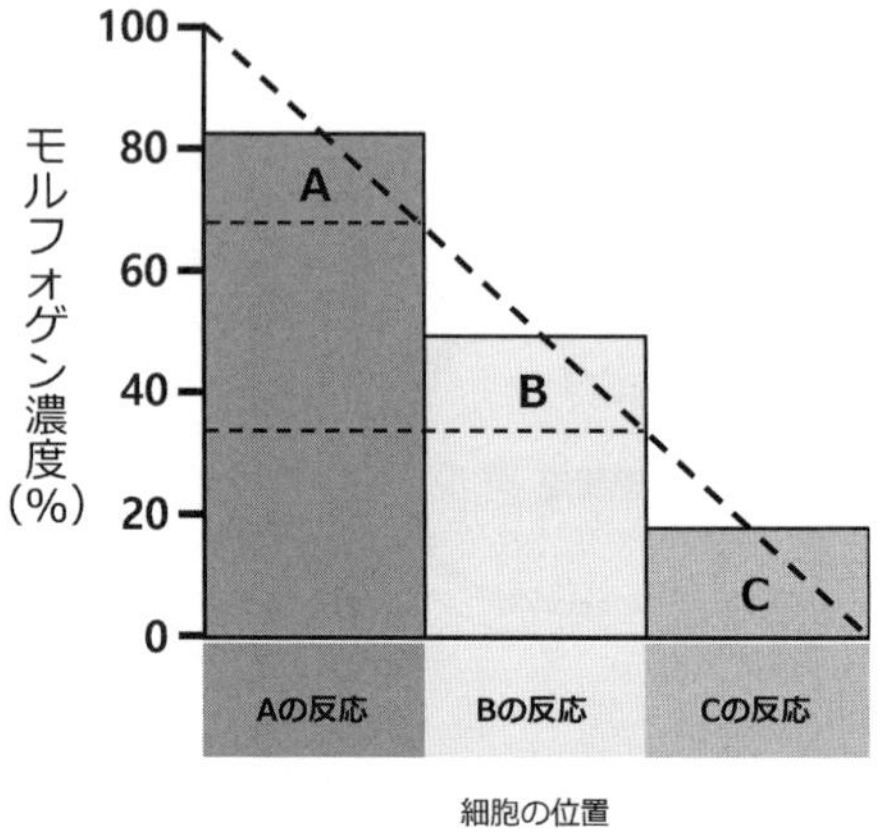

図24　位置情報理論

すが、ＦＧＦは細胞間接着を緩めようとすることを阻害します。加えて、ＦＧＦ自身がＦＧＦの分泌を促進する作用をもつため、ＦＧＦの分泌を阻害しない限り、細胞間の接着が緩まずに、体節が形成されることはありません。[44] 一方、体節を作り始めている細胞では、**レチノイン酸**（ビタミンＡの代謝物質）というシグナル分子を分泌しています。レチノイン酸の作用によって、中胚葉はＦＧＦの産生をしなくなり、体節が形成されます。レチノイン酸は、できたばかりの体節からまだ体節が作られていない中胚葉へと広がっていきます。しかし、中胚葉の細胞では、レチノイン酸を分解する分子も産生しているため、分泌された場所から約１００マイクロメートルの範囲までしか拡散しないと考えられています。[45] つまり、一度に限られた範囲の中胚葉の細胞だけが体節を作れるようになるのです。

なぜ狭い範囲だけにしかレチノイン酸が拡散しないようになっているのでしょうか。レチノイン酸を分泌する細胞の周囲では、濃度が高くなりますが、離れるにしたがい濃度が低下します。また、レチノイン酸が拡散する範囲が狭いほど、その濃度勾配が大きくなります。レチノイン酸に曝露《ばくろ》された細胞のうち濃度が高濃度の場合なら大きな反応Ａ、中濃度なら中間の反応Ｂ、低濃度ならわずかな反応Cが起こります（図24）。このように細胞はレチノイン酸に対して、自分がいる位置に応じて、異なる反応をするようになります。このような反応を**位置価**と呼びます。

つまり、細胞は自分に与えられた位置価を自分のゲノムと照合して、適切な遺伝子を発現するようになります。さらに、同じ位置価であっても、細胞のエピゲノムの違いや、遺伝子発現の違いによって、異なった形態を形成するようになります。このように位置価は、細胞の位置によって決定される価であるのと同時に、細胞は自らの位置に対応した応答するという理論は、**位置情報理論**と呼ばれ[46]、形態形成の重要なさまざまな局面で機能しています（図24）。

発生の発展講義②　体内時計

レチノイン酸などのモルフォゲンによって、体節を形成するために必要な遺伝子が活性化されると、その遺伝子が転写されてＲＮＡが産生されます。すると、そのＲＮＡが翻訳されて、体節を形成するために必要なタンパク質が産生されます。このタンパク質は、自分自身を作り出す遺伝子を不活性化するため、タンパク質の発現量が増えてくると、遺伝子の転写を抑制し、自分自身でタンパク質の合成を抑制します。

タンパク質の発現量が少ない場合、遺伝子の転写が促進され、ＲＮＡが増加し、少し遅れてからタンパク質の発現量が増えてきます。タンパク質の発現量が増加するにつれて、徐々に遺伝子の転写は抑制されていきますが、まだ細胞内にはＲＮＡが残っているため、ＲＮＡが分解されるまでは、

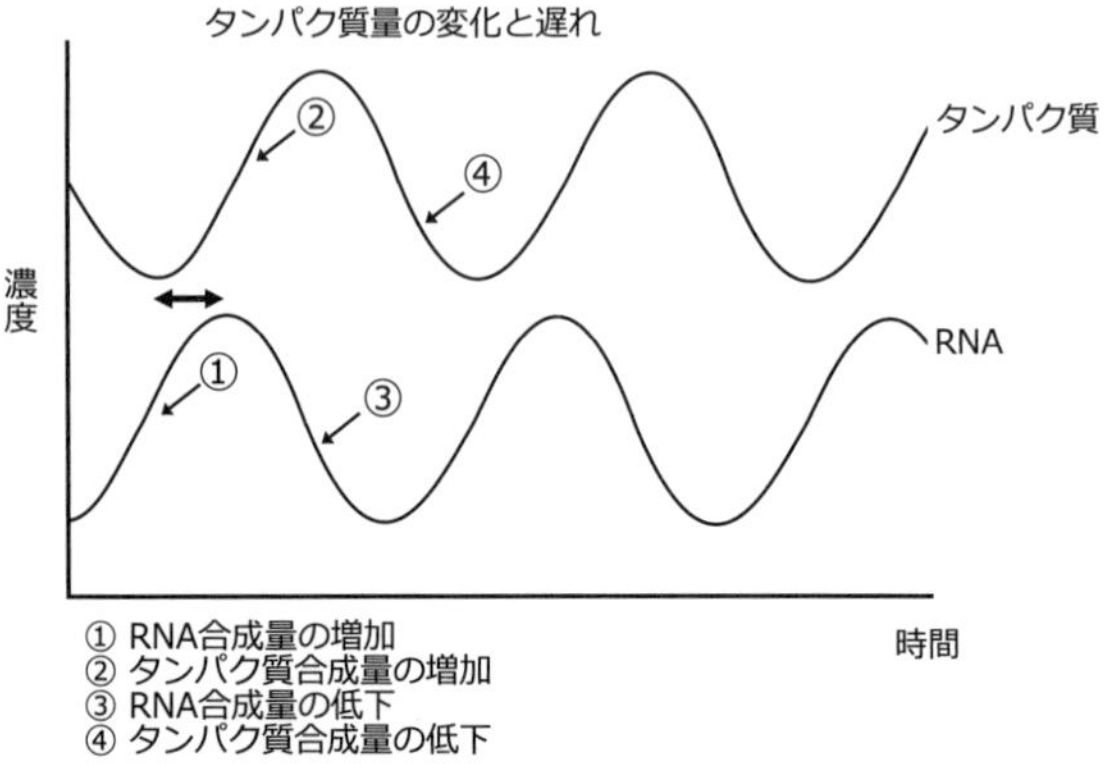

図 25　体節を作り出すための時計

タンパク質が産生され続けます。最終的に、細胞内に残っているＲＮＡとタンパク質が分解されると、遺伝子の転写が促進され始めます。この遺伝子の転写と翻訳には、産生するタンパク質の分解よりも時間が必要なため、タンパク質の発現量は増減を繰り返します（**図25**）。このようなしくみで、時計のように時間を刻むことができ、レチノイン酸の濃度が高く、ＦＧＦの濃度の低い限られた範囲かつ、体節を構築するのに必要なタンパク質が準備できた中胚葉の細胞の領域だけが体節へと変化します。[47] この体節の形成（**分節《ぶんせつ》**と呼ばれます）を制御する時計のことを「**分節時計**」と呼びます。

逆にいうと、たとえレチノイン酸の濃度が高く、ＦＧＦの濃度が低く、まだ体節が作られていない中胚葉の領域であったとしても、体節を形成するために必要なタンパク質が準備できていなければ、体節が作られることはありません。体節を形成する準備が整うまでに、まだ体節になっていない部分が尾のほうへ伸長します。この伸長する速度と分節時計の速度によって、１つの体節の大きさが決まり、それが次々と繰り返されていきます。

▼分節時計の速度と椎骨の数

これまで見てきたように、一定時間ごとに、体節ができてきます。この体節形成は、多細胞生物が受精卵から成体になるまでの過程で非常に重要なプロセスです。これまでマウス、ニワトリ、ゼブラフィッシュなどのモデル動物を用いて、分節時計のしくみが解析されてきました。しかし、ヒトの分節時計のスピードについてはわかっていませんでした。その大きな理由は、倫理的な観点から体節が形成される時期の胚を用いて実験することが制限されているためです。

ヒトｉＰＳ細胞を用いてまだ体節ができてない状態の中胚葉（**未分節中胚葉**）を作り出し、この細胞の遺伝子の発現を解析したところ、遺伝子の発現が約5時間周期で振動していることがわかりました。一方で、マウスｉＰＳ細胞を用いて同様の実験を行ったところ、実際のマウス胚と同様に2〜3時間周期で振動していることもわかりました。つまり、ヒトｉＰＳやマウスｉＰＳ細胞から作成した未分節中胚葉は、実際の胚と同様に遺伝子の発現量が周期的に変化することがわかったのです。また、分節時計に関係する遺伝子が約２００個あることもわかりました。

背骨の上下の椎板が上下に割れない事で椎体がつながってしまう椎骨分節異常や肋骨の奇形あるいは肋骨の数が減少しているといった**脊椎肋骨異骨症**に関与する原因遺伝子があります。そこで、この原因遺伝子に変異を持つｉＰＳ細胞が作られ、このｉＰＳ細胞から作られた胚の分節時計の速度を解析したところ、異常な周期を刻むことが明らかになりました[48]。

カエルは10個、ヒトは、頸椎7個、胸椎12個、腰椎5個、仙椎5個、尾椎3〜6個の合計32〜35

個、ヘビは、300個以上もの椎骨を持っています。そこで、チャイロイエヘビの分節時計の速度が調べられました。解析の結果1対の体節が形成される時間の平均は、約60分であることがわかりました。[49] これは、マウスやヒトよりも速い速度で分節時計が進むことを意味します。つまり、分節時計が速く動くことで、ヘビの胚では多くの体節が作られ、多くの椎骨ができることが明らかになったのです。ただ、ヘビ以外の体の長い動物でも体節時計が速く進むのかについては明らかになっていません。ヘビの場合、孵卵温度が適正でないと、椎骨の数に影響が出ることがわかっているため、温度が体節時計にどのような影響を与えるのかについても興味深いです。[50] 巨大なアナコンダでも、椎骨の数が普通のヘビよりも多いわけではなく、単に椎骨のサイズが大きいだけです。[51] なぜ、このような発生が起こるのか、まだまだ疑問は残されています。

▼翅からヘルメット?!

細胞同士の接触やモルフォゲンの濃度勾配の情報などを用いて、中胚葉から体節が作られることを見てきました。しかし、これだけでは、体節が作られていくだけで、そこからどのようにして胸椎や脊椎、さらには私たちの体が作られるのかわかりません。

まず、体節から体が正確に作られない事例を見てみましょう。ザリガニの**眼柄**《がんぺい》（先端に眼球のある棒状の器官）を除去すると、普通は眼柄が再生してくるのですが、稀に眼柄ではなく、触角が生えてくることがあります。この現象は、本来あるところに、異質なものが形成されることから、**相同異質形成**（homeosis：**ホメオーシス**）と呼ばれます。

キイロショウジョウバエは、体の色が黄色で、目が猩猩《しょうじょう》（鮮やかな赤）色をしているため、このように呼ばれています。体長は、3ミリメートルほどで、実験室で容易に大量に飼育できます。ショウジョウバエは、蚊やハエと同じ双翅《そうし》類で、翅が一対（2枚）しかありません。このショウジョウバエの遺伝子に変異が起こると、触角の位置に肢が生えたり、翅の枚数が4枚になったりすることがあります。このようなホメオーシスを起こす突然変異を**ホメオティック変異**（homeotic mutation：**相同異質形成突然変異**）と呼び、体節がそれぞれの組織に分化するための重要なはたらきと密接に関係しています。

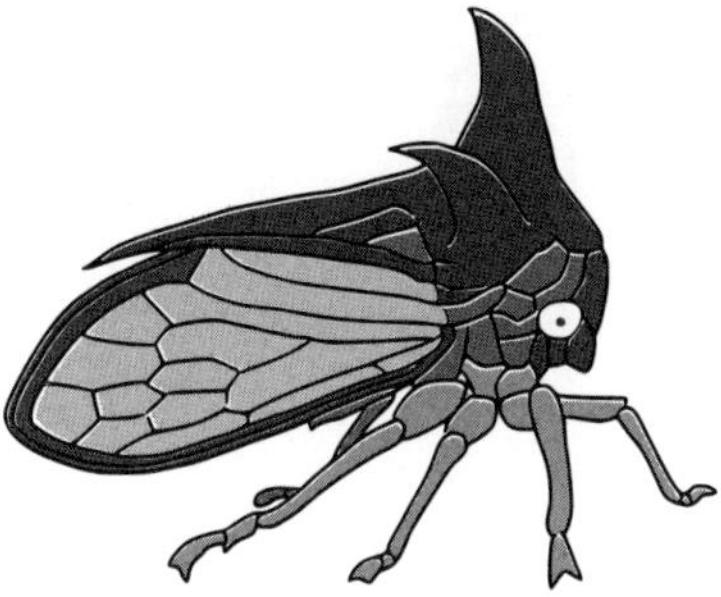
図26 ヘルメットを持つツノゼミ

キイロショウジョウバエから同定されたさまざまな遺伝子の変異解析から、**双胸遺伝子群**（bithorax complex）と名づけられた一群の遺伝子が機能しなくなると、発生過程で第3体節が正常に形成されず、第2体節が繰り返し形成されるため、翅の枚数が4枚になることがわかりました[52]。一方で、**アンテナペディア遺伝子群**（antenapedia complex）の変異によって触角の位置に肢が生えてくることがわかりました[53]。それぞれの突然変異体は、**ウルトラバイソラックス**（バイは2個、ソラックスは胸部という意味）と**アンテナペディア**（アンテナは触角、ペディアは肢という意味）と呼ばれるようになりました。

昆虫の翅は、胸部にある3つの体節のうち2番目と3番目の体節から生えます。本当にそうなのでしょうか。セミに近縁のツノ

ゼミの一種 *Hemikyptha marginata* は、変わった姿をしています。どのように変わっているかというと、1番目の胸部の体節から「ヘルメット」と呼ばれる奇妙な構造体が出ています（図26）。どうしてこのような構造が作られるのか解析したところ、他の昆虫では発現が抑えられていた、1番目の胸部の体節の翅と相同な膜の構造を、進化の過程で新たに復活させていたのです。[54] 翅が翅ではなくなるとヘルメットになることもあるようです。

▼遺伝子の並び方と順番が重要

ウルトラバイソラックスやアンテナペディアといったショウジョウバエの変異体の遺伝子が解析され、その塩基配列が明らかになってくると、不思議なことがわかりました。いずれの遺伝子にも180塩基の非常に似た配列（相同性の高い）を持っていたのです。この配列に変異が起こることでホメオーシスが起こるため、この180塩基の部分を**ホメオボックス**（homeobox）と呼ぶようになりました。この配列を持つ遺伝子は**ホメオボックス遺伝子**と呼ばれます。この遺伝子から産生されたタンパク質のうち、ホメオボックスが翻訳された部分を**ホメオドメイン**（homeodomain）と呼びます。ホメオティック遺伝子は、染色体の一部の場所に集合して（クラスター）存在し、ショウジョウバエの場合、8個（1つの遺伝子が発現していないため、実際には9個）の遺伝子があり、**ホメオティック遺伝子複合体**（complex）という意味で ***HomC*** **遺伝子**と呼ばれています。その後の解析から、ショウジョウバエで発見された *HomC* 遺伝子は、ヒトやマウスなどの哺乳類も含め、さまざまな生物にも相同な遺伝子が存在することがわかったのです。

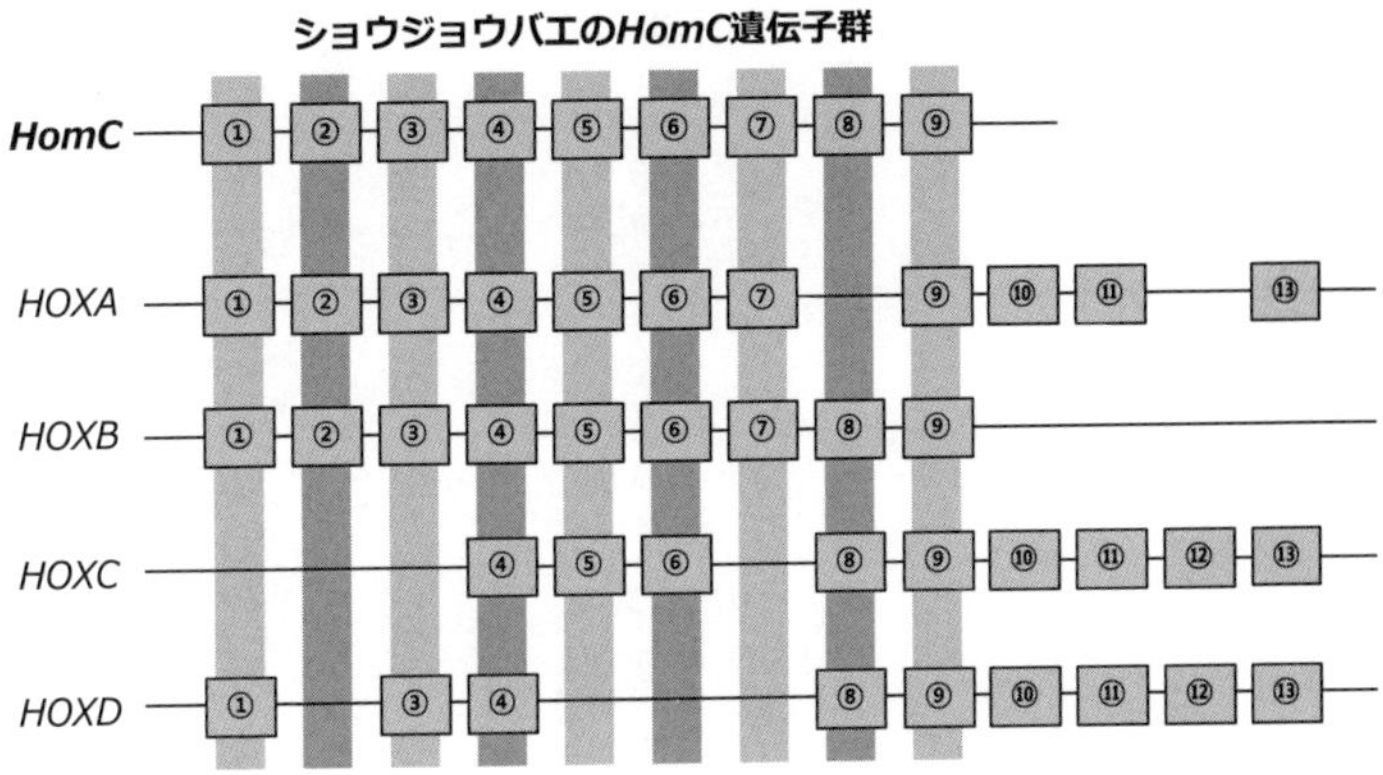

図 27　ショウジョウバエの *HomC* 遺伝子群とヒトの *HOX* 遺伝子群

ヒトの場合は、4つのクラスターがあり、染色体上に保存されています。そのクラスターを構成しているのが、**HOX 遺伝子**と呼ばれるもので、1~13まで番号が振られています。4つのクラスターは、それぞれ *HOXA*, *HOXB*, *HOXC*, *HOXD* と呼ばれ、いずれのクラスターにも *HOX* 遺伝子が含まれ、番号が小さいものから順に並んでいます（**図27**）。ただし、それぞれのクラスターの中に、1~13までのすべての遺伝子が含まれているわけではなく、中には欠失している遺伝子もあります。たとえば、*HOXC* では、1~3までの *HOX* 遺伝子が欠失しています。哺乳類では *HOX* 遺伝子が変異すると、形態形成に異常が起こりますが、ホメオーシスは起こらないため、*HOX* 遺伝子をホメオティック遺伝子と呼ぶことはできません。

HOXA と *HOXB* のクラスターの構造は、非常によく似ていますが、その理由は、次のように考えられています。昆虫では、*Hox* クラスターを1つしか持たないものがいますが、昆虫から脊椎動物へ進化する過程で、この *HOX*

クラスターが1度コピーされて2つになり、その後コピーされて、4つになったのではないかと考えられています。[55] その後、時間が経つにつれ、*HOXC*の1〜3の遺伝子が欠失したり、*HOXD*の5〜7が欠失したようです。*HOXC*の3のように欠失が起こっても、*HOXA3*や*HOXB3*や*HOXD3*が*HOXC3*の機能を代替できていたとすれば、問題なかったのかもしれません。さらに時間が経過してそれぞれの*HOX*遺伝子にそれ以上欠失すると機能しなくなるところまで変異が起こり、現在のような4つのクラスターになったと考えられています。

ここで驚くのは、昆虫から脊椎動物へと進化しても、またマウスやヒトなどさまざまな種においても、クラスター内の*HOX*遺伝子の並ぶ順番は、変化しなかった点です。*HOX*遺伝子は、並ぶ順番が大切で、体節の分化の順番とほぼ対応しています。つまり、前後軸上の異なる場所で異なる*HOX*遺伝子が、順番に発現するのです。

▼*HOX*遺伝子はまるでマジシャン？

アニメ『ルパン三世』のルパンは、お姫様の前で空っぽの手から万国旗を次々に出して驚かせていました。どうやって万国旗がくくりつけられているひもを隠し、絡ませないように、1つずつ引き出すことができるのでしょうか？　この疑問は、前後軸上の異なる場所でどのように*HOX*遺伝子が、すこしずつずれて発現していくのかということに似ています。非常に長い染色体の中から*HOX*遺伝子だけを引き出し、さらには頭部から*HOXA1*が発現し、尾のほうに向かうにしたがって、*HOXA2, HOXA3*と発現する順番をずらしていくことができるのでしょうか？

遺伝子の発現は、細胞の核内で始まります。遺伝子の開始コドンの近傍にある**プロモーター**と呼ばれる配列から、酵素タンパク質により遺伝情報がＤＮＡからｍＲＮＡへ転写されます。そして転写されたｍＲＮＡが核外に運ばれ、リボソームによって**ポリペプチド**（アミノ酸の鎖）に翻訳されます。このポリペプチドが正しく折りたたまれて立体構造が作られると、タンパク質として機能します。ＤＮＡには、遺伝子の転写を促進する**エンハンサー**や、逆に抑制する**サイレンサー**などの塩基配列があり、そこに転写因子が結合することで、遺伝子の発現が調節されています。

染色体を構成するＤＮＡは、ヒストンに巻きつけられ、コンパクトに凝集しています。これは、細胞の中で非常に大きな染色体を狭い核の中に保管できる非常に良いしくみですが、遺伝子を転写するには非常に不便です。染色体を絡まらないようにうまく引き出して、しかも *HOX* 遺伝子を1番から13番に向かって順番に転写するのは非常に難しいように感じます。

実は、ＤＮＡはコンパクトにまとめられている状態から、少し緩んだ状態に変化することができます（⇒「そうだったのか」、95ページ）。緩んだ状態であれば、転写因子がＤＮＡ配列に結合しやすくなり、遺伝子の発現を調節できるようになります。*HOX* クラスターは、この凝集した状態から緩んだ状態へとどちらの状態にも変化できることがわかっています。

たとえば、*HOXA* クラスターは、*HOXA* 遺伝子が活性化されない限り、全体が凝集した状態のままです。*HOXA13* が一番奥にしまい込まれ（万国旗の手品でいえば、最後に出てくる国旗）、*HOXA1* が最初に現れるように、絡まらないように凝集しています。*HOXA* クラスターの凝集体をうまくほどいてくれるのが転写因子です。転写因子は、体節を形成するときに重要な作用をしていたレチノイン酸によって活性化されます。レチノイン酸が作用すると、凝縮していた*HOXA*クラスターが端からほどけ始めます。すると*HOXA1*から番号順に転写可能な状態になり、万国旗の手品のように順番通りに転写されると考えられています。[56] *HOX*クラスターの凝集体がほどかれていくスピードと、原腸陥入が尾の方向へ進んでいくスピードが一致していることも明らかになっています。[57] このような精密なしくみによって前後軸の形成が調節されているのです。

▼細胞の間の会話で細胞は分化する

これまで述べてきた過程を経て受精卵は、前後軸方向に長く伸び、その軸に沿って背側に神経管が、腹側には腸管が形成されます。*HOX*クラスターによって、前後軸上のそれぞれの場所に存在する細胞は、その場所に適した分化をします。この時点では、細胞の種類は限られていて、神経細胞（ニューロン）や筋肉といった、体を動かすための細胞は作られていません。ニューロンと筋肉を作り、その2つを正確につなぎあわせなければ体を動かすことはできないのです。

外胚葉と脊索の間の中心線に沿って、神経管は形作られています。脊索は、シグナルセンターとしてソニックヘッジホッグ（SHH）を分泌します。すると、脊索のすぐそばにある神経管の一番底の部分の細胞が反応をし始め、他の神経管の部分とは異なる細胞へと分化します（**図28**）。この部分は、神経管の一番底にあたる部分ということで、底板と呼ばれるようになります。底板の細胞は、さまざまなタンパク質を産生し始めますが、その中にSHHも含まれています。その結果、神経管の底板もSHHを産生して分泌するシグナルセンターとなり、SHHは背側に濃度勾配を持った形で広がっていきます。周囲の細胞は、ＳＨＨの濃度差を感じ取り、さまざまな細胞に分化していきます。では、ＳＨＨはどのように細胞に作用するのでしょうか。

神経管の細胞には、低濃度のＳＨＨによって活性化される *Olig2* 遺伝子と、高濃度のＳＨＨでなければ活性化されない *Nkx2.2* 遺伝子が存在します。まず、底板から分泌されるＳＨＨが拡散すると神経管の腹側半分の部位まで作用し、*Olig2* 遺伝子が一斉に活性化されます。その後、ＳＨＨの濃度が十分に高い腹側4分の1の部位までの細胞では、*Nkx2.2* 遺伝子も活性化され始めます。ここからが巧妙で、*Nkx2.2* 遺伝子が作り出すタンパク質によって、*Olig2* 遺伝子の活性が抑制されます。これにより神経管腹側から4分の1の細胞群は、*Nkx2.2* 遺伝子だけを発現し、残りの4分の1の細胞群は、*Olig2* 遺伝子だけを発現するようになります。この結果、神経管の腹側半分では、異なる遺伝子を発現する2つの細胞群が重なることなく、はっきり分かれた2つの領域が作られます。[58]

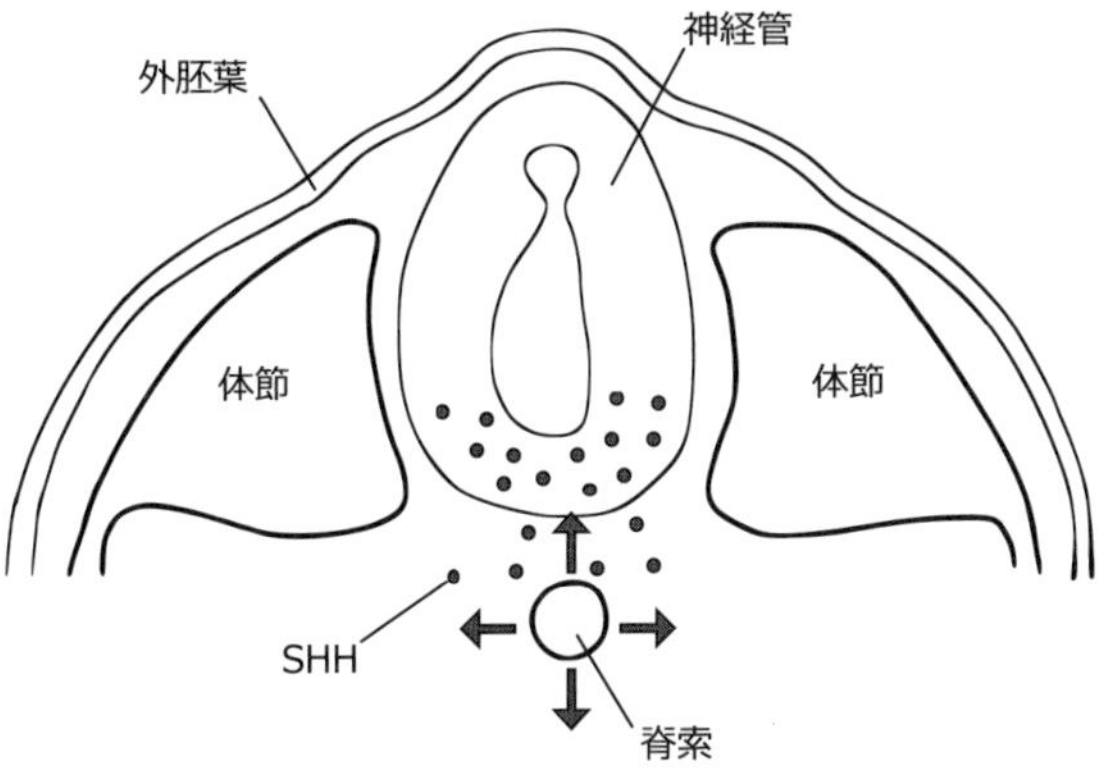

図28　脊索と神経管の間での情報のやり取り

　ＳＨＨが作用しない神経管の背側から上半分は、外胚葉から分泌されるシグナル分子によって、調節され、**WNT**《ウイント》と**BMP**を分泌するようになります。[59] ＳＨＨと同様にＷＮ

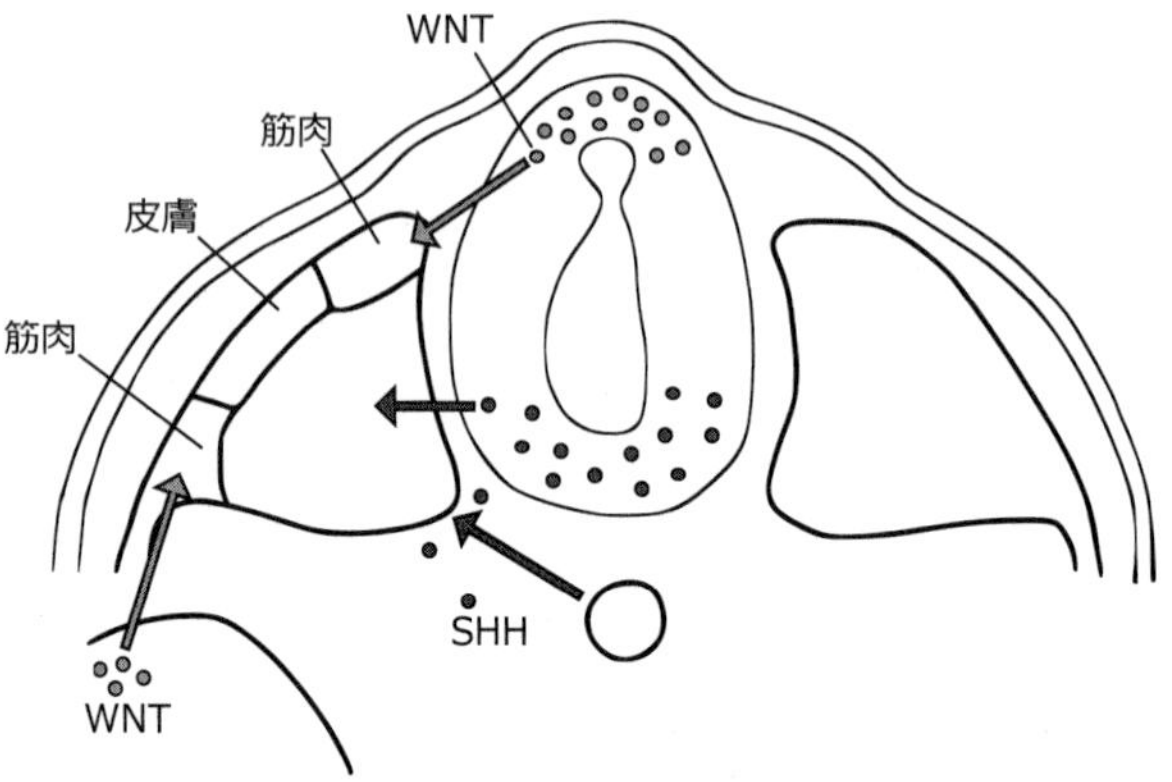

図29　シグナル分子による体節細胞の分化

TもBMPも細胞から分泌されると、濃度勾配を作りながら拡散していきます。この濃度勾配が背側の細胞をいくつかの異なる細胞へと分化させるのに用いられています。シグナル分子は違っても、細胞の分化は、基本的に濃度勾配によって調節されているのです。その結果、脊索や底板から分泌されるSHH、背側の神経管細胞から分泌されるWNTやBMP、他の部位から分泌されるWNTやその他のシグナル分子によって、体節細胞がさまざまな細胞へと分化していきます。

体節細胞は、ホメオボックス遺伝子などの作用で、SHHに暴露されても、神経管細胞とはまったく異なる遺伝子が活性化されます（**図29**）。たとえば、背側の神経管細胞に近い部分の体節細胞は、筋肉細胞になるために必要なタンパク質を作り始めます。しかし、これまで見てきた通り、WNTやSHHなどのシグナル分子が拡散する範囲は非常に狭いため、筋肉へと分化を始める体節細胞はごく一部でしかありません。一方、脊索や神経管の底板から分泌されるSHHや他のシグナル分子を受け取った体節細胞は、真皮、あるいは骨へ分化したりします。

ここで一度振り返ってみましょう。胚全体を一気にそれぞれの組織へと分化させることはできません。胚は、始めに大まかに分化し、新たに分化した部分が少し大きくなってから、細かい分化を始めます。そして、新たに分化した部分がまた大きくなって、さらに細かい分化をする、ということを繰り返して、ヒトを含めた動物は発生していきます。発生は、まず小さい完全な胎児を構築してから、それを単に大きく成長させていくということではありません。興味深いことに、特定の組織を作り出す時点での胚の大きさは、マウスでもヒトでも、クジラでも同じなのです。それは、細胞から分泌されるSHHやWNT、BMPといったタンパク質は小さいサイズの分子であり、胚の中で拡散できる範囲は、どのような生き物であっても同じだからです。マウスでもヒトでもクジラでも、発生の途中の一定の時期まではお互いに非常に似通ったかたちが見られるのもそのためです。

▼旅する神経堤細胞

神経管の背側と外胚葉の間に、**神経堤細胞**と呼ばれる細胞群が形成されます。神経堤細胞は、もともとは上皮細胞の性質を持っているのですが、中胚葉の層に入り込むことによって、非上皮細胞の性質を持つようになります。その性質とは、高い動き回る能力のことで（このことを遊走能と呼びます）、中胚葉の層の中を動き回って、さまざまな場所へと移動していくようになります。かといって、神経堤細胞は好き勝手に移動するわけではなく、4つの決まった場所へと移動します。

まず神経堤細胞は、**神経管**（将来の脊髄）の左右両側に分節を形成するように体節の間に移動し、

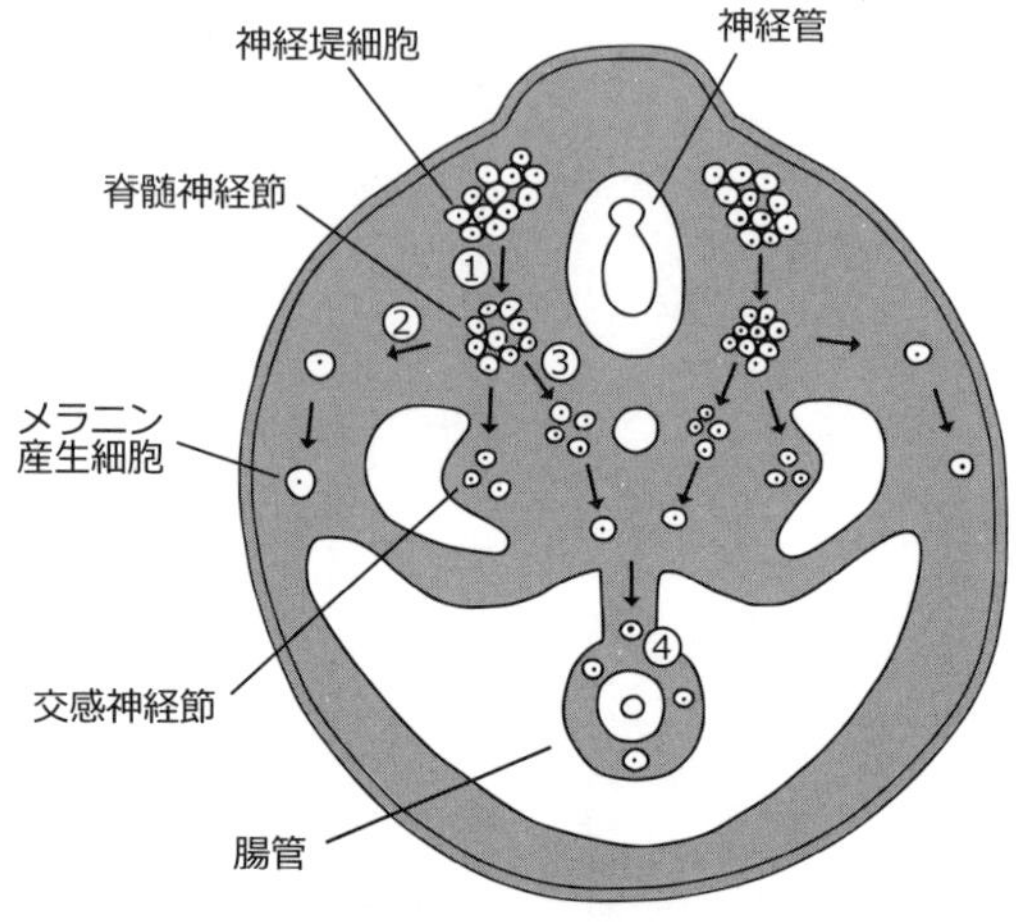

図30　神経堤細胞の移動先

塊を作るようになります。この塊が、将来の**脊髄神経節**になります。この脊髄神経節とは、感覚神経のニューロンの細胞体が集合した重要なところです。

　神経堤細胞から生まれた将来の脊髄神経節細胞は、突起の一方を将来の**脊髄後角**（脊髄の後方の部分）に伸ばし、もう片方を体表の皮膚に向けて伸ばします。同じころ、神経管の将来の**脊髄前角**（脊髄の前方の部分）からも将来の運動神経細胞が運動神経になる突起を伸ばし始めます。このように、神経堤細胞の1つ目のグループは、脊髄神経節を形成し、温度感覚、痛覚、触覚などの感覚と身体の位置を脊髄と脳に伝える感覚神経系へと分化していきます（**図30**①）。次に、神経堤細胞の一部は、全身の表皮の直下へと移動していき、**メラニン産生細胞**へと分化していきます（**図30**②）。メラニンは、黒褐色の色素で毛や皮膚の色に関係し、一部は眼球にも存在します。先天的にメラニン産生能が低下あるいは欠損すると、生まれながら皮膚、毛髪、眼の色が薄く、全身の皮膚が白色調、眼の虹彩の色は青から灰色調を呈する、**白皮症**を発症します。

　神経堤細胞は脊髄神経節の部分からさらに別の場所へ移動します。3つ目の移動先では、交感神経節というニューロンが集合した部分を形成します。そして一部の細胞はさらに移動して、自律神経のニューロンに分化するものもあります。あるいは、**アドレナリン**や**ノルアドレナリン**などのホルモンを作り出す**副腎髄質**へと分化するものもあります。副腎髄質は、交感神経節から移動してきた細胞によって形成されるため、交感神経節の一種として考えられています（図30③）。4つ目の神経堤細胞の行き先は、腸管です（図30④）。この細胞は、腸管壁の**神経叢**《しんけいそう》（神経細胞の集まりで腸管神経叢と呼ばれます）を形成して、腸管の平滑筋の運動を調節します。つまり、摂取した食べ物を口側から肛門側へと移動させる蠕動運動を調節する腸管神経叢へと分化していきます。このように神経堤細胞は移動しながら分化することで、脳と体をつなぐ末梢神経系を構築する非常に重要な役割を果たしています。

▼目的地をどのように見つけるのか

なぜ神経堤細胞が、これほど正確に目的地の場所を見つけられるのでしょうか？　神経堤細胞には、視覚もありませんし、嗅覚もありません。何を手掛かりにしているのでしょうか？

その答えは、細胞が何かにくっつく能力を持っていることにあります。細胞は、他の細胞に接着（細胞─細胞接着）するか、**細胞外マトリクス**に接着（細胞─基質接着）することで組織や臓器を構築しています。そのため、細胞表面には、細胞や細胞外マトリクスに結合するためのタンパク質（受容体）が発現しています。細胞─細胞接着では、カドヘリンが用いられますが、細胞─基質接着では、さまざまな細胞膜を貫通するタンパク質（膜貫通タンパク質）が用いられます。身近な例でいえば、細胞外マトリクスはそれぞれ独自の鍵を持ち、細胞膜には対応する鍵穴にあたる膜貫通タンパク質が作られています。その2つがぴったり合うと接着が起こるのです。たとえば、膜貫通タンパク質である**インテグリン**は、αとβの2種類のサブユニットと呼ばれるタンパク質が1つずつ結合した、大きなタンパク質（ヘテロダイマーと呼ばれます）です。αは18種類、βは8種類あり、それぞれ$\alpha 1$、$\alpha 2$、$\alpha 3$……、$\beta 1$、$\beta 2$、$\beta 3$……と表します。これらの組み合わせによって、さまざまな細胞外マトリクスに結合することができます。たとえば、インテグリン$\alpha 6\beta 1$を発現している細胞は、**ラミニン**に結合します。インテグリン$\alpha 1\beta 1$を発現している細胞は**コラーゲン**、インテグリン$\alpha 5\beta 1$を発現している細胞は、**フィブロネクチン**というように異なる細胞外マトリクスに結合します。細胞は膜貫通タンパク質の発現を変化させて、接着する細胞外マトリクスを選びます。逆に胚の中では、目的地にある細胞外マトリクスを適切に選択することで、引き寄せる細胞を変化させることができるのです。

神経堤細胞の表面には、ラミニンとフィブロネクチンに結合する膜貫通タンパク質が発現しているだけでなく、**エフリン**という分子を忌避するための受容体も発現しています[60]。接着するだけでなく離れるという方法も移動に利用しているのです。神経管の両側にある体節や将来の表皮になる外胚葉の表面には、ラミニンとフィブロネクチンが発現しています。ただ、発現部位は限られていて、それぞれの体節の頭部方向の前半分だけに発現していて、尾方向の後半分には、エフリンが発現しています。前半分はさらに複雑で、体節の背側（外胚葉の真下）は、エフリンを発現していて、それ以外の部分は発現していません。つまり、神経堤細胞は、自分の好きなラミニンとフィブロネクチンがある体節の前半分の腹側にだけ移動していきます。その結果、神経堤細胞の行き先は限定され、脊髄神経節やメラニン産生細胞へと分化していきます（図30①②）。

脊索よりも奥の組織では、**ニューレグリン**という別の細胞外マトリクスを産生しています。実は、一部の神経堤細胞は、ニューレグリンに接着する膜貫通タンパク質も発現していて、この奥まで移動してきて自律神経叢や副腎髄質へと分化していきます（図30③）。このように、細胞は、目的地である組織が産生している細胞外マトリクスを目標にして移動していくのです。

▼目的地を間違えると何が起こるのか？

神経堤細胞は、これまで見てきた体幹部だけでなく、頭部、頸部、腰部などにも存在し、それぞれが異なる種類の細胞へと分化していきます。たとえば頭部の神経堤細胞は、背外側に移動してニューロンやシュワン細胞だけでなく、顔面頭蓋の骨格筋や骨、軟骨へと分化します。さらには、目の角膜や虹彩、くも膜や軟膜、耳小骨、下顎骨にも分化します。頸部の神経堤細胞は、腹側の腸管壁へと移動していきます。そして、腸管神経節のニューロンとグリア細胞へと分化していきます。

このように神経堤細胞は最終目的地に正しく移動（遊走）し、分化しています。逆にいうと、目的地に正しく遊走できなければ、適切に体を作ることができず、さまざまな疾患が起こります。ヒトにおいて、神経堤細胞の発生や分化さらには遊走の異常が原因で起こる組織の先天性奇形や腫瘍などをまとめて神経堤症と呼びます[61]。

代表的なものとして**ヒルシュスプルング病**（**先天性巨大結腸症**）があります。この疾患では消化管の蠕動運動を調節するために必要な腸管神経節が、肛門から連続して欠損しています。このため、その範囲の消化管の**蠕動**《ぜんどう》**運動**が起こらず、新生児期に胎便がなかなか出ず、お腹が膨れ、嘔吐し、腸閉塞を引き起こします[62]。日本では、年間約２００人の発症があり、出生５０００人に対して１人の割合で見られます。多くの場合、小児期早期に腸管神経叢がない腸の部分を切除し、腸管神経叢が存在する腸を肛門につなぐことで治療が行われます。

ヒルシュスプルング病以外のおもな疾患としては、副腎髄質の**クロム親和性細胞**が腫瘍化する**褐色細胞種**、淡いミルクコーヒー色から濃い褐色のしみやあざ、皮膚や体内の神経に沿ってできる良性の神経繊維腫を特徴とする**レックリングハウゼン病**、先天性の感音難聴や目の虹彩の色素異常（片方が青で片方が茶色など両目の色が異なったり、1つの目に2色あったりするなど）、30歳前に頭髪が白髪になるなどの**ワーデンブルグ症候群**[63]、吊り目や垂れ目、瞼が垂れ下がり、頬骨や下顎の形成がうまくいかず、耳の形成不全や難聴などが見られる**トリチャーコリンズ症候群**[64]といったものがあります。

▼腸から脳になる?!

腸管神経系は、体長の数倍にもおよぶ消化管（ヒトの場合数メートルにも到達します）の全長にわたって、腸管壁の内部に網目状の構造を形成します。脳からの命令なく独自に機能し、腸管の蠕動運動や粘液の分泌、また腸管の血流を制御しています。そのため、腸管神経系は、「第二の脳」とも呼ばれています。これまで腸管神経細胞は、神経堤細胞が腸管壁の内部を口側から食道、胃、小腸、大腸、肛門の一方向に移動することで形成されると考えられていました。神経堤細胞が正しく移動しなければヒルシュスプルング病が起こります。ほとんどのヒルシュスプルング病では、肛門側で腸管神経が欠損しています。場合によっては、小腸や大腸の口側でも部分的に腸管神経が欠損している場合もあり、そのような欠損箇所はスキップエリアと呼ばれています（図31）。もし、神経堤細胞が口側から肛門側に一方向に移動するのであれば、仮に神経堤細胞の遊走に何らかの障害が起きてもスキップエリアはできず、肛門側だけで腸管神経の欠損が見られるはずです。そこで、スキップエリアができる原因を探るため神経堤細胞に蛍光タンパク質を発現させて、その遊走の様子を観察しました。その結果、神経堤細胞は、小腸と大腸の間に存在する血管組織（腸間膜）を横切る近道を通って大腸壁にたどり着くことがわかりました。また小腸から移動してきた神経堤細胞と合流することで腸管神経叢が形成されることもわかったのです（図32）。つまり、近道を通って移動する神経堤細胞と小腸壁内を移動する神経堤細胞が正しく合流しないことによって、スキップエリアが生まれることが明らかになりました[65]。

この神経堤細胞の研究から**ハンセン病**の発症機構の一端が明らかにもなりました。ハンセン病は、感染力の非常に弱い抗酸菌の一種である**らい菌**（*Mycobacterium leprae*）が皮膚や末梢神経細胞内に寄生することで起こる感染症です。この病名は、1873年にらい菌を発見したノルウェーのアルマウェル・ハンセン医師の名前が由来です。

ハンセン病は、発症すると非常にゆっくりと進行する慢性感染症です。発症初期は、皮膚の病変と痛さや熱さの感覚が失われる知覚麻痺が起こります。病気が進行すると、足や顔などに運動障害や身体に変形が生じます。しかし、末梢神経細胞に寄生したらい菌がどのようなしくみで筋肉や結合組織に伝播され、運動障害や身体の変形を引き起こすのかについてはわかっていませんでした。

最近の研究から神経堤細胞由来であるグリア細胞がらい菌に感染すると、感染した**グリア細胞**が脱

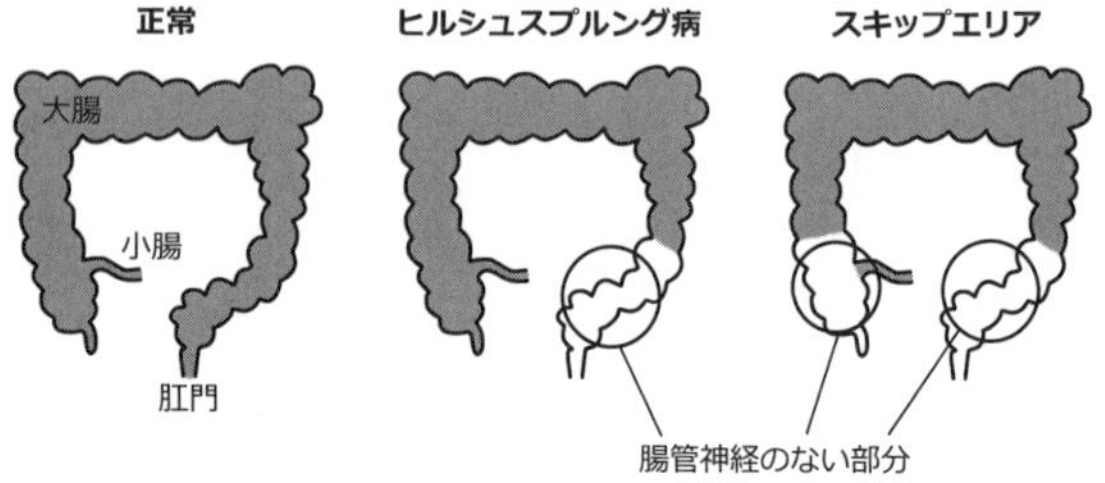

図 31 ヒルシュスプルング病において腸管神経を欠失する部分

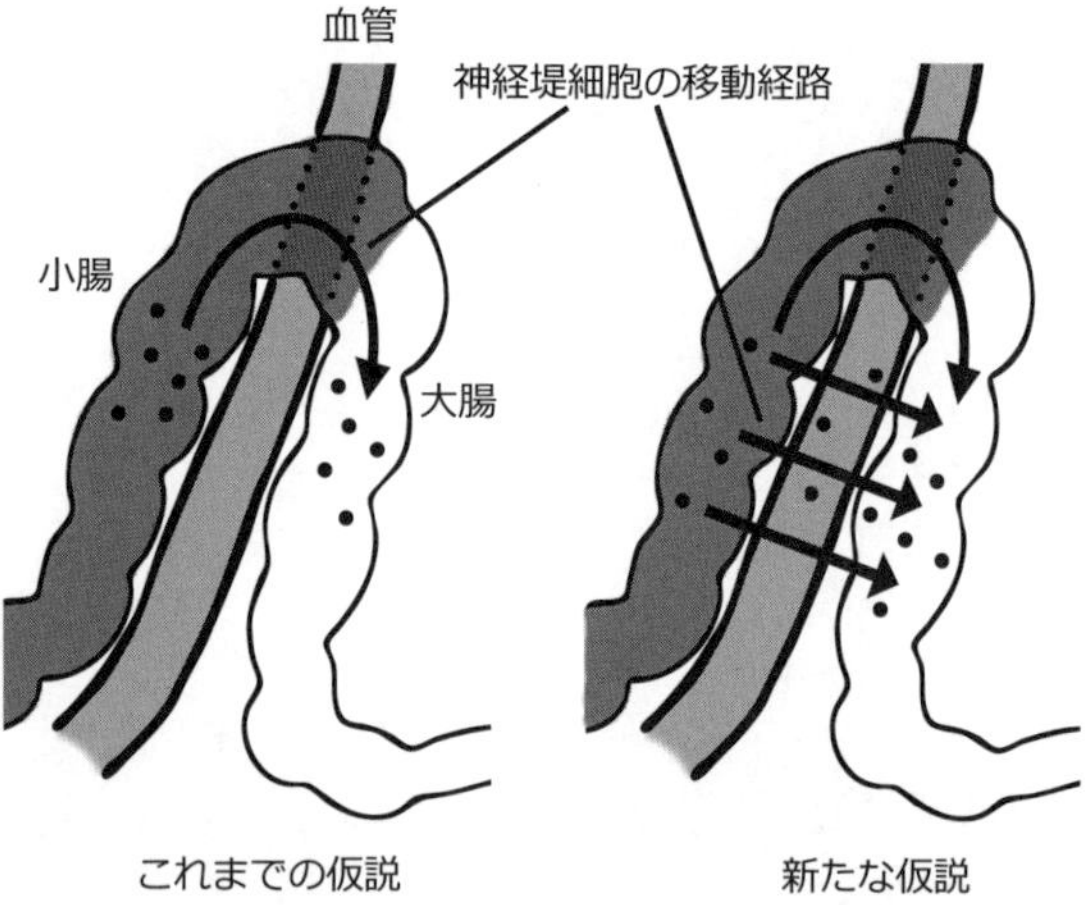

図 32 神経堤細胞の腸管内での新たな移動経路仮説

分化され、らい菌を共生したまま筋肉系の細胞に分化することがわかったのです。つまり神経堤細胞が持っている高い分化能がらい菌によって利用されたともいえるのです[66]。

ここまで読み進められたみなさんは、すでに気づかれたかもしれません。1つの遺伝子の変異によって起こるある疾患との関係から、「ある遺伝子Aの機能は、私たちの体の特定の構造Aを構築することだ」と考えることは危ないということです。私たちの体を構築するためには、多種多様の遺伝子を転写・翻訳することで作られる多種多様なタンパク質の非常に複雑な相互作用が必要不可欠なのです。もし、私たちの体がどのように形作られ、そしてどのように機能するのかを理解したいのであれば、1つの遺伝子あるいはその遺伝子から作られるタンパク質のことだけを調べるのではなく、そのタンパク質がどのようにしてさまざまなタンパク質と相互作用して、全体としてどのような機能をしているのかを俯瞰《ふかん》的に見て、その機能を明らかにする必要があるのです。

2

生殖

子孫を増やすしくみ

2章　生　殖　子孫を増やすしくみ

南アフリカ共和国のキャスター・セメンヤ選手は、2009年にベルリンで開催された陸上の世界選手権女子800メートル競技を驚異的なタイムで走破し、金メダルを獲得しました。ところが前回大会の金メダリストよりも2秒以上も速いことと、筋肉質な体格や低い声などから、国際陸上競技連盟（IAAF）はセメンヤ選手の医学的な調査を行いました。その結果、セメンヤ選手には、生まれつき体内に子宮と卵巣がなく、体内に精巣があり、男性ホルモンの一種の血中濃度が通常の女性の3倍以上も分泌されていることが明らかになりました。

2009年の世界陸上の後、セメンヤ選手は非公式にIAAFから大会への出場の自粛を求められていましたが、交渉の結果、2010年に国際競技会に復帰し、2012年ロンドンオリンピックと2016年リオデジャネイロオリンピックにおいて、2大会連続で金メダルを獲得しました。

2018年4月、IAAFは女子競技の公平性を保つことを理由に「400～1600メートル競技に出場する場合は、血中テストステロン濃度が5ナノモル以下である必要があり、その状態が最低でも6か月は維持されている必要がある」という規定を新たに加えました。そのため、テストステロン濃度が高い選手は、薬などで血中テストステロン濃度を下げる必要があります。セメンヤ選手を含む人々は、スポーツ仲裁裁判所に新しい規定を人権侵害だと訴えましたが、2019年に訴えは却下されました。その理由は、「新しい規定は、差別的ではあるが、選手間の公平を保ためには必要」というものでした。この一件は、ヒトの性とは何なのかを人々に投げかけました。

▼性別はどのようにして決まるのか？

そもそも、男性や女性といった生物学な性は、どのようにして決まるのでしょうか？　1章で学んだように、発生初期の段階の胚（**初期胚**）は、細胞の集まりのようにしか見えません。発生が進んで第7～8週頃になると女性（メス）や男性（オス）といった生物学的な違いが少しずつ現れてきます。それまでの間、胚が女性（メス）になるのかまたは男性（オス）になるのかを知るためには、胚の中の細胞が持っている性染色体を解析するしかありません。つまり、初期胚の段階で、明確な性別の違いはなく、まったく同じように見える細胞の集合体から、それぞれ女性と男性に特徴的な**生殖器**が形成されていくのです。では、どのようにして特徴的な女性と男性の生殖器が形成されていくのでしょうか。

生殖の基本講義①　卵と精子を作り出すしくみ

生物が子孫を残す方法は、**無性生殖**と**有性生殖**という2つの方法に区別することができます。細菌や原生生物などの**単細胞生物**では、個体が分裂して、親と同じ個体を生み出します。カイメン、イソギンチャク、クラゲなどの一部の動物でも無性生殖で子孫を残します。無性生殖では、ＤＮＡ

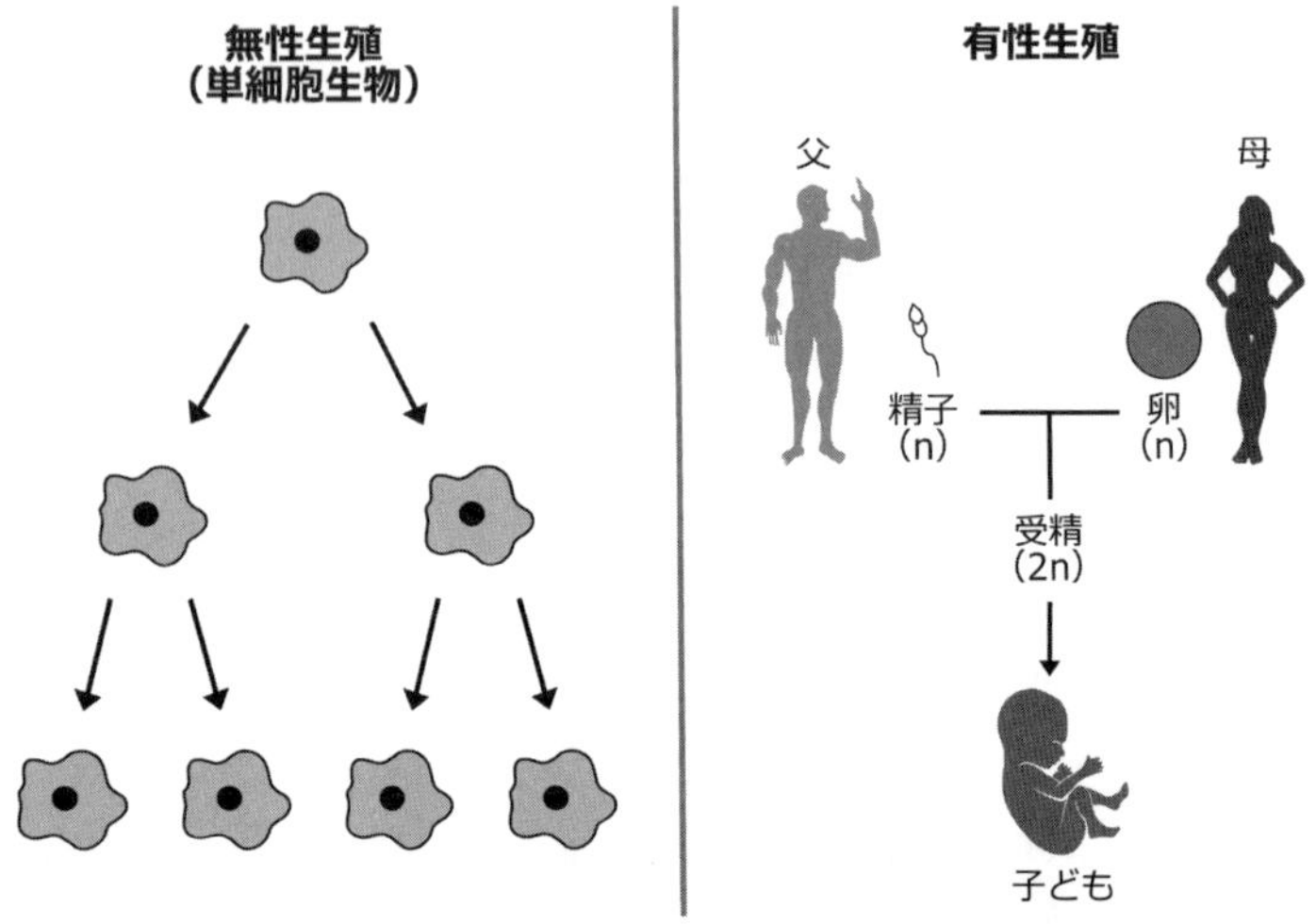

図 33 無性生殖と有性生殖

複製時に生じる変異を除けば、すべての子孫に親の遺伝情報がそのまま引き継がれるため、親子のDNA情報は同一になります（**図33**）。

一方ヒトでは、有性生殖により子孫を残します。ヒトの染色体は、二倍体（2n）で、私たち1人ひとりが同じ遺伝子を2個ずつ持っています（⇒「そうだったのか」、72ページ）。1つは母親から、もう1つは父親から受け継いだものです。たとえば、母親から受け継いだ22番染色体と父親から受け継いだ22番染色体はお互いにほぼ同じ遺伝子を保有しています。このような染色体を相同染色体と呼びます。

父母の遺伝子が2nであれば、それぞれを引き継いだ子どもの遺伝子は、2n＋2n＝4nにならないのでしょうか？　有性生殖というしくみは、実に巧妙な手段で、子どもも2nとなるようにしています。それは、精子と卵が持つ遺伝子を**一倍体**（n）とすることです。有性生

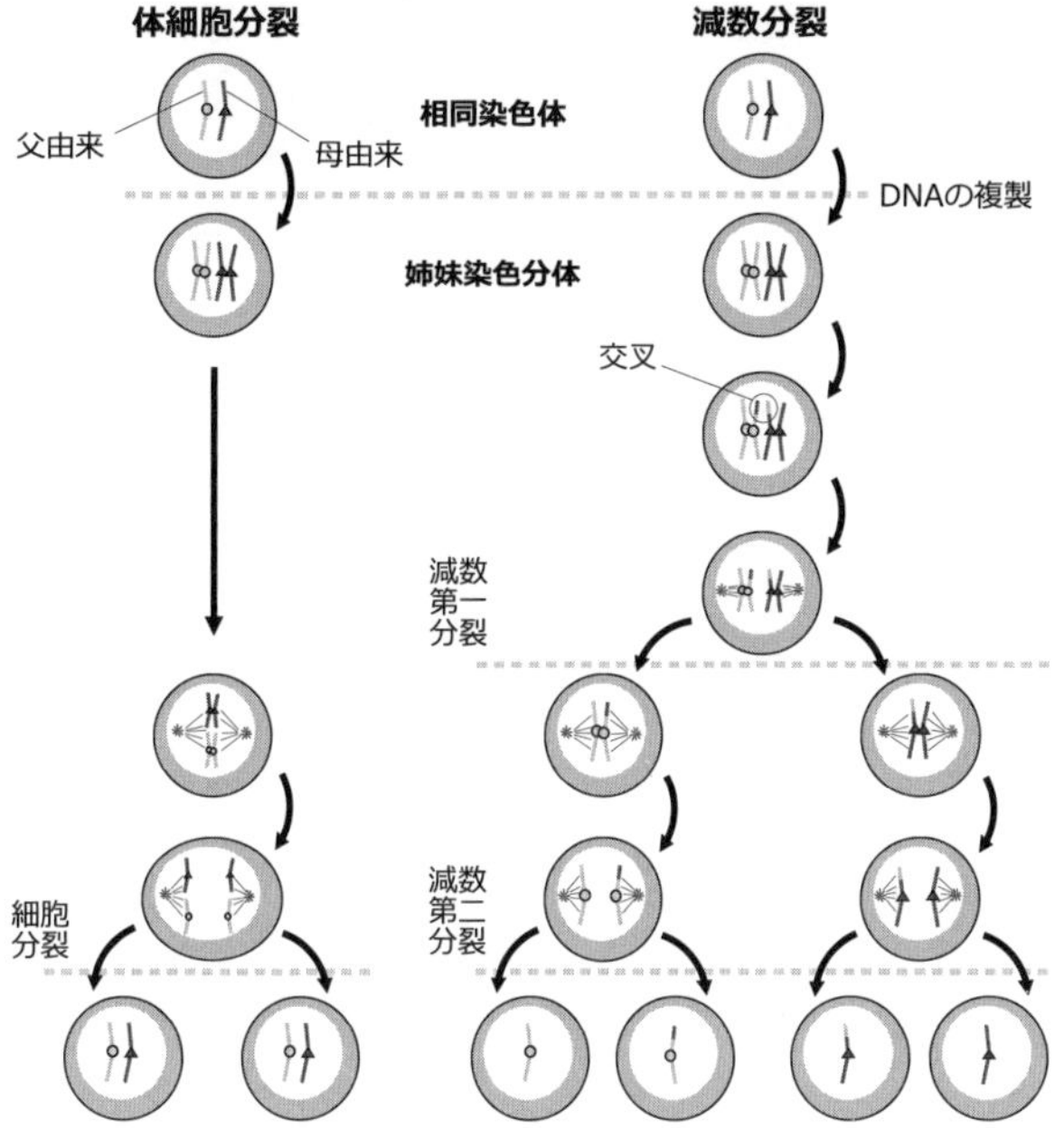

図 34　体細胞分裂と減数分裂

殖では、サイズの小さな一倍体(n)の**配偶子**である精子と、サイズの大きな一倍体の配偶子の卵が核融合して**二倍体**(2n)の受精卵(**接合子**と呼ばれます)を形成します(**図33**)。私たちの体細胞では通常2セットの染色体を持っていますが、一倍体である精子や卵では、染色体が1セットしかありません。なぜ精子や卵には、染色体が1セットしかないのでしょうか。それは、二倍体から一倍体の精子と卵を作り出す特殊な細胞分裂、**減数分裂**が行われているためです。

細胞分裂には、減数分裂と**体細胞分裂**の2つがあります(**図34**)。体細胞分裂では、二倍体の細胞が細胞周期にしたがってDNAを倍に複製します。その結果、もとの染色体と同じ配列を持つ2本の染色体が形成されます。これら同じ遺伝情報（つまり同じ塩基配列）を持つ2本の染色体ペアを**姉妹染色分体**と呼びます。姉妹染色分体は、それぞれ2つの**娘細胞**に分配されます。

減数分裂では、体細胞分裂と同様に染色体が倍に複製されます。複製された相同染色体同士が向かい合って並び結合します。この現象を**対合**《ついごう》と呼びます。この際、**性染色体**（ヒトの場合、**X染色体**とX染色体だけでなく、X染色体と**Y染色体**）の間でも対合が起こります。このとき、対合している母親と父親由来の**相同染色体**の間で部分的な交換が起こります。この現象を**交叉**《こうさ》と呼びます。交叉の部分で母親と父親の染色体が入れ替わり、遺伝子の組み合わせが変わります。このように遺伝子の組み合わせが変わることを**遺伝的組換え**と呼び、ランダムに起こります。その結果、母親と父親由来の染色体がランダムにシャッフルされた染色体が形成されます。そして相同染色体の間を結合していたタンパク質が分解されると、組換えが起きた染色体が離れ、2つの細胞に分配されます。この過程を**減数第一分裂**と呼びます。この段階では細胞内にある染色体の数は2nです。次に起こる**減数第二分裂**では、染色体は複製されず、相同染色体を形成していた姉妹染色分体がお互いに離れ、それぞれ1つの細胞へと分配され、一倍体の細胞が作られます。減数分裂の過程で遺伝子が組換えられることで、多様な遺伝情報を持つ配偶子である卵と精子が作り出されます。この多様な卵と精子が受精することで、種内の多様性を高めることができるのです。高い多様性は、さまざまな環境で生存することができ、環境の急激な変化の中でも適応できるような個体を生み出すのに有利に作用すると考えられています。

▼性染色体

私たちの体細胞には生物学的な性を決定づける性染色体が含まれています。女性の場合、X染色体を2つ（XX）、男性であればX染色体を1つとY染色体を1つ（XY）、それぞれペアを持っています（⇒「そうだったのか」、72ページ）。体細胞分裂では、すべての染色体を複製し分裂するため、作られる2つの娘細胞は母細胞と同じ構成の染色体を持っています。しかし、減数分裂で作られる娘細胞である卵と精子は、各染色体を1セットしか持っていません。女性の持つ性染色体の組み合わせはXとXであるため、卵はすべて1つのX染色体しか持ちません。一方で、男性の持つ性染色体の組み合わせはXとYであるため、精子はX染色体を1つ持ったものと、Y染色体を1つ持ったものが半分ずつ存在します。X染色体を1つ持つ卵とX染色体を1つ持つ精子が受精すると、XX染色体となり女性になります。一方、Y染色体を1つ持つ精子がX染色体を1つ持つ卵が受精すると、XY染色体となり男性になります。

X染色体を保有する精子とY染色体を保有する精子の数が、減数分裂によって原則同じ数作られるとすると、生れてくる女性と男性の比率（性比）は、ほぼ同じになるはずです。実際には、日本の場合、男性の人口が女性よりもわずかに少なくなっています（2021年10月1日現在、男性：48・6%、女性：51・4%）[1]。その理由の1つとして考えられるのは、1つのX染色体上の遺伝子に何らかの致死的な変異が起きても、女性はもう1つのX染色体が機能するため、生存できますが、男性はX染色体を1つしか持たないため、亡くなる確率が高くなるというものです。もう1

つの理由として考えられるのは、若い男性のほうが、若い女性と比較して、男性同士の争いごとや事故などで亡くなる確率が高いというものです。

自然界の動物の集団における性比にも変動が見られます。ワニやカメなどの爬虫類は卵のふ化する温度によって性別が決まりますが、不思議なことにヘビにはこれが当てはまりません。タイ、ベラ、ブダイなどの魚類の一部は、一生の間で性を変えたり、両方の性の役割を果たしたりする雌雄同体です。一方、ヒトを含む哺乳類の場合、性染色体はXとY染色体の2種類で、XXがメス、XYがオスです。哺乳類のようにXとYという異なる組み合わせ（**ヘテロ**）の性染色体を持つオスのことを「オスヘテロ」と呼びます。一方、鳥類では、性染色体がWとZの2種類で、ZWがメスでZZがオスです。そのため、鳥類では「メスヘテロ」です。興味深いことに、爬虫類と両生類では、XYとZWの種が混在しています。

ヒトのようなオスヘテロと鳥類のようなメスヘテロの動物の性比を分析する研究が行われました。その結果、オスヘテロでは、オスの割合が約43%でした。メスヘテロでは、オスの割合は約55%と有意に増加しました。なぜメスヘテロとオスヘテロで性比が変化するのか、その調節機構については明らかになっていません。しかし、性比が変動することで、動物の行動や生態、たとえば、オスが交尾相手であるメスを巡って闘争することなどに影響を与える可能性があるのではないかと考えられています[2]。

生殖の基本講義② 卵巣と精巣を形成するしくみ

女性の卵巣や男性の精巣は、**生殖腺**と呼ばれ、さまざまな種類の細胞から構築されています。なかでも、卵や精子になる細胞は、**生殖細胞**と呼ばれ、親から子へ遺伝情報を伝えることができる唯一の細胞です。生殖器を構築するための細胞である体細胞も存在します。これらの体細胞は、性ホルモンを産生する細胞や生殖細胞を育てる細胞、血管や生殖器と脳とをつなぐための神経細胞なども含まれます。

生殖細胞のもとになる**原始生殖細胞**は、原腸が形成される直前の胎生5週頃に、胚盤葉上層の原始線条の尾側の端で生まれ、中胚葉の細胞と一緒に遊走することで胚の外へと移動していきます[3]。そして、卵黄嚢の尿膜に近い壁の中に出現します（**図35**）。その後、将来の生殖腺になる**生殖隆起**と呼ばれる部位まで移動していきます。移動する間に、原始生殖細胞は分裂を繰り返しその数を増やします。この段階までは、性染色体の遺伝型がオスかメスによらず、同じように発生が進みます。

同じ頃、中胚葉では**ウォルフ管**が左右に1本ずつ形成され始めます。それに遅れて胎生7週頃には、**ミュラー管**も左右に1本ずつ形成されます（**図36a**）。ウォルフ管とミュラー管は生殖腺を形作る大切な器官です。このころまでは、**原始生殖細胞**は男性と女性の両方向に分化する潜在的な能力があります。この段階で、一部の体細胞が *WT1* 遺伝子からWT1というタンパク質を産生し始めます。*WT1* 遺伝子は、小児の腎臓にできるがんである腎芽腫（ウィルムス腫瘍：Wilms' Tumor（WT））の原因遺伝子として同定されました[4]。WT1は、他のタンパク質と協働してDN

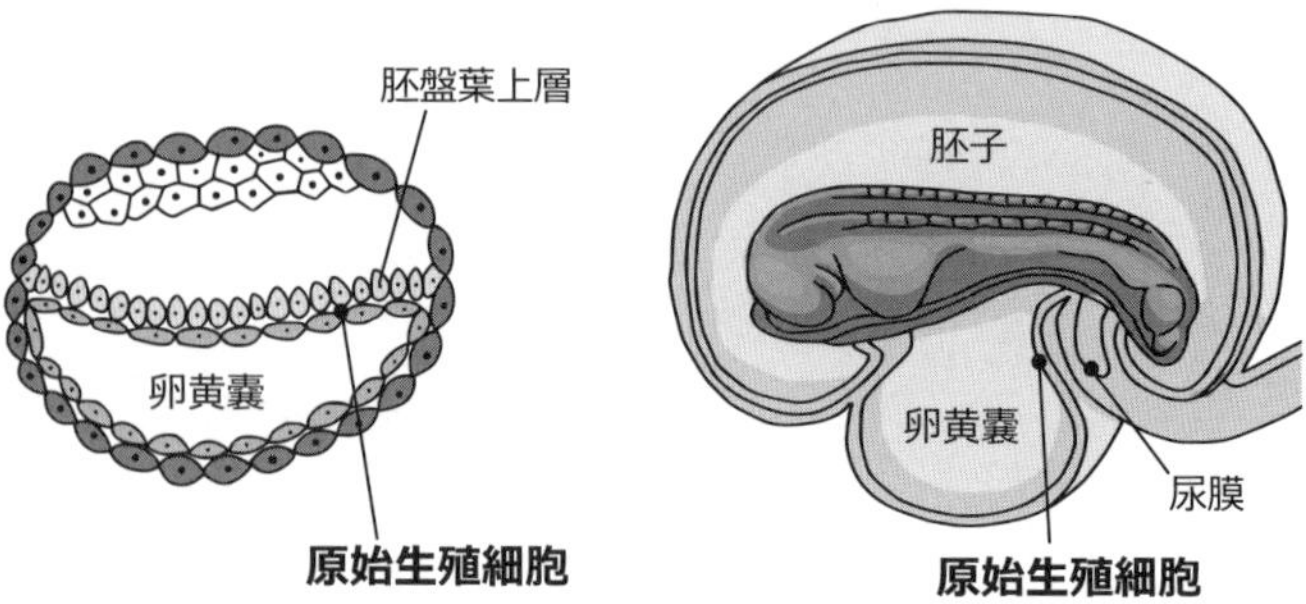

図 35　生殖腺の発生

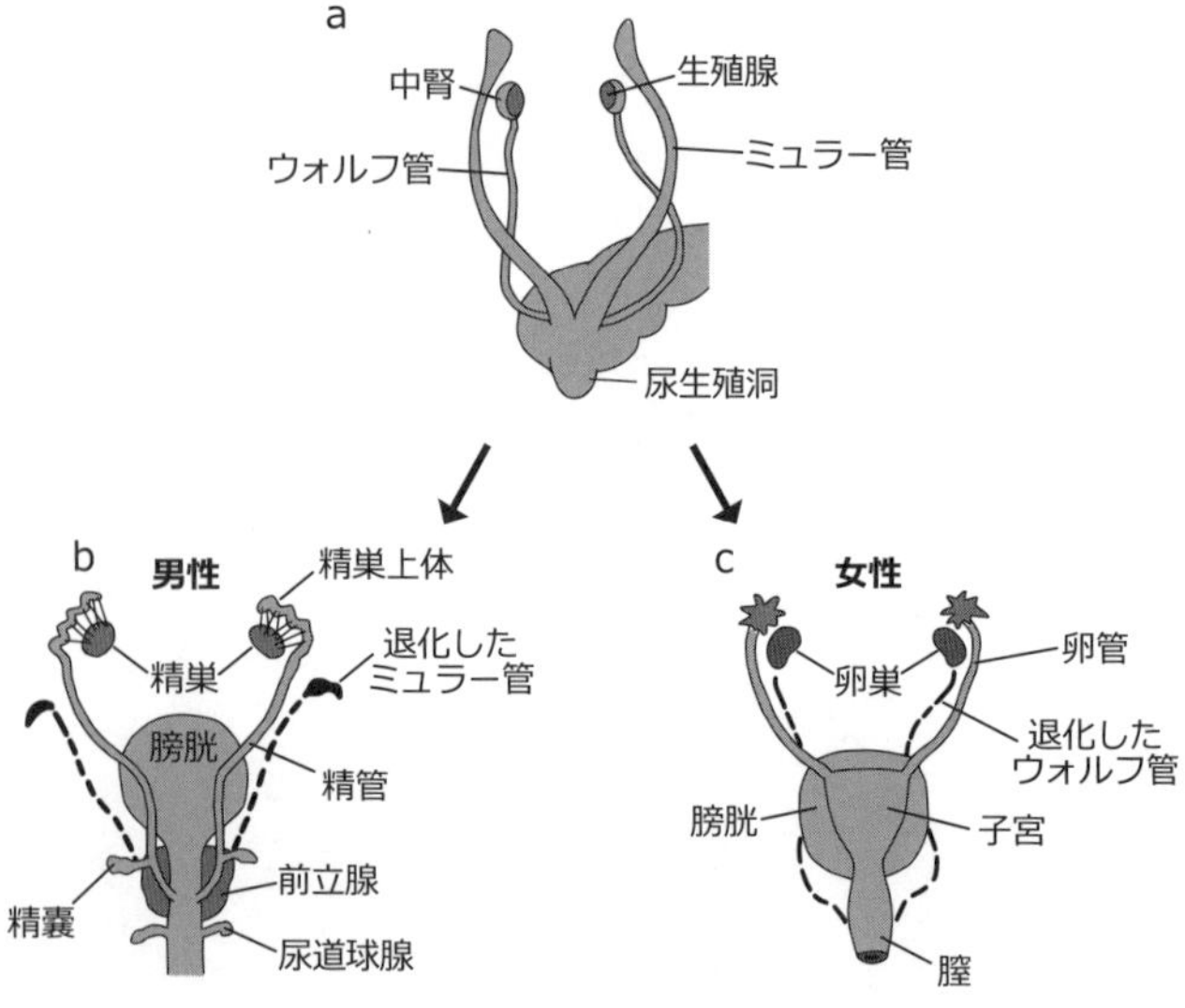

図 36　内生殖器の発達

Aの特定の配列に結合し、特定の遺伝子を活性化する転写因子として機能します。WT1は男性だけが持つY染色体の中に存在するある遺伝子を活性化します。[5] その遺伝子とは、***SRY***（*sex-determining region of the Y chromosome*）**遺伝子**です。[6] マウスの*Sry*遺伝子をX染色体しか持たないメスのマウスに遺伝子導入すると精巣が形成されることから、ヒトのY染色体に存在する*SRY*遺伝子も精巣を形成するために必要な遺伝子であると考えられています。[7]

SRYタンパク質は、WT1と同様にさまざまなDNAに結合して機能する転写因子です。SRYはWT1とは異なるDNA配列に結合し、WT1と異なる遺伝子を活性化します。このSRYが活性化するさまざまな遺伝子の中でも特に重要なはたらきをするのが*SOX9*（SRY-related HMG box 9）遺伝子です。[8] *SOX9*遺伝子から産生されるSOX9は、分裂促進因子でもあるFGFの受容体の発現を促進し、細胞とFGFとの反応性を高めることで原始生殖細胞の分化を促します。分化した細胞では、再び*SOX9*遺伝子が活性化され、さらに分化が促進されます。このように活性化が繰り返して続いていくことを**ポジティブフィードバックループ**と呼びます。今回の場合は、一連の関連物質からSOX9-FGFループと呼ばれます。これにより、一度男性に分化を開始した胚は、性分化していない状態に戻ることはありません。

Y染色体を保有している原始生殖細胞は、精子のもととなる**精原細胞**、**セルトリ細胞**、**ライディッヒ細胞**へと分化します。セルトリ細胞からは、**抗ミュラー管ホルモン**（anti- Müllerian hormone：**AMH**）が分泌されます。このAMHは、ミュラー管の分化を抑制するため、卵管と子宮といった女性の体内に形成される生殖器（**内性器**と呼ばれます）の形成を抑制します。[9] ライ

男性ホルモン（アンドロゲン）	女性ホルモン（エストロゲン）
デヒドロエピアンドロステロン	エストロン（$\mathbf{E_1}$）
アンドロステンジオン	17β-エストラジオール（$\mathbf{E_2}$）
テストステロン	エストリオール（$\mathbf{E_3}$）
ジヒドロテストステロン	エステトロール（$\mathbf{E_4}$）

表1　性ステロイドホルモン

ディッヒ細胞からは、男性ホルモンのうち、**テストステロン**が分泌されます。**男性ホルモン**にはさまざまな種類があり、それらをまとめて**アンドロゲン**と呼びます（**表1**）。テストステロンがウォルフ管に作用し、精管、精巣上皮、精《せい》嚢《のう》といった男性特有の内性器が形成されるようになります（**図36b**）。テストステロンは男性ホルモンとしての作用が弱く、**5α-レダクターゼ**によって、より作用の強い**ジヒドロテストステロン**へと変換されます。ウォルフ管には、5α-レダクターゼが発現していません。一方、尿生殖洞と呼ばれる部位では、5α-レダクターゼが発現しており、この部位から前立腺や尿道が形成されます。

Y染色体を持たない女性器へと変化する細胞でも、まずWT1が発現します。すると、さまざまな遺伝子のスイッチがONになります。中でもシグナル伝達タンパク質であるWNTファミリーの1つ、WNT4遺伝子が発現を開始します。しかし女性の細胞では、Y染色体が存在しないため、SRY遺伝子の発現によって調節されるSOX9-FGFループが存在しません。そのため、原始生殖細胞は卵巣へと分化を開始します。[10] その後、母体や胎盤から**女性ホルモン**である**エストロゲン**が分泌されるようになると、ウォルフ管が退化していきます（**図36c**）。セルトリ細胞も形成されないため、AMHが分泌されず、ミュラー管が分化を開始します。その結果、ミュラー管の下側から癒合が始まり、膣の上部3分の1と子宮、卵管からなる、女性の内性器が形成されます。

つまり、Y染色体に存在するSRY遺伝子がSOX9遺伝子を活性化しない限り、原始生殖細胞は、女性（メス）の生殖器である卵巣を形成するように運命づけられているのです。逆に、Y染色体を保有していても、WNT4シグナルが強力に活性化されると、マウスの場合、メスの生殖腺を持つようになります。[11] 卵巣の有無は、女性の内性器の発達には関係しないのです。内生殖器は、SRY遺伝子と男性ホルモンの作用がない限り、女性化するように運命づけられているのです（**図37**）。

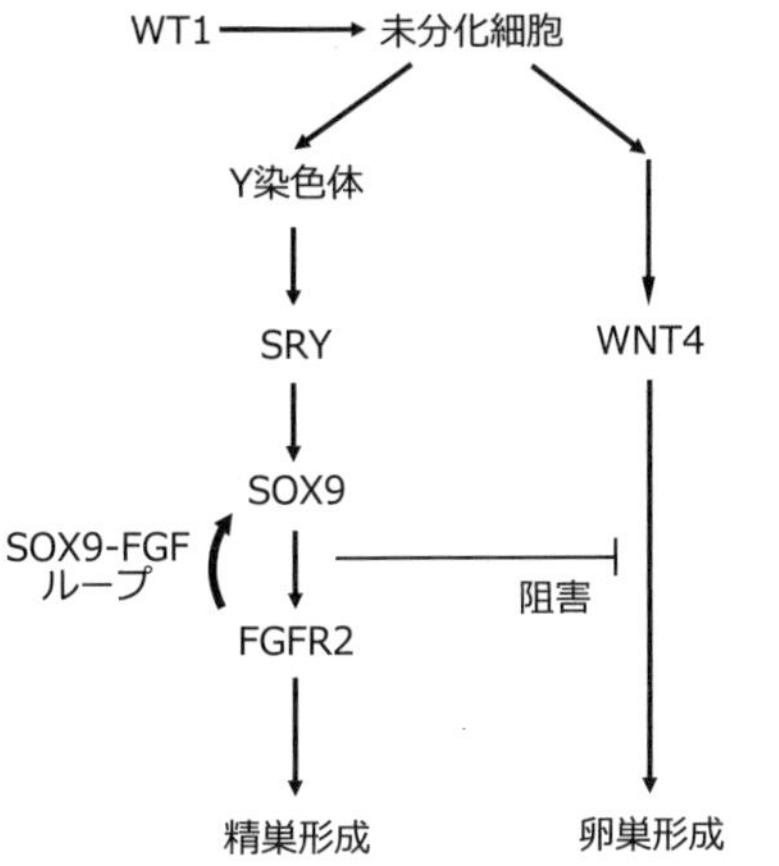

図37　性決定の分子機構

体の外にある生殖器（**外生殖器**）は、胎生5週頃から総排泄腔を起点として、形成され始めます。具体的には、総排泄腔の腹側にできる生殖結節と、総排泄腔を中心としてその左右に隆起が起こる生殖隆起の2つです。女性の場合、生殖結節は伸びて小さいまま陰核になりますが、男性では、ライディッヒ細胞から分泌されたジヒドロテストステロンの作用によって陰茎が形成されます。左右の**生殖隆起**は、女性の場合そのままひだ状の陰唇へと発達します。男性では、ジヒドロテストステロンが作用するため左右の生殖隆起が体の

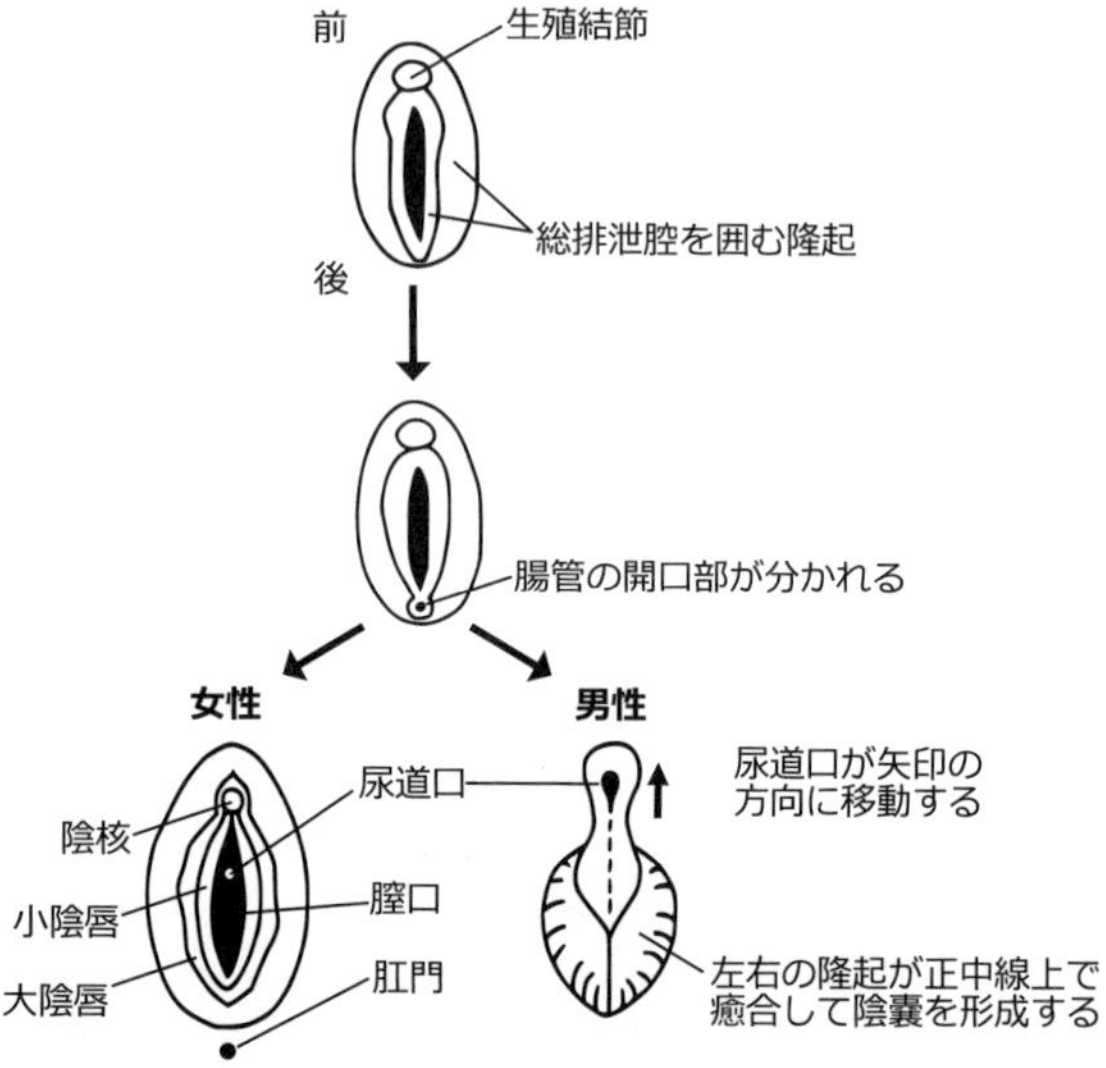

図 38　外生殖器の発達

中心線上（**正中線**と呼ばれます）で癒合して陰嚢になります。その癒合した跡が、縫線（1本の細い線）として股間に残ります。その後、精巣がこの陰嚢の中へ降りてきます。女性では、ジヒドロテストステロンが産生されないため、総排泄腔の裂け目が癒合せずに、そのまま膣へと発達します（図38）。女性の外生殖器の発達においても、卵巣の有無は無関係です。このように、SRY遺伝子とアンドロゲンの作用を受けなければ、外生殖器も女性化していくのです。俗ないい方ですが、Y染色体上に存在するSRY遺伝子とそれによって産生されるようになるアンドロゲンが、突貫工事的に女性を男性化しているとも考えることができるのです。

▼とりかえばや物語 ― 男性と女性が入れ替わる?

平安時代の後期に成立した作者不詳の『とりかえばや物語』。この物語の主人公は、関白左大臣のもとに生まれた2人の兄妹です。内気で少女のように淑やかな兄と、快活で少年のような性格の妹の2人を見て関白左大臣の父は、「2人の性別を取り替えることができれば（とりかえばや）」と悩んでいました。結局、父は、兄を「姫君」、妹を「若君」として育てました。

妹である「若君」は、宮廷に仕え、才能をいかんなく発揮して、若くして出世街道を突き進むことになります。一方、兄の「姫君」は女性として女東宮（女性の皇太子）に仕えます。その後「若君」は、右大臣の娘と結婚したのですが、「若君」が女性であることを知らない妻は、「若君」の親友である宰相中将と通じてしまい、夫婦の仲が破綻します。一方、「姫君」は、女東宮を恋い慕うようになり、密やかに関係を結んでしまいます。このような事件が起こり、兄も妹もお互いの自らの性に苦悩します。最終的に二人は周囲に悟られないように、本来の男性と女性の姿に戻り、それぞれ人臣の最高位にまで至った、という物語です。

この物語では、女性と男性の性が入れ替わるということが取り扱われていますが、実際にそのようなことが私たちヒトで起こりえるのでしょうか?

男性の生殖器は、テストステロンの作用で形成されます。しかし、テストステロンから作られる、さらに強力なジヒドロテストステロンが、男性の外生殖器である陰茎と陰嚢の形成には必要不可欠です。ジヒドロテストステロンは、生殖細胞の持つアンドロゲン受容体にテストステロンよりも低い濃度で結合するだけでなく、長時間結合し続けるという特徴があります。そのため、遺伝子の転写やタンパク質への翻訳が長期間活性化され続けます。この強い作用で、原始生殖細胞から男性の外生殖器が形成されます。つまりジヒドロテストステロンに曝露されなければ、原始生殖細胞は、女性の外生殖器として分化していきます。

もし、体内に5α-レダクターゼが存在しなければ、どのようなことが起こるのでしょうか。母親の胎内にいるとき、5α-レダクターゼを欠損している胎児は、テストステロンからジヒドロテストステロンを作れないため、外生殖器を男性化できません。このため、外生殖器が女性の特徴を持った子どもが生まれます。この症状を持つ子どもが思春期を迎えると、外生殖器が男性化することがあります。これはなぜでしょうか? それは、テストステロンの生産は異常がないため、精管、精巣上皮、精嚢、精巣といった男性の内性器は形成されているためです。思春期になると、内性器から高濃度のテストステロンが分泌されるようになります。このため、ジヒドロテストステロンがなくても強い男性化の作用が起こります。そのため、思春期になってから、陰茎が発達し、男性の外生殖器が形成されるようになる場合があります。このような5α-レダクターゼの遺伝子に変異があるために起こる疾患を、**5α-レダクターゼ欠損症**と呼びます。

この疾患では、思春期を経て、外生殖器が女性型から男性型へと変化することがあり得るのです。一方で、外生殖器が男性型から女性型へと変化することはありません。女性型の外生殖器を形成するためには、ホルモンの作用は一切不要なため、一度テストステロンやジヒドロテストステロンの作用を受け男性化した外生殖器をリセットして女性型の外生殖器に変化させることはできないためです。『とりかえばや物語』のようなことは実際に起こり得るのかというと、それは半分は正しく、半分は間違っているということになります。

▼男性化を引き起こす鍵 ― テストステロンとアンドロゲン受容体

テストステロンは、男性の内生殖器や外生殖器の形成、つまり男性化を引き起こすために非常に重要な分子です。テストステロンやジヒドロテストステロンなどのアンドロゲンは、**アンドロゲン受容体**とまるで鍵と鍵穴のように結合します。アンドロゲン受容体遺伝子は、X染色体上に存在するのですが、アンドロゲン受容体遺伝子に変異が起こると、変異の起こり方によってアンドロゲンに対する結合能力がまったくないものから、結合してもその結合能力が非常に低いもの、そしてほぼ正常に機能するものまで、多様なアンドロゲン受容体が産生されます。

アンドロゲン受容体遺伝子の変異がアンドロゲンに対する結合能力に影響を及ぼさなければ、男性として発達します。一方、アンドロゲン受容体が完全に機能しないような変異を持つ細胞の場合はどうでしょうか？　XY性染色体を保有し、Y染色体上のSRY遺伝子が活性化し、精巣が形成されても、精巣から分泌されるテストステロンに対して、細胞は反応できないため、ウォルフ管は発達しません。そして、精巣上体、精管、精嚢も形成されません。一方で、抗ミュラー管ホルモンは分泌されるため、ミュラー管は退化してしまいます。そのため、女性の内生殖器が形成されません。さらに、ジヒドロテストステロンが作用しなかった外生殖器は女性型になります。つまりアンドロゲン受容体が完全に機能しない場合、性染色体はXYで精巣を持つものの内生殖器は男性として不完全で、外生殖器は女性型を持つために外見が女性の特徴を持って生まれます。そのため子孫を残すことはできません。このような状態を**完全型アンドロゲン不応症**（complete androgen insensitivity syndrome：CAIS）と呼びます。一方で、アンドロゲンに対して結合能力が低下しているアンドロゲン受容体の遺伝子変異を保有する場合を**部分的アンドロゲン不応症**（partial androgen insensitivity syndrome：PAIS）と呼びます。鍵であるテストステロンだけでなく鍵穴であるアンドロゲン受容体も正しく機能することが男性化には重要です。

▼副腎皮質でもテストステロンが作られる

副腎は、腎臓の頭側にある1センチメートルほどのとても小さな臓器です。2つの部分から構成されていて、外側の層を皮質、内側の層を髄《ずい》質《しつ》と呼びます（**図39**）。副腎皮質からは、テストステロンの他に、電解質のバランスを整え、血圧を調節する**鉱質コルチコイド**である**アルドステロン**、血糖上昇や血圧上昇、抗ストレス作用や抗炎症作用などさまざまな生理作用を持つ**糖質コルチコイド**である**コルチゾール**が分泌されます。一方副腎髄質からは、**カテコールアミン**（**アドレナリン**、**ノルアドレナリン**、**ドーパミン**の総称）が分泌され、生体のさまざまな生理機能を調節し

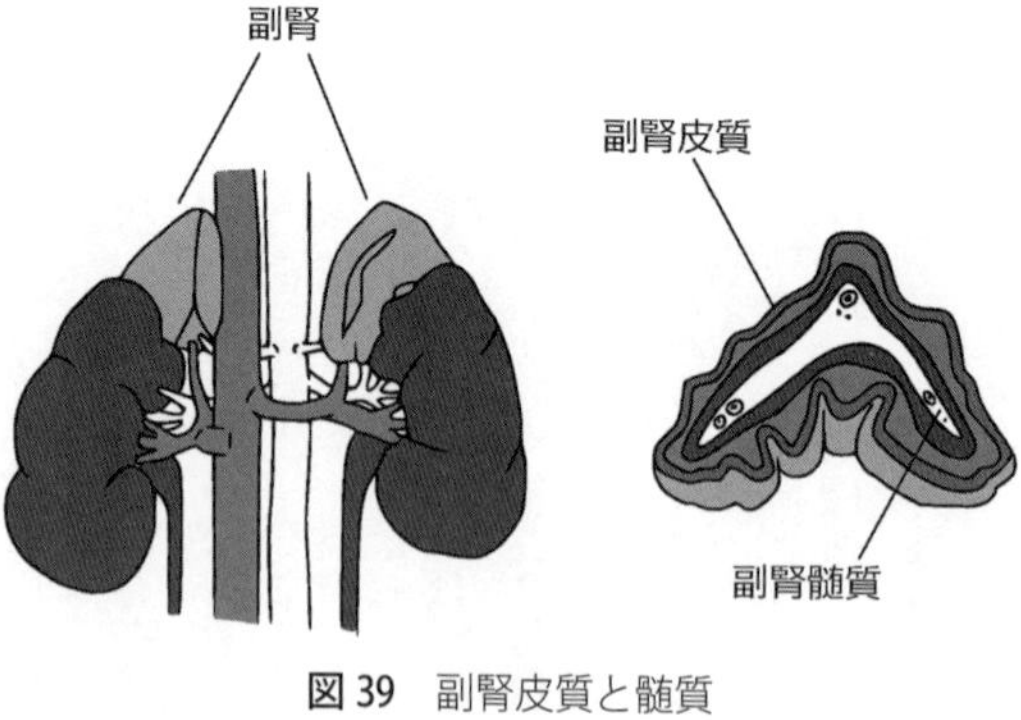

図39　副腎皮質と髄質

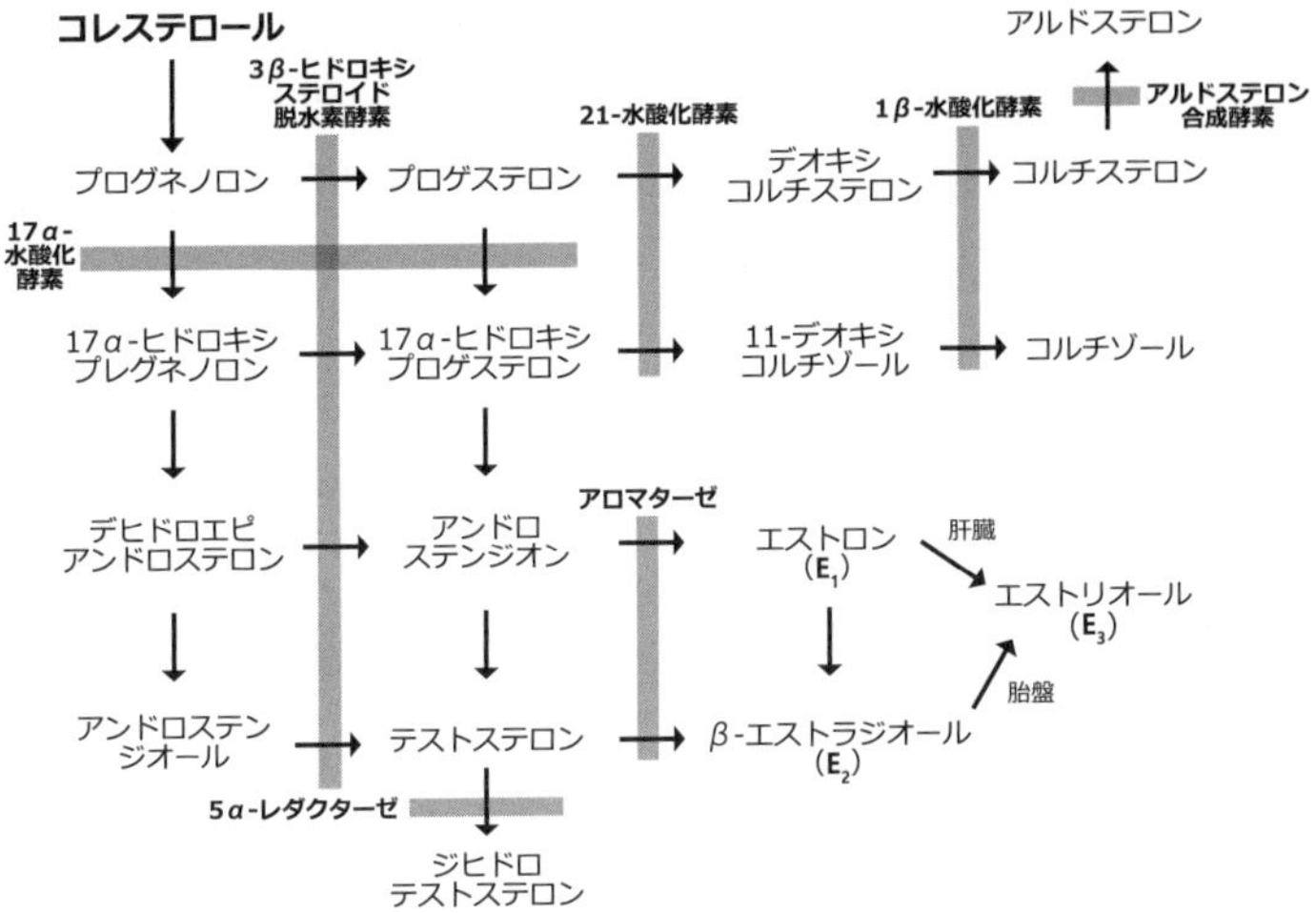

図 40　ヒトのステロイドホルモン合成経路

ています。

副腎皮質が産生するアルドステロン、コルチゾール、そしてテストステロンは、血中の**コレステロール**を原料に、さまざまな酵素反応を経て産生されます（**図40**）。そのため、関係する酵素遺伝子に変異が起こると、生理機能にさまざまな異変が起こります。このような疾患を**先天性副腎過形成**（congenital adrenal hyperplasia：CAH）と呼びます。CAHの中でも最も多いものは、**21-水酸化酵素欠損症**と呼ばれる***CYP21A2*遺伝子**の変異によって起こるものです。この疾患は、日本では、約2万人に1人の割合で出生するとされているため、赤ちゃんの先天性代謝異常を見つけるための検査、**新生児マススクリーニング検査**の項目の1つになっています。CAHの赤ちゃんの場合、母乳の飲みがわるく、体重が増えず、元気がない、そして女児の外生殖器が男児のものと紛らわしいといった症状が見られます。

21-水酸化酵素欠損症では、コレステロールから、コルチゾールとコルチコステロン、そしてアルドステロンの産生が行われません（**図40右上**参照）。その代わりに、副腎では本来微量しか作られないテストステロンが代償として大量に産生されるようになります。男性も女性も、過剰なテストステロンに体内の細胞が慢性的に曝露されるため、身長が低くなります。女性の場合では、母親の胎内にいるときに、自身の副腎皮質で産生された過剰のテストステロンに曝露されることで、外生殖器が男性化し、一見して男女の区別がわかりにくい非典型的な外生殖器を持って生まれてきます。このような症状を持つ赤ちゃんが生まれた場合は、すぐに検査を行い、速やかに体内で不足しているコルチゾールとアルドステロンを服用し、女性の場合、2歳頃までに外生殖器を外科的に治療することで、一般の方と同様な生活を送ることができるとされています。

▼性染色体の本数も大切

今まではXとYの遺伝子のはたらきを見てきました。ここからは、その数にも注目してみましょう。女性の体細胞には、X染色体が2本あります。そのため、46, XX（46本の染色体を持ち、性染色体は2つのX染色体の意味）と記載し、これを**核型**と呼びます。受精卵のときに性染色体の組み合わせが46, XXであった場合、髪の毛、皮膚、肝臓、心臓、血液など、どこの細胞の核を調べてみても、すべての遺伝学的情報は同じで、性染色体の組み合わせはXXになるはずです。

何らかの原因によって細胞が分裂する際に、性染色体が正しく分配されない場合があります。そのような場合、同じ個人の中に2種類以上の性染色体の組み合わせを持つ細胞が混在する場合があります。このような状態を**モザイク**と呼び、1章で取り上げた同じ個体内に異なる受精卵や細胞に由来する細胞が混在する状態を意味するキメラとは意味合いが少し異なります。たとえば、45, Xと46, XY の組み合わせ（45, X/46, XY と表記）や46, XX と46, XY の組み合わせ（46, XX/46, XYと表記）といった核型があります。このような場合、卵巣と精巣を両方持っていたり、内外の生殖器が正しく形成されなかったり、あるいはまったく形成されなかったりします。

X染色体の1本が完全もしくは一部欠損してしまうこともあります。その結果、核型は、45, Xになり、低身長や卵巣機能低下などを引き起こします。このような疾患を**ターナー症候群**と呼び、日本の場合、生まれてくる女児の約1000人に1人の割合で見られます。逆に、両親から染色体を受け継ぐ際、何らかの原因でX染色体が2本以上となり、全体で47, XXY（もしくは、48, XXXY や49, XXXXY）という染色体になってしまう**クラインフェルター症候群**もあります。日本の場合、生まれてくる子の約1000人に1人に割合で起こると考えられていて、全国で6万人以上が罹患していると報告されています。余剰なX染色体は、SRY 遺伝子の機能を阻害するため、男性としての発達を阻害し、テストステロン濃度も低下させます。その結果、精子を産生できず、無精子症になる場合が多いとされています。このように、性染色体の本数も、性分化には非常に大切です。

男性と女性とでは外観が大きく違うため、全か無か、つまり男性か女性かのどちらか一方しか生まれてこないと思っているかもしれません。しかし、これまで見てきたように、体を男性あるいは女性にする**性分化**の過程は、非常に多くの経路を経て、さまざまなホルモンや酵素、そして性染

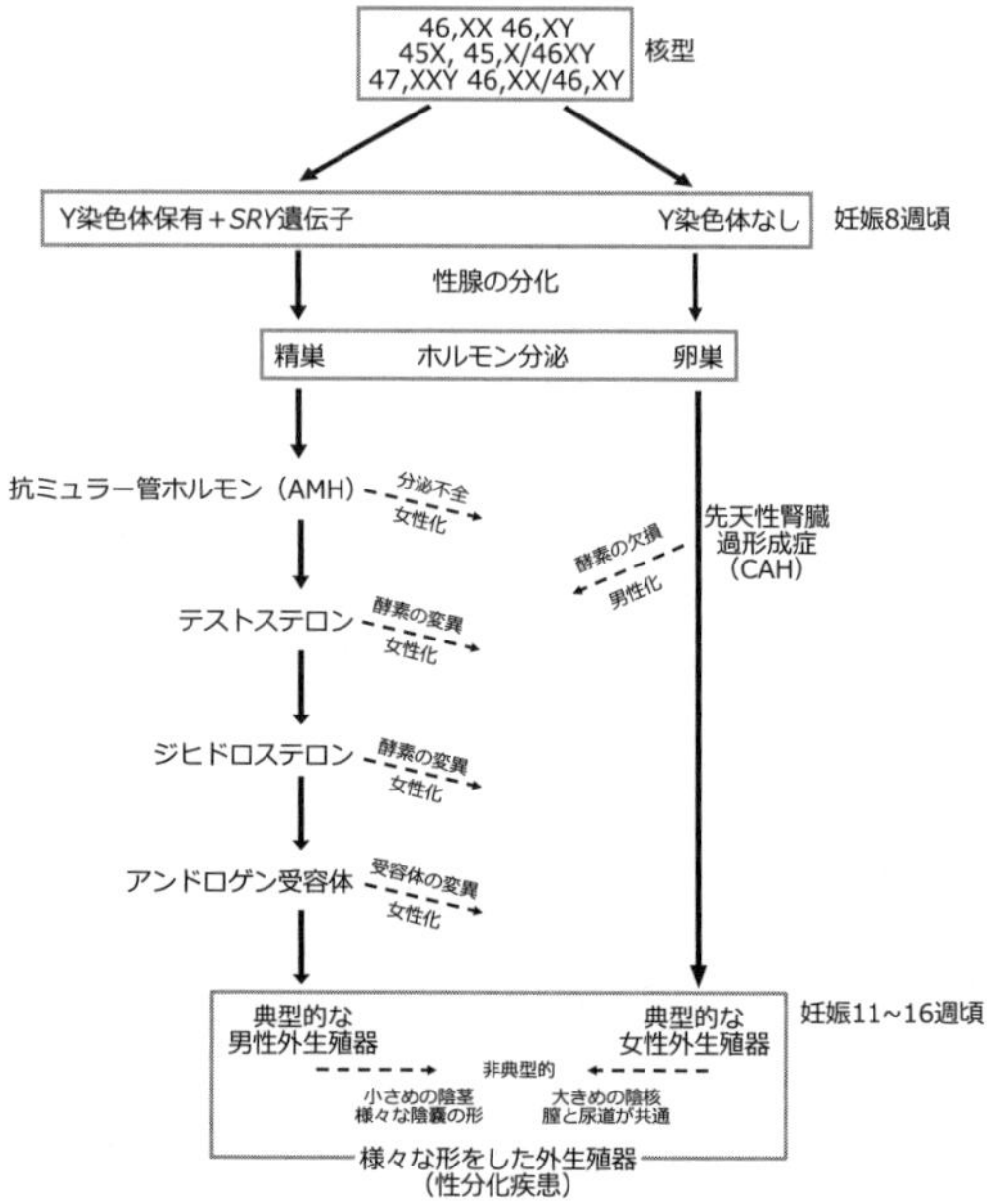

図 41　ヒトにおける性分化の過程

色体が関与します（**図41**）。心臓が正しく形成されなければ、個体の死に直結しますが、遺伝的な性とは異なる体や男女の中間のように見える体、といったことは生死に直接かかわることはありません。そのため、非典型的な体で生まれてくる子どもは、決して少なくありません。性染色体、性腺、内生殖器、外生殖器のいずれかが先天的に非典型的な場合、**性分化疾患**（differences of sex development：DSD）と呼ばれます。このような全か無かでは説明できない性を知ることが多様性を受け入れるうえで大切なことかもしれません。

▼内分泌かく乱物質と性分化

内外生殖器の発達の異常の中には、遺伝子の変異だけではなく、環境が原因によって起こる場合もあります。たとえば、人工合成された**女性ホルモン製剤**の**ジエチルスチルベストロール（DES）**があげられます。**エストロゲン**に似た構造と作用を持ち、１９４５～１９７１年にかけて**習慣性流産**や**切迫流産**の治療薬としてアメリカで広く使用されていました。その後、このＤＥＳに習慣性流産や切迫流産に対する治療効果がないことが後に確認されましたが、それまでの間に50～２００万人の女性に投与されたと推定されています。子宮内でＤＥＳに曝露された女児の胎児は、膣構造の形成異常や卵管の異常が見られ、男児の胎児の場合、精液量や精子数の減少、精巣が腹腔に留まり陰嚢の中に移動しない（**停留精巣**と呼ばれます）などが起こることが報告されました[12][13]。大量にＤＥＳに曝露された場合には、精巣があるにもかかわらず、内外生殖器の男性化が障害されたという報告もあります。そのため、現在ではＤＥＳは使用が禁止されています。

ＤＥＳのような薬剤ではなく、環境汚染物質によっても性分化が障害を受ける可能性があることが報告され始めています。懸念されている物質の1つに、フタル酸エステルがあげられています。プラスチックの硬さを調節する可塑剤と呼ばれる添加剤です。動物実験では、オスの性分化を著しく阻害することが確認されています。ヒトの場合、母親が**フタル酸エステル**に曝露されると、男児の胎児の生殖器発達に影響を与えるといった相関関係が報告されています。そのため世界各国において、おもちゃにフタル酸エステルを添加することが禁止されています。

私たちの環境中にはさまざまな化学物質が存在しています。これらの化学物質が、ヒトの生殖機能や性分化に影響を与えているのかについて現時点では不明であっても、魚類や貝類、さらにはマウスなどを用いた動物実験から、生殖機能や生殖器の発達に異常が見られるといったことが報告され始めています。欧米だけでなく日本でも男性の生殖能力が低下しつつあることが報告されていますが、その一因として、環境中に存在するさまざまな化学物質が**内分泌かく乱物質**として作用し、体内のホルモンによるシグナル伝達を妨げている可能性が考えられます[14]。今後、この可能性について明らかにする研究の進展が期待されます。

▼脳にもオスとメスがある

性と性行動を引き起こす脳は密接にかかわっています。たとえばオスラットの精巣を出生直後に摘出すると、性成熟後にメスで見られる性行動をとるようになります。一方、生まれてから1週間までの間にメスラットにアンドロゲンを投与すると、**性成熟**しても**性周期**が起こらなくなります。このメスラットに性成熟後さらにアンドロゲンを投与すると、オスで見られる性行動をとるようになります。これらの実験結果から、ラットの脳の場合、生後一週間頃までは、性的に分化していないと考えられ、アンドロゲンの作用によって脳の性分化が調節されていると考えられています。性的に未分化な脳はアンドロゲンによってオス化される一方、アンドロゲンが作用しなかった場合、メス化すると考えられています。体と脳で、性分化が異なるということは興味深い事実です。

妊娠している**アカゲザル**にアンドロゲンを投与すると、生まれてきたメスサルの性行動パターンがオス化します[15]。しかし、DESを妊娠中に投与しても、生まれてきたメスサルの性行動パターンはオス化しません[16]。なおDESは、エストロゲンには変換されません（**図40**参照）。これらのことから、アカゲザルの脳の性分化には、アンドロゲン受容体とアンドロゲンが重要な作用をしていると考えられています。

先ほど取り上げたヒトのアンドロゲン不応症の場合、46, XY の核型で精巣を保有し、遺伝的には男性で、外生殖器や外見が女性になっています。体だけでなく、脳もアンドロゲン受容体の変異によってアンドロゲンの作用を受けないため、自分の性（**性自認**や**ジェンダーアイデンティティ**と呼ばれます）を女性と感じ、自身の恋愛や性愛対象（**性的指向**と呼ばれます）は、異性（男性）と認識している場合が多いです。一方、アンドロステンジオンやテストステロンから女性ホルモンであるエ**ストロン**や**βエストラジオール**（図40参照）に変換する酵素である**アロマターゼ遺伝子**（*CYP19*）が欠損している女性の場合、性自認は男性で、性的指向は、異性（女性）と認識していることが多いです。これらの結果から、ヒトの場合も、アカゲザルと同様に脳の性分化は、アンドロゲン受容体を介したアンドロゲンの直接的な作用が重要ではないかと考えられています。

ヒトの男の胎児の場合、妊娠12～22週にかけて、16週目をピークに精巣から大量のテストステロンが分泌されます[17]。この時期にヒトの胎児の脳は、高濃度のアンドロゲンに曝されています（**アンドロゲンシャワー**と呼びます）。一方で、女の胎児では、テストステロン濃度が低いため、アンドロゲンシャワーには曝露されません。いつヒトの脳が性分化するのかはっきりとしていませんが、妊娠8週頃に精巣からアンドロゲンが分泌されて男性の内生殖器が形成されることから、妊娠8～22週のどこかで脳の性分化が起こっていると考えられています。そのため、母親がこの時期に摂取した薬物やストレスによって通常量以上のアンドロゲンに胎児が曝露されると、脳の性分化がうまくいかなくなり、性自認や性的指向が非典型的になるのではないかと考えられています。ヒトの場合も、性ホルモンが脳の性分化に非常に重要なことには間違いありません（**図41**参照）。

生殖の基本講義③　卵と精子の産生と脳との関係

性分化を終えて成熟した脳には、精巣または卵巣の機能を調節し、精子または卵を作り出すためのしくみが構築されます。その生殖機能を司る中枢は、**視床下部**にあります。この視床下部で、**性腺刺激ホルモン放出ホルモン**（gonadotropin releasing hormone：**ＧｎＲＨ**）が産生されています。ＧｎＲＨが毛細血管に分泌されると、血流を介して**脳下垂体**に輸送されます。すると**脳下垂体前葉**内に存在する**黄体形成ホルモン**（luteinizing hormone：**ＬＨ**）や**卵胞刺激ホルモン**（follicle-stimulating hormone：**ＦＳＨ**）を産生する神経内分泌細胞に作用し、これらのホルモンの産生と分泌が促進されます。脳下垂体前葉から分泌されたＬＨとＦＳＨは標的器官である精巣もしくは卵巣に作用して、標的器官の機能を調節します。

ＦＳＨは、その名前のとおり卵胞を刺激して、卵胞が成熟するために不可欠なホルモンです。成熟した卵胞が黄体へと変化するためには、排卵が起こり、黄体として成熟・維持される必要があります（**図44**参照）。ＬＨは、排卵と黄体形成を促します。つまり、ＦＳＨは女性の生理周期の排卵が起こる前までの卵胞期で、ＬＨは排卵期とそれに続く後半の黄体期で作用するホルモンです。ＦＳＨもＬＨも、女性の生理機能を調節するような名前がついていますが、男性の脳下垂体前葉からも分泌され、ＬＨは精巣からのアンドロゲンの分泌を促し、ＦＳＨは精子の形成を促します。

LHとFSHの作用を受け卵巣内の卵胞と黄体からホルモンが分泌されます。卵胞はその名のとおり卵を包む袋です。この袋が破れて排卵が起こると、抜け殻になった袋は黄色味を帯びるために黄体と呼ばれます。卵胞はただの袋ではなく、黄体もただの抜け殻ではないのです。卵胞からはエストロゲン、黄体からは**ゲスターゲン**（子宮内膜の増殖を促すホルモンの総称で、プロゲステロンもその一種です。排卵後の黄体期に分泌が増加するため黄体ホルモンとも呼ばれます）が分泌されます。エストロゲン（estrogen）は、ギリシャ語の「発情」を意味する“estrus”と、「生じる」を意味する接尾語の“gen”に由来し、エストロゲンの分泌がピークに達すると、発情するといわれたことに由来しています。ヒトの場合、明確な発情期がないため、あまり良い名称ではないのかもしれません。

▼排卵のしくみ

脳下垂体前葉から分泌されるFSHの量が増加すると、女性（メス）の卵巣で新たな卵胞が成熟し始めます。すると、卵胞からエストロゲンが分泌され始めます。ただし、卵胞がエストロゲンを分泌するためには、まずアンドロゲンを産生し、それをアロマターゼによってエストロゲンに変換する必要があります。このアンドロゲンの産生にはLHが、エストロゲンへの変換にはFSHが作用しており協働しながら卵胞からのエストロゲンの産生と分泌を調節しています。

エストロゲンもLHとFSHの分泌を制御しています。新たな卵胞が成熟し始めたタイミングで

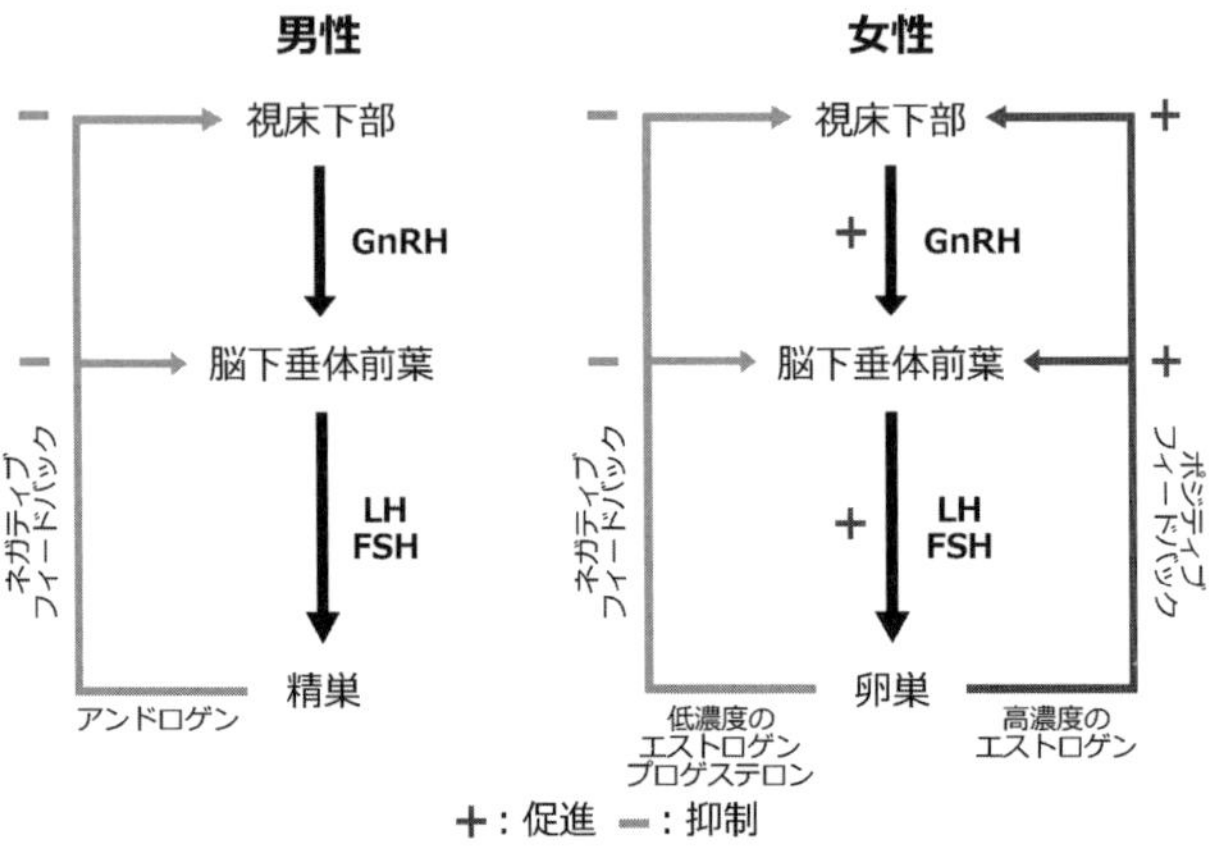

図 42　精巣と卵巣に対する各種ホルモンの作用

は、エストロゲン血中濃度は低く、エストロゲンは、視床下部や脳下垂体から分泌されるＧｎＲＨやＬＨの分泌を抑制します。この機構を**ネガティブフィードバック**と呼びます（**図42**）。その後、卵胞が成熟してくると、卵胞から分泌されるエストロゲンの量が増えてきます。血中のエストロゲン濃度がある一定の濃度を超えると、エストロゲンは一転して視床下部と脳下垂体に対して促進的に作用するようになり、その結果、視床下部からＧｎＲＨの一過的な大量分泌が起こります。この分泌をサージ状分泌と呼びます。ＧｎＲＨのサージ状分泌が起こると、脳下垂体からもＬＨの**サージ状分泌**が起こります。この機構を**ポジティブフィードバック**と呼びます。そして、大量に分泌されたＬＨは、成熟した卵胞に作用して、排卵を誘発します。なぜエストロゲン濃度がある一定の濃度を超えるとポジティブフィードバックに変わるのか、またＬＨのサージ状分泌が起こると排卵が起こるのかといった疑問に対する詳細な分子機構については明らかになっていません。

　男性（オス）ではＧｎＲＨとＬＨのサージ状分泌は起こらず、逆に精巣から分泌されるアンドロゲン（テストステロンやジヒドロテストステロンなど）によってネガティブフィードバックがかかり、ＧｎＲＨとＬＨの分泌が抑制されます。成熟したオスラットを去勢して、高濃度のエストロゲンを投与してもＧｎＲＨやＬＨのサージ状分泌は起こりません。そのため、卵巣の有無に関係なく、脳がメス型に性分化しているときにのみ、ＧｎＲＨやＬＨのサージ状分泌が起こると考えられています。

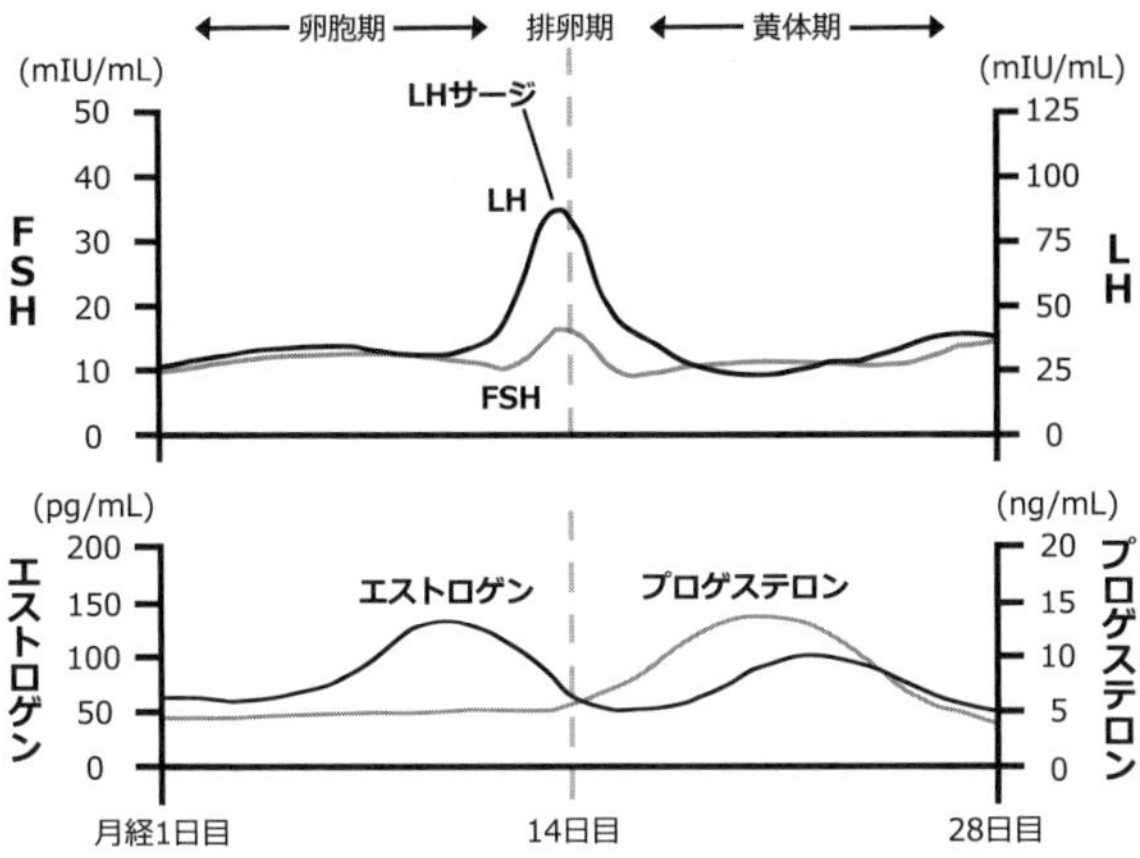

図 43　生理周期と各種ホルモンの血中濃度変化

　では、実際に生理周期との関係を見てみましょう（**図43**）。排卵が終わると、卵胞から分泌されるエストロゲンの量が急激に低下するためＬＨとＦＳＨの分泌量が急激に低下します。その後、黄体からプロゲステロンなどの**ゲスターゲン**の分泌量が増加し、再びエストロゲンの濃度も増加してきます。この低濃度のエストロゲンとプロゲステロンなどのゲスターゲンによるネガティブフィードバックが作用して、ＧｎＲＨやＦＳＨ、ＬＨの分泌が抑制されます。そして、黄体が消失すると、エストロゲンとゲスターゲンの分泌量も低下し、生理周期が一回りします（図43）。妊娠が成立した場合には、胎盤の絨毛細胞からヒト**絨毛性性腺刺激ホルモン**（human chorionic gonadotropin：**hCG**）が分泌され、エストロゲンとゲスターゲンの分泌を維持するように作用します。このため、hCGは妊娠時に血中や尿中量が著しく増加します。この性質を利用して**妊娠検査薬**は、妊娠時に尿中に増加するhCGを検出して妊娠しているかどうか判定しています。

▼卵の選別と排卵総数

では、卵はどのように作られているのでしょうか？　胎児に卵巣が構築されると、卵を作るための大元の細胞、**卵祖細胞**が出現します。この卵祖細胞が盛んに分裂を繰り返し、卵のもととなる**卵母細胞**が多数生み出されます。卵母細胞は、胎児期に700万個ほど産生されるといわれています。卵母細胞は、卵の生育を助ける卵胞という袋に包まれ、**原始卵胞**になります。

妊娠4か月頃になると、卵祖細胞は消失してしまうため、新たに卵を作り出すことができなくなります。さらに、胎児期に産生された700万個もの原始卵胞は、出生時には100から200万個までに減少し、思春期に至るころには、30万個程度にまで減ると考えられています[18]。

完成した30万個の原始卵胞から、毎月10～50個がランダムに選ばれ、減数分裂を再開して卵になるプロセスが再活性化されます。この過程を成熟と呼びます。まず、原始卵胞が発育を開始します。この原始卵胞を**一次卵胞**と呼びます。その後、約120日経過すると、一次卵胞は、少しずつ発育し、内部に**卵胞腔**と呼ばれる袋を持つ**二次卵胞**になります。さらに発育が進んで**成熟卵胞**に至ります（**図44**）。原始卵胞のうち成熟卵胞に至るものはわずか数百個にすぎません。たとえば女性の生殖可能期間を35年とし、生理周期を30日とすると、1年間に排卵される成熟卵胞の数は12個になります。それが35年間続くと考えると、一生涯で排卵する卵の数はたった420個なのです。

この成熟プロセスでは、卵巣内で休止していた卵母細胞内の遺伝子が、何らかのしくみで再び活性化されるはずですが、そのしくみはわかっていません。また、卵巣内でどのようなしくみで、成熟させる卵の順番を決定しているのかも不明です。現在わかっていることは、卵巣内では、毎日多くの原始卵胞が、生理周期とは関係なく成熟を始めるということだけです（**図45**）。休止していた原始卵胞が排卵に至るまで約半年かかると考えられています[19]。

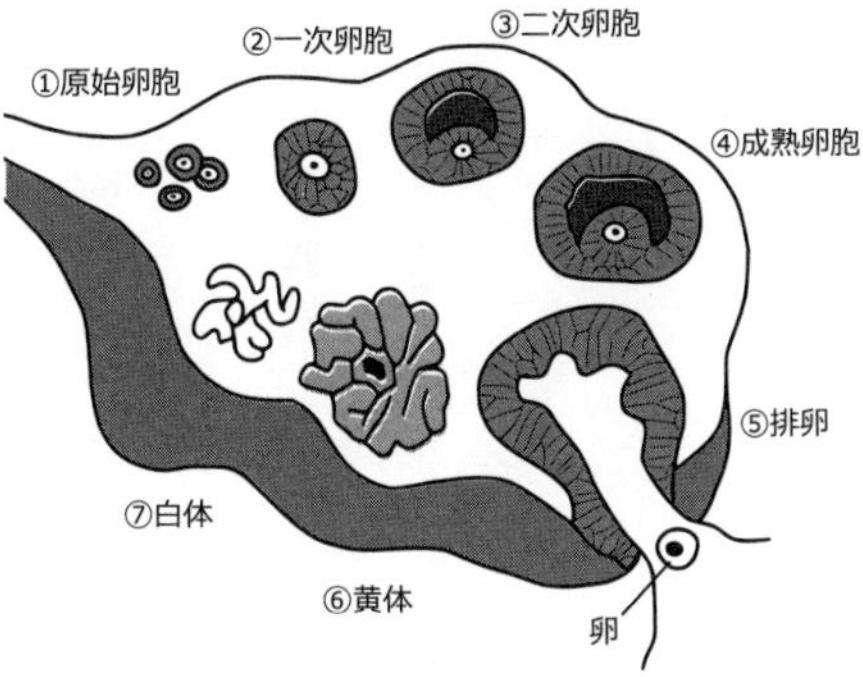

図44　卵巣内で起こる卵胞の発育

原始卵胞が最終的に排卵に至る1つの卵胞として選ばれる過程をセレクションと呼び、選ばれた卵胞を**主席卵胞**と呼びます。脳下垂体からのＦＳＨによって多くの卵胞が成熟を開始すると、ある時点で一番大きく成長している卵胞が、主席卵胞としてセレクションされます。このセレクションでは、卵胞の質ではなく、卵胞の大きさで選ばれていると現時点では考えられています。ちなみに、マウスの新生仔から採取した卵巣を培養し、卵の増殖を観察すると、無限に卵は作られます。しかし、大量に産生された卵は、質が悪く、発生に至ることはありませんでした[20]。卵巣内でのセレクションは、必要不可欠なステップだと思われます。

▼卵母細胞の老化

卵の**染色体数異常**の発生率は、女性の年齢とともに上昇することが知られています。染色体の数に異常のある卵は、受精しても不妊や流産になります。出産に至った場合でも、ダウン症などの染色体数異常による先天性疾患の原因となります。卵の染色体数異常は、卵母細胞の減数分裂時の染色体分配に異常があることで起こりますが、なぜ加齢により卵母細胞の染色体分配に異常が起こるのか不明でした。

そこで、マウスを用いて次のような実験が行われました。マウスの生殖可能な期間を初期(若い頃)、中期、後期(ヒトでいうところの高齢出産にあたる頃)の3つに分け、それぞれの

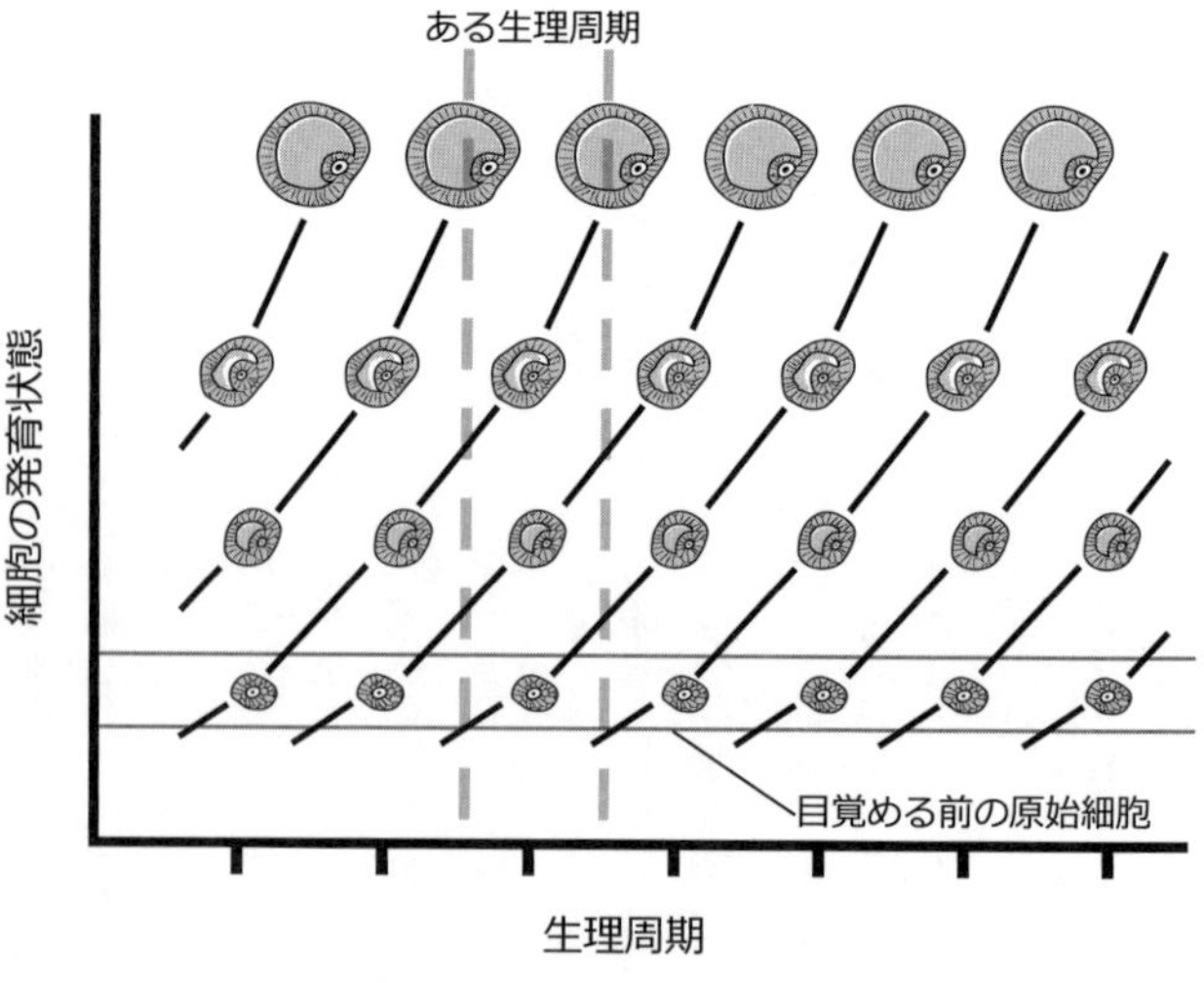

図45　卵胞は日々目覚める

期間の卵母細胞を採取し、その卵母細胞内で発現している遺伝子の解析が行われました。その結果、初期と後期の卵母細胞では、発現している遺伝子に大きな差異が見られました。

これまでの研究から、卵母細胞の染色体分配異常には摂取カロリーとの相関関係が示唆されていました。そこで、摂取カロリーを通常の40％までに制限した中期のマウスから卵母細胞を採取し、発現している遺伝子を解析しました。その結果、食餌制限した中期のマウスの卵母細胞では、通常飼育の中期のマウスの卵母細胞と比較して、３４８８個もの遺伝子の発現が減少し、３６３０個もの遺伝子の発現が上昇していたのです。そして食餌制限によって、老化に伴う遺伝子発現の変化が抑制されていることもわかったのです。

食餌制限によって発現が上昇する遺伝子には、細胞分裂時の染色体分配に関与するものが多く含まれていました。染色体の正確な分配には、**コヒーシン**と呼ばれる姉妹染色体間の接着を形成する分子が重要な役割を果たしています。コヒーシンには、減数分裂に特異的に機能するものと体細胞分裂に機能するものがあります。ヒトの卵では、体細胞分裂に関与するコヒーシンの発現が高いのですが、減数分裂特異的なコヒーシンの発現はごく僅かしか存在しません[21][22]。そのため、初潮から閉経までの約35年間、減数分裂特異的コヒーシンは新たに補充されません。このコヒーシンが加齢とともに原始卵胞から減少するため、染色体間の接着が弱くなり、卵の染色体数異常を引き起こしているのではないかと考えられています。

そこで、食餌制限したマウスから採取した卵母細胞でのコヒーシンの発現を確認したところ、食餌制限によって、加齢によって起こるコヒーシンの発現量の減少が部分的に抑制されていたのです[23]。

この結果は、食餌制限が卵母細胞の加齢によって起こる染色体分配異常を抑制する可能性を示唆しています。ただし、マウスでの結果であり、ヒトで同じようなことが起こっているかどうかについては不明です。食餌制限によりこのコヒーシンの減少がどのように抑制されるのか、その詳細な分子機構について解明されることが期待されます。

▼精子の産生と射精

卵とは異なり、精子が男性の精巣で実際に産生され始めるのは、思春期を迎えてからです。また、男性は女性とは異なり、精巣の機能に問題がなければ、高齢になっても精子は産生され続けます。**精巣**は腹腔外にある**陰嚢**《いんのう》と呼ばれる袋の中に入れられています。そのため、体温よりも約3℃低い状態に保たれています。正常な精子形成には、精巣の温度が体温よりも低い必要があるためです。精巣を取り囲む筋肉は、外気温が低い場合には陰嚢を体にひきつけ温めようとし、外気温が高い場合には、陰嚢を体から離し冷やそうとします。

ヒトを含む多くの哺乳類において、出生時に精巣が体内に残され、陰嚢へ降りてこないまま個体が成長した状態を停留精巣と呼びます。出生時に停留精巣であったとしても、そのうちの70～77%は、3か月で自然と陰嚢へと降りてくるとされています。体内に精巣が残されたままの状態では、精巣の温度上昇によって精子形成が起こらず不妊になるため、外科的に手術が行われます。不思議なことに、ゾウやクジラは停留精巣にもかかわらず正常な精子形成が行われています。クジラは、精巣付近に精巣を冷却する特殊な機構があるため、体内に精巣があっても、問題はありません。ゾ

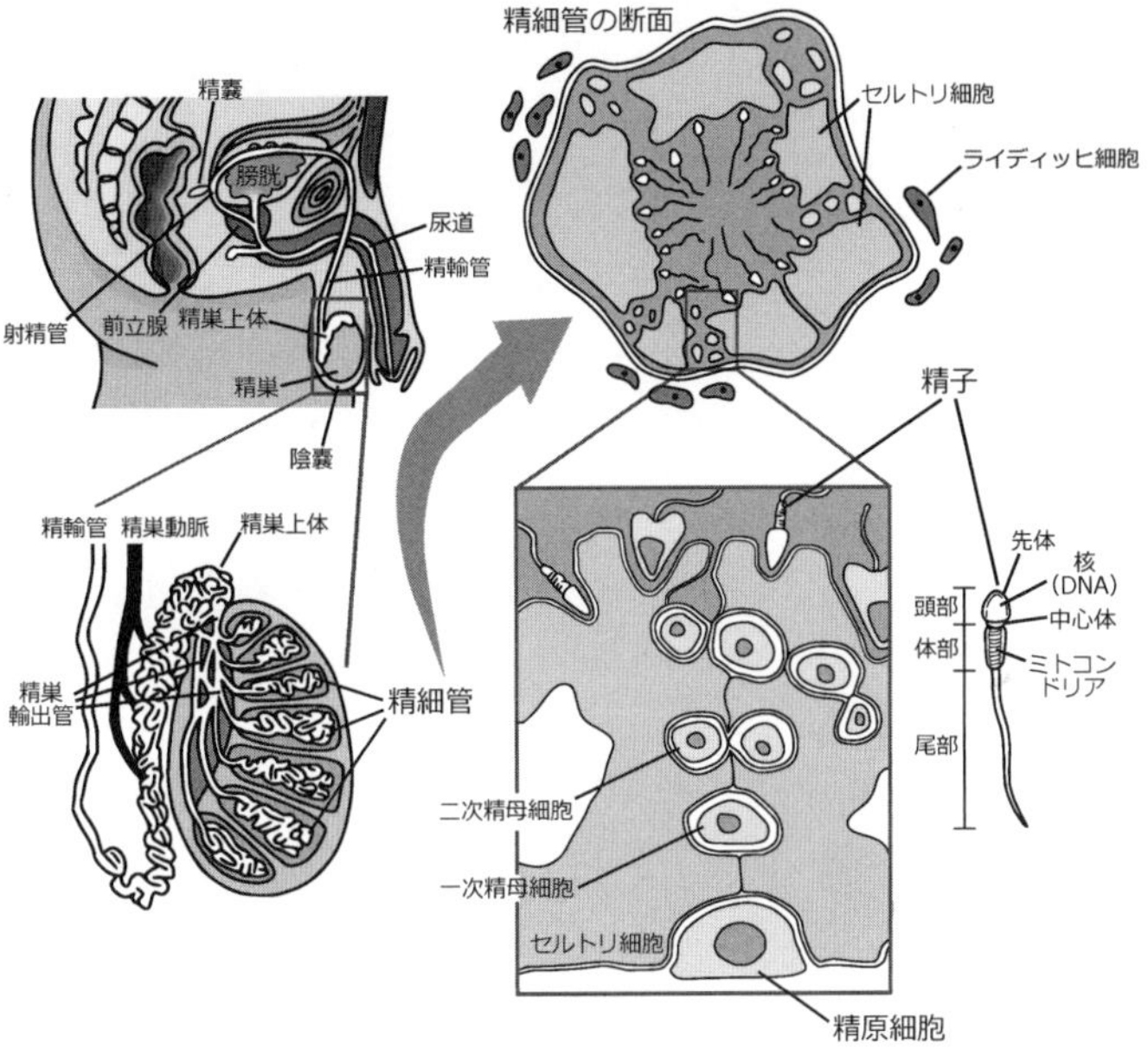

図 46 精巣の微細構造

ウではクジラのような特殊な冷却機構がないにもかかわらず、精子形成が正しく行われます。どのような機構で体温によるストレスから**精細胞**が守られているのか、気になるところです。

次に精巣内部に眼を向けてみましょう。精巣内部には、**精細管**が多数あり、その管の内腔を覆うようにセルトリ細胞が存在します。**セルトリ細胞**は、**精原細胞**や**精子**を物理的に支えるだけでなく、さまざまなサイトカインを分泌し、精子の形成を助けています（**図46**）。

精原細胞から精子へと成熟するにしたがって、精細管の内腔へと移動し、最終的に**鞭毛**《べんもう》ができあがります。すると精子は、精細管の内腔で泳げるようになります。その後、精細管につながっている精巣上体へ貯蔵されます。精巣上体は6メートルにもおよぶ長い管で、その中で数日間を過ごします。**精巣上体**に到達したばかりの精子は、運動性がないため、卵と受精できません。一方、精巣上体で18～24時間以上過ごした精子は運動性を獲得します。しかし、精巣上体の液体中に含まれる精子の運動を抑制するタンパク質によって、その運動能が射精されるまで抑制されています。精原細胞から精子になるまでにおよそ74日必要で、成熟後、10日ほどの間に射精されなければ分解されます。2つの精巣では、合わせて毎日約1億2000万以上の精子が産生されていると考えられています。

精子の頭部にはDNAが詰まっています。体部と呼ばれる精子のくびの部分にはミトコンドリアが多数巻きついて、精子が鞭毛運動をするためのエネルギーであるATPを産生しています。このATPを使って、成熟した精子は鞭毛運動を行い、毎分1～4ミリメートルの速さで溶液中を移動します。実は射精される際に、セルトリ細胞と精巣上体からは、ホルモンだけでなく酵素や精子の成熟に必要な栄養素も分泌されます。これらが精子を運ぶための液体、つまり精液の構成成分の1つです。

射精時に精巣上体から**輸精管**を通って精子が放出されると、精嚢からは**精液**の大部分を占める粘液が分泌されます。粘液には**フルクトース**やクエン酸、**プロスタグランジン**や**フィブリノーゲン**などが含まれています。フルクトースやクエン酸は、精子が卵と受精するための貴重な栄養源となります。一方、プロスタグランジンは、ヒトの**精漿**（精液中の精子以外の液体部分）中に、平滑筋を収縮させる生理活性物質として発見された物質です。発見当時は、前立腺（prostate gland）から分泌される物質として考えられていたためプロスタグランジン（prostaglandin）と名づけられました。プロスタグランジンは、子宮や卵管に蠕動《ぜんどう》収縮を引き起こすことで、精子が卵巣へ向かって移動できるように手助けしていると考えられています。前立腺からは、カルシウムイオン、クエン酸イオンなどが含まれたアルカリ性の液体が分泌されます。前立腺がアルカリ性の液体を分泌することは非常に重要です。精子の鞭毛運動は、中性からわずかにアルカリ性の溶液中で非常に増強されますが、膣内のように軽度の酸性溶液の中で著しく抑制されるからです。

性的な刺激を受けると、脊髄から骨盤神経を通って陰茎に副交感神経を介して情報が伝えられることで勃起が起こります。この副交感神経からは、**アセチルコリン**だけでなく、ガスである一酸化窒素、**血管活性腸管ペプチド**（vasoactive intestinal peptide：**VIP**）が分泌されます。**一酸化窒素**は、**環状GMP**（cyclic GMP：**cGMP**）の産生を促す**グアニル酸シクラーゼ**を活性化します。するとcGMPが血管の平滑筋を弛緩させます。その結果、陰茎へと向かう血液量が増えるため、勃起が起こります。勃起不全や**肺動脈性肺高血圧症**の治療薬である**シルデナフィル**は、cGMPを分解する酵素の5型**ホスホジエステラーゼ**（phosphodiesterase：**PDE**）の活性を阻害します。そのため、cGMPの分解が起こらず、その量が増えることで、陰茎へ向かう血流量が増加し、勃起が起こると考えられています。一方、性的な刺激が極端に高まると、交感神経から生殖器へ情報が伝達されます。すると、精嚢と精管が収縮して、膀胱の出口が閉じられ、精液が尿道へと送り出されます。

1度の射精で、平均で3・5ミリリットルの精液が放出され、個人差や日による変動がありますが1ミリリットルの精液あたり3500万～2億ほどの精子が含まれていると考えられています。精子の数が1ミリリットルあたり2000万以下になると不妊の原因になるといわれています。

▼精子とオートファジー

細胞を構成しているタンパク質は、時間が経過すると自然と壊れるわけではなく、一定時間後に細胞自身によって分解されています。つまり、細胞の中では、絶えずタンパク質の合成と分解が行われています。このバランスが保たれることによって、細胞ひいては生命活動が維持されています。

タンパク質の分解には大きく2種類があります。1つ目は、**ユビキチン・プロテアソーム系**と呼ばれるシステムです。このシステムでは、**ユビキチン**と呼ばれるタンパク質が、細胞質に存在する分解したいタンパク質に結合し、それが目印となって、タンパク質の分解処理場である**プロテアソーム**へとタンパク質が輸送され分解されます。このシステムは、時空間的に処理される、選択的なタンパク質分解システムともいえます。

2つ目は、**オートファジー**と呼ばれるものです。このシステムでは、**隔離膜**と呼ばれる膜が細胞質に現れ、細胞質のタンパク質やミトコンドリアなどの細胞小器官を包み、消化酵素を含むリソソームと融合することで、隔離膜の中に取り込んだタンパク質や脂肪小器官を分解、除去する大規模なシステムです。このオートファジーが精子を産生するうえで重要な役割を果たしていることがわかってきたのです。

オートファジーを抑制するタンパク質である Rubicon（ルビコン）を欠損させたマウスの精巣

を調べたところ、精巣の重量が減少するだけでなく、精子形成も不良になっていることがわかりました。さらに、精子の運動能や妊よう性（妊娠するために必要な能力）も低下していました。精巣内を詳しく解析したところ、Rubicon の欠損によってセルトリ細胞の機能が低下し、その結果、精子形成に異常や、精原細胞数の減少などが起こることがわかりました。

Rubicon を欠損したマウスでは、GATA4 というセルトリ細胞の機能を維持するために必要不可欠な転写因子がオートファジーによって分解されていました。また、アンドロゲンの作用を阻害する薬剤を投与するとセルトリ細胞内の Rubicon や GATA4 の発現が低下することがわかりました。これらの結果から、アンドロゲンがセルトリ細胞内の Rubicon を一定濃度に維持することで GATA4 の分解を調節している可能性が考えられます。

子育て中のオスマウスでは、アンドロゲン濃度が低下します。アンドロゲン濃度が低下することでセルトリ細胞内の Rubicon が低下し、GATA4 の分解が促進されることで、セルトリ細胞の機能が低下すると考えられます。これらの研究結果から想像をたくましくして考えると、セルトリ細胞の機能が低下することで、妊よう性が低下し、オスマウスを子育てに集中させるようにしているのではないかと考えられます[24]。

▼卵と精子が出会うまで

精巣で産生された精子は、卵と受精するために、非常に長い距離を移動します。膣内に射精された精子は、子宮へと入り、最終的には卵管へと進入していきます。ヒトの場合、子宮の入り口である**子宮頸管**《しきゅうけいかん》から受精の舞台である卵管膨大部までの距離は約20センチメートルです。ヒトの精子の全長を約60マイクロメートルとすると、自身の大きさの約3000倍以上の距離を1時間かけて移動します。精子を私たちの体に置き換え、身長を1・7メートルとすると、約5キロメートルの距離を移動することに匹敵します。

　膣内に射出された精子が受精の舞台である**卵管膨大部**にたどり着くためには、さまざまな障壁を乗り越えなければなりません。膣内のｐＨは、膣内に存在する細菌のため（**膣内細菌叢**《ちつないさいきんそう》と呼ばれます）、4～5の酸性の環境に保たれています。精子がそのままの状態で膣内に射出されると、運動機能を失ってしまいます。そこでｐＨ7～8のアルカリ性の精液によって、膣内を急速に中和します。中和されている間に、精子は子宮頸管へと移動します。しかし、次なる障壁が現れます。それが、子宮頸管から分泌されている粘液（**頸管粘液**）です。通常、頸管粘液は非常に粘性が高く、精子が鞭毛運動をしても、なかなか通過できません。しかし、排卵前後は頸管粘液の粘度が低くなるため、移動しやすくなります。子宮頸管の障壁を乗り越えた精子は、子宮の中に入り込み、卵管へと移動していきます（**図47**）。精子にとって、膣や子宮内の環境は非常に過酷であるため、卵管膨大部に到達できる精子はわずか数十から数百といわれています。また、精子が子宮や卵管内で生存できる日数は、3～5日だといわれています。卵の寿命はさらに短く、排卵後12～36時間だと考えられています。そのため、卵と精子の出会うことのできる時間は、排卵後のごく短い時間しかありません。

　卵管に無事入ることのできた精子は、その頭部を**卵管峡部**と呼ばれる部分の上皮細胞に接着し、

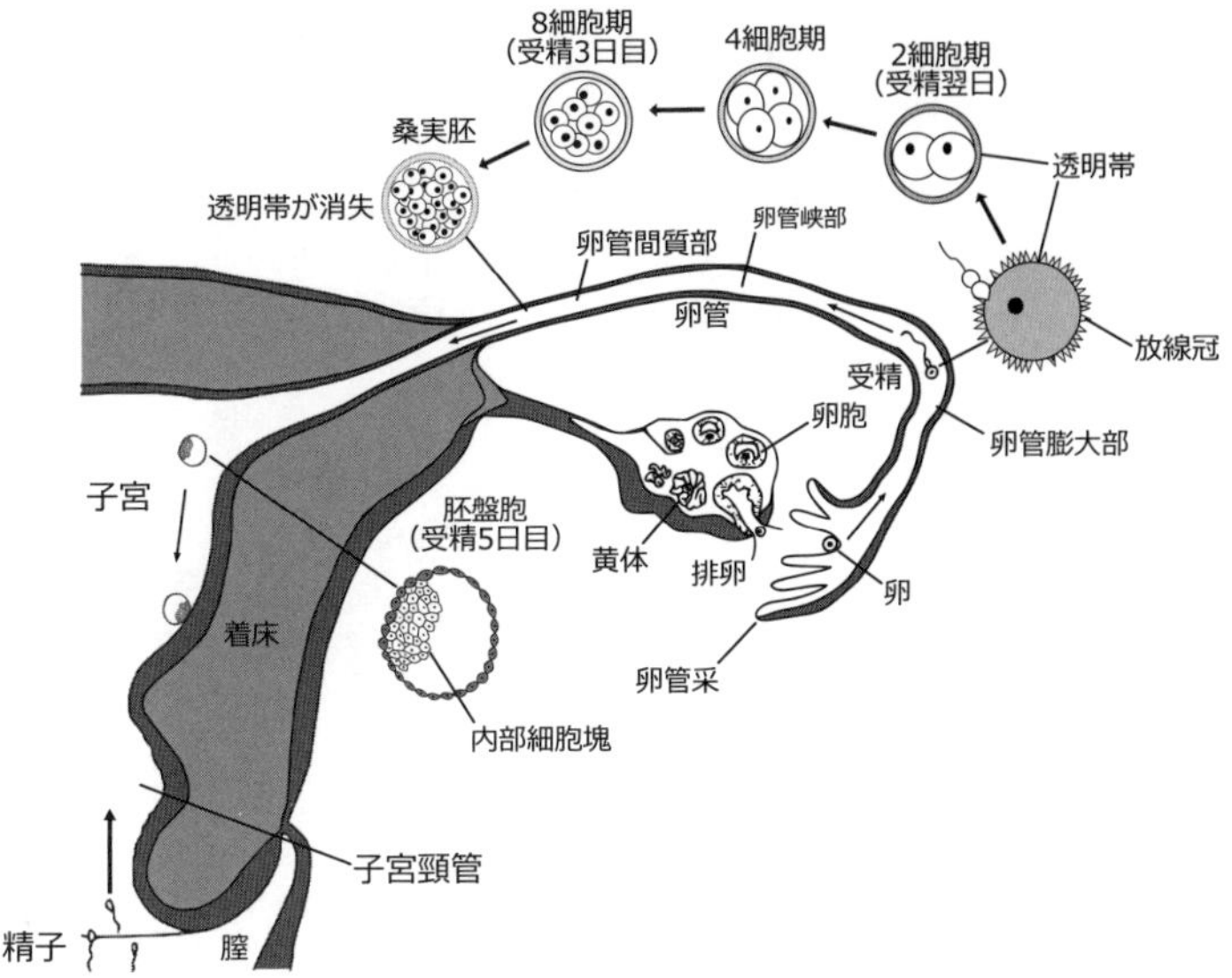

図 47　卵と精子が出会うまでの過程

一度留め置きされます。ここで精子と卵管上皮細胞との相互作用によって、最終的な精子の成熟である、**受精能**（**キャパシテーション**と呼ばれます）を獲得します。受精能を獲得した精子は、**超活性化**と呼ばれる活発な運動を行うようになります[25]。超活性化した精子は、非常に活発な非対称的な鞭毛運動を行うようになります。この運動によって、精子は留め置きされた部位から離脱し、非常に粘性度の高い卵管液中を移動するようになります。

　ヒトに見られる特徴ですが、卵巣と卵管が物理的につながっていません。そのため、排卵が起こると排卵された卵を卵管の**卵管采**と呼ばれる部分がキャッチする必要があります（**図47**）。しかしながら、どのようなメカニズムで卵管采が卵をキャッチするのかその詳細なメカニズムはわかっていません。ヒトの場合、卵巣から卵管采が卵をキャッチできず、そのまま腹腔内へと出てしまい、小腸に着床するケースもあります。あるいは、卵管で着床するケースもあります。このような状態を**子宮外妊娠**と呼び、非常に残念ですが、子宮外妊娠は、その後の妊娠が継続できません。ちなみに、マウスの場合は、卵巣と卵管が物理的につながっているため、子宮外妊娠はありません。

次に卵の道のりを見てみましょう。排卵された卵には、**卵丘細胞**が覆っています。卵丘細胞は、卵が未成熟時には卵丘細胞間の**ギャップ結合**を介して、エネルギー物質や**環状AMP**（cyclic AMP：cAMP）などのシグナル分子を輸送しています。このギャップジャンクションが切断され、卵へのシグナルが送られなくなることをトリガーとして、卵は核相の成熟を再開します。ギャップジャンクションが切断され、バラバラになった卵丘細胞の周囲には、**ヒアルロン酸**が豊富に存在します。このようにして成熟時の卵は卵・卵丘細胞複合体として一体化し、卵管膨大部で精子がやってくるのを待ちます。

ここで1つ疑問が沸いてきます。どのようにして精子は卵が待っている卵管膨大部にたどり着き、卵を見つけるのでしょうか。実は精子が卵管膨大部に向かって正しくたどり着くために、精子には**走熱性**、**走化性**、**走流性**という3つのナビゲーションシステムを駆使していると考える説と、卵管内をエレベーターのように運ばれるという説があります。

走熱性とは、卵管膨大部に近づくにつれ、卵管の温度がごくわずかに高くなっていて、精子はこの温度勾配を感じることで、卵管膨大部へ移動できるというものです。ちなみに、ヒトの精子の場合、わずか約0・006度の温度変化を検知できるとされています[26]。卵・卵丘細胞複合体に接近し、受精するために用いられる最後のナビゲーションが走化性です。ヒトの場合、卵・卵丘細胞複合体から分泌されたプロゲステロンやケモカインなどを頼りに精子は卵・卵丘細胞複合体に接近します。[27][28]

精子にみられる走流性とは、精子がこの卵管液の流れに対向して泳ぐというものです。というのも、精子は水流があるところでは、水流に向かって泳ぎますが、水流のないところでは、無秩序な方向を向いて泳ぐと観察されています。[29] 卵管の表面を覆っている卵管上皮細胞の表面には、1細胞あたり平均200本の繊毛があります。この繊毛が同じ方向に運動することで、卵管内には水流が生じます。この流れが、卵巣から子宮へ向かって流れているという説（下向き説と仮に呼びます）と、子宮から卵巣へ向かって流れているという説（上向き説と仮に呼びます）があります。下向き説の場合は、排卵された卵は卵巣から子宮の方向へ移動するのに合理的ですが、精子は走流性にしたがい卵管内の流れに逆行して泳ぐ必要があります。一方、上向き説の場合、排卵された卵が子宮の方向へ移動するのが難しくなりますが、精子は卵管内の流れにのって卵へたどり着くことができます。実際に、マウスの卵管内では、精子に見立てた墨汁がスーッとまるでエレベーターに乗っているかのように卵まで運ばれる様子が観察されています。[30]

どちらの説にせよ、卵管内の繊毛の動きはとても重要です。繊毛の向きや動きがそろわなくなると、卵や精子を輸送する能力が低下し、不妊の原因となります。最新の研究では、タンパク質のCAMSAP3とCELSR1が細胞内そして細胞間の繊毛の向きをそろえる機能をもつことが明らかになりました。[31] ときどき、ヒトでは卵管や腹腔内に胚が着床してしまう子宮外妊娠が起こります。このような症例も、卵管内の繊毛の動きが原因である可能性が考えられています。

子宮や卵管に入ることのできたすべての精子が走流性、走熱性、走化性という3つのナビゲーションシステムを正しく持っているわけではありませんし、すべての精子がエレベーターに乗れるわけでもありません。卵に近づくために、精子は子宮や卵管で選別されているのです。

▼縁結びの神と受精

卵・卵丘細胞複合体に接触した精子が卵と受精するためには、まずヒアルロン酸に富んだ卵丘細胞層を突き進まなければなりません。そのため、精子はまず頭部に存在する受容体が作用して卵丘細胞層のヒアルロン酸に結合します。その後、精子の先端部分である先体から、ヒアルロン酸を分解する**ヒアルロニダーゼ**を放出します。それによりヒアルロン酸の層を分散させることで、超活性化した精子が先へ進むと、最後の障壁、卵の表面を覆う透明帯が現れます。

透明帯をこえて、受精が起こると、局所的に細胞内のカルシウムイオン濃度が上昇し、これが卵全体に波のように伝わっていきます（これをカルシウムウェーブと呼びます）。カルシウムウェーブによって、卵の細胞内側から**透明帯**へ向けて、透明帯の糖タンパク質を架橋する加水分解酵素が分泌されることで、透明帯が硬化します。これによって、他の精子が透明帯を通過できないようになり、多数の精子が卵に侵入する、多精子授精が起こらないように防いでいます[32][33]。

受精に関与した精子が卵に進入すると、精子の核タンパク質に変化が起こり、**雄性前核**と呼ばれる構造が形成されます。一方、卵では減数第二分裂が再開され、雌性前核が形成され雄性前核と接近します。その後、核膜が崩壊することで、2つの核由来の染色体がそろい、二倍体になった受精卵は卵割を繰り返して、発生が進んでいきます。

では、どのようにして精子と卵の融合、つまり受精が調節されているのでしょうか。そこには精子と卵の細胞膜表面に存在するタンパク質が重要な役割をしています。２００５年岡部勝は、精子の細胞表面に存在し、精子と卵の融合を調節するタンパク質を発見し、縁結びの神として有名な出雲大社にちなんで**Izumo1**と名づけました。[34] しかし、卵細胞膜上に存在するIzumo1に結合する受容体は、２０１４年まで発見されませんでした。約10年後の２０１４年にようやく、卵細胞膜上にIzumo1の受容体が発見され、ローマ神話の愛と結婚の女神にちなんで**Juno**と名づけられました。[35] その後、精子細胞膜上には、TMEM95, SPACA6, SOF1, FIMP, DCST1/2[36][37]が、卵にはCD9[38]といったタンパク質が存在し、受精を制御することが明らかになっています。しかし、これらの分子がどのように相互作用するのか、現時点では明らかになっていません。動物のすべての細胞を見渡しても、細胞と細胞が融合するのは「**破骨細胞**」、「**栄養膜細胞**（**胎盤**）」、「**筋芽細胞**」と「卵と精子」だけです。さらに別個体の別の種類の細胞間で融合するのは「卵と精子」の受精のみです。この受精のメカニズムに、他の細胞には見られない驚くようなしくみが存在したとしても何の不思議もありません。今後、精子と卵の融合がどのように制御されているのか、その詳細な機構が明らかになることで、不妊症や経口避妊薬の開発などにつながることが期待されます。

コラム　前立腺肥大症の治療薬と脱毛の関係

前立腺は、男性にしかない組織で、尿道の近くで精液の一部を分泌します。生物学的な男女を考えるうえで大切な組織です。**前立腺**は、加齢にとも少しずつ大きくなり、尿道を圧迫して尿が出にくくなる**前立腺肥大症**という病気を引き起こす場合があります。前立腺の通常の大きさはクルミ大くらいですが、肥大するとニワトリの卵よりも大きくなる場合があります。

この病気に関与するのが、テストステロンからジヒドロテストステロンを産生するための酵素である5α-レダクターゼです。この酵素にはI型とII型の2種類があります。男性の血中に存在するテストステロンは、前立腺細胞内に取り込まれ、II型の5α-レダクターゼの作用によって、ジヒドロテストステロンへと変換されます。このジヒドロテストステロンが前立腺細胞に作用して細胞を増殖させ、前立腺を肥大化させる場合があります。そこで、前立腺細胞内の**II型5α-レダクターゼ**の機能を阻害できれば、テストステロンをジヒドロテストステロンに変換されないために、前立腺肥大症を治療できると考えられました。この考えをもとに薬剤開発が開始され、開発段階で、5α-レダクターゼ阻害剤の投与によって前立腺の肥大が抑制されるだけでなく、発毛が起こるという予想外のことがわかったのです。

毛髪は、通常4〜6年かけて成長し、抜け落ち、また新たに産生されるというサイクルを繰り返します。**男性型脱毛症**では、毛髪の成長期が数カ月〜1年と短く、前頭部や頭頂部の髪の毛が短く細くなってしまいます。

毛髪の成長期の期間を短くする原因の1つが、男性ホルモンのテストステロンだと考えられています。血流によって毛乳頭細胞に運ばれてきたテストステロンは、まず5α-レダクターゼによってジヒドロテストステロンへと変換されます。ジヒドロテストステロンは、**毛乳頭細胞**内に存在する受容体に結合します。これが引き金となり、毛乳頭細胞内で**TGF-β（トランスフォーミング増殖因子β）**と呼ばれるサイトカインが産生され、細胞外に分泌されます。TGF-βが毛母細胞に作用して、分裂と増殖を抑制し、成長期の毛髪の成長を抑制します。その結果、十分に成長できなかった毛髪が細いまま抜け落ちるようになります。つまり、5α-レダクターゼの阻害剤は、毛乳頭細胞に存在するⅡ型5α-レダクターゼの機能を阻害し、ジヒドロテストステロンの産生を抑制します。その結果、毛乳頭細胞からのTGF-βの分泌が抑制され、毛髪の成長期の期間を延ばす作用があると考えられています。現在では、Ⅱ型5α-レダクターゼだけを阻害する薬剤として**フィナステリド**、**Ⅰ型5α-レダクターゼ**とⅡ型5α-レダクターゼの両方を阻害する薬剤として**デュタステリド**があり、それぞれ前立腺肥大症や男性型脱毛症の治療薬として用いられています。

男性の体内では、絶えずテストステロンが産生されているにもかかわらず、男性型脱毛症になる人とそうではない人がいます。これは、毛乳頭細胞内のアンドロゲン受容体の感受性や5α-レダクターゼの発現量、**毛母細胞**のTGF-β受容体の発現量や感受性といったさまざまな因子が個々人や年齢によって異なるためだと考えられます。つまり、体質やトレーニングによって血中のテストステロン濃度が高い人が、すぐに男性型脱毛症になるというわけではありません。運動やウエイトトレーニングを行うことによって、確かにテストステロンの血中濃度は上昇します。しかし、血中濃度は、運動をやめてしばらくすると、運動前のレベルにまで戻ります。そのため、運動やウエイトトレーニングをすることがそのまま脱毛につながるとは考えにくいのです。

一方で、女性の脱毛（**女性男性型脱毛症**）は、男性型脱毛症とは異なり、頭部全体が薄くなっていくという特徴があります。女性の脱毛は、現時点でははっきりとした原因がわかっていません。最近、マウスを用いて毛包のさまざまな部位の移植実験が行われました。その実験では、まずマウスの毛球部毛根鞘細胞と呼ばれる部分を採取します。この毛球部毛根鞘細胞を体外で培養して増やした細胞を、細胞を採取したマウスの毛が生えていない部分に注射したところ、毛が生えてきたのです。マウスで行った実験方法と同様の方法をヒトにも適用したところ、ヒトでも男女に関係なく毛が生えてくることがわかったのです[39]。

3

運動

体を動かすしくみ

3章　運　動　体を動かすしくみ

私たちがスポーツをしたり、筋力トレーニングをしたり、買い物に出かけたりできるのは、体を動かすことができるためです。ただ、体を動かすといっても、そこには非常に複雑なしくみが存在します。たとえば、「走る」といった動作だけでも、「走ろう」という情報が、脳から運動神経を介して、筋肉へ伝達されなければなりません。右足と左足を同時に出すわけではなく、右足を出せば、それに合わせて左手が動き、次に左足を出せば、右手が動くといったように順序だてて体を動かしているのです。このように、自分の意志でさまざまな場所へ移動できるのは動物だけです。そのため、この機能を**動物性機能**とも呼びます。

一方、自分の意思とは無関係に動いている体の部位があります。それは、心臓や消化管（胃や腸）、血管などです。これらの部位が無意識に動くことで生命活動が維持されます。この機能を、**植物性機能**とも呼びます。植物性機能を調節している神経をまとめて**自律神経**と呼びます。

ヒトを含む脊椎動物には、3種類の**筋細胞**が存在します。1つは、自らの意志によって体を動かすという**動物性機能**におもに関与する**骨格筋**、2つ目は、自分の意思とは無関係に臓器を動かすという**植物性機能**におもに関与し、血液の循環を担う心臓の拍動を調節する**心筋**、そして3つ目は、消化管や血管などの収縮弛緩を調節する**平滑筋**です。この章では、みなさんにとって身近な骨格筋と心筋に注目して話を進めていきたいと思います。

運動の基本講義①　筋収縮と弛緩

骨格筋は、**筋繊維**と呼ばれる多数の細胞が融合してできた多核の細胞で、直径が40～100マイクロメートル、長さは数センチメートルにも達します。筋繊維は、わずか直径1マイクロメートルの**筋原繊維**によって形作られています（**図48**）。なお、筋繊維が束になってできている筋繊維群には、血管や**筋衛星細胞**と呼ばれる未分化性の高い細胞周期を停止した状態の細胞（休眠しているような状態の細胞）が貼りついています。

ウエイトトレーニングなどの筋力トレーニングを行うと、筋衛星細胞の細胞周期を再開させるシグナルが入り、活発な分裂と増殖が起こることで筋繊維と融合して筋繊維の断面積が太くなります。ウエイトトレーニングなどによって筋肥大が起こるのは、この筋衛星細胞によるものです。ここで1つ疑問が沸いてきます。それは、ウエイトトレーニングによって筋衛星細胞が活性化した結果、筋衛星細胞は枯渇しないのでしょうか？　実は、筋衛星細胞は分裂し増殖する際、細胞周期が停止した未分化の状態の細胞と、活性化した状態の細胞の2種類に分裂します。このような分裂を**不等分裂**といい、絶えず未分化の筋衛星細胞が維持される分裂を行っています[1]。つまり、激しいウエイトトレーニングや運動を行っても、筋衛星細胞が枯渇することがないようなしくみがあるのです。そのため、何歳になっても筋力トレーニングを行えば、必ず筋肉が肥大化するのです。筋肉が私た

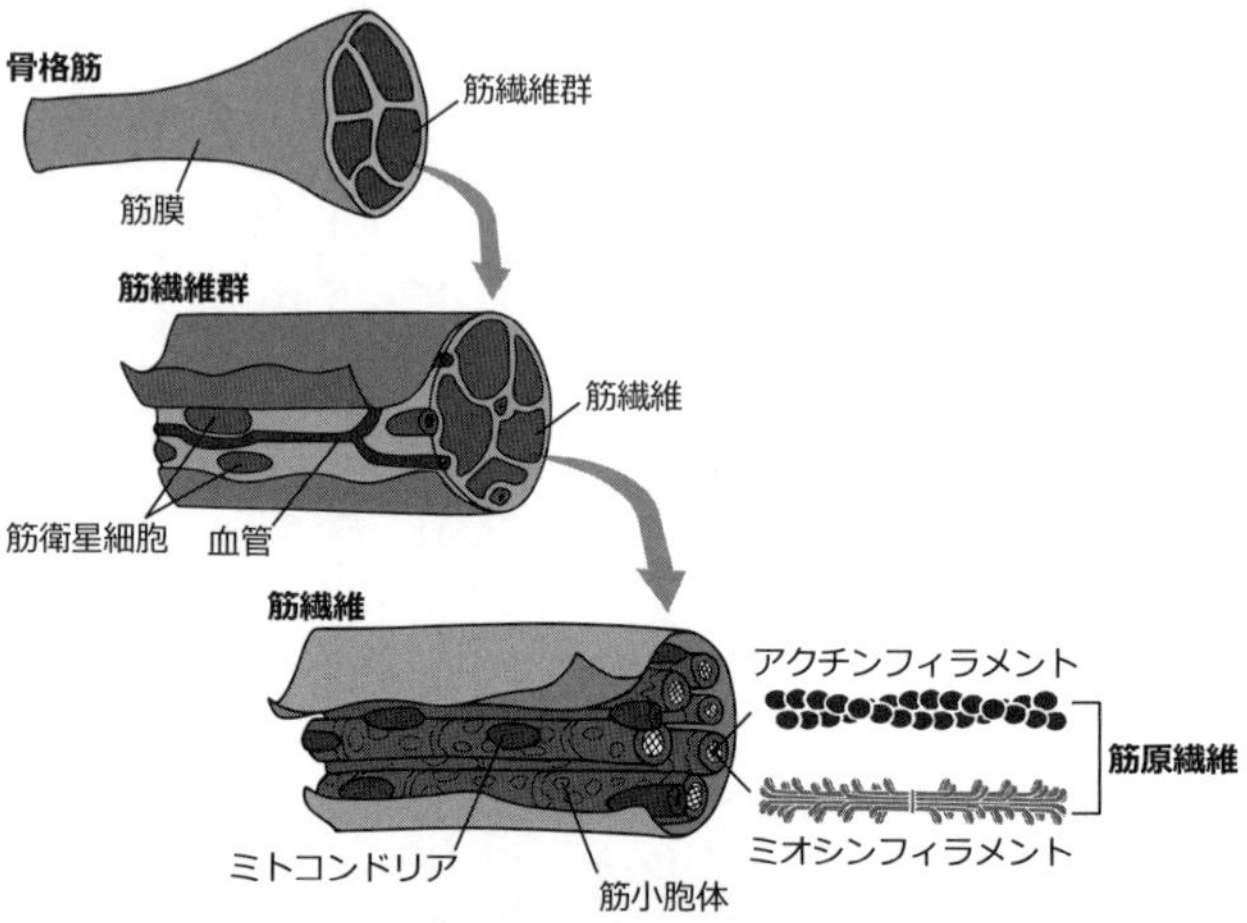

図48　骨格筋の構造

ちを裏切らないのは、この筋衛星細胞のお陰です。

筋原繊維の中には、直径約5～9ナノメートルの細い**アクチンフィラメント**と、直径約15ナノメートルの太い**ミオシンフィラメント**が規則正しく配置されています。その周りを筋小胞体と呼ばれる**カルシウムイオン**（Ca^{2+}）がおもに貯蔵されている袋のような器官が取り囲んでいます（**図48**）。

筋繊維は、部位によって光の透過度が異なるため、規則的な明暗（縞模様）が見えます。この縞模様から骨格筋は**横紋筋**とも呼ばれます（**図49**）。光が透過するために明るく見える部分を**I帯**、光が透過しにくいため暗く見える部分を**A帯**と呼びます。このように明るさに差があるのは、アクチンとミオシンが大きく関わっています。I帯には、細いアクチンフィラメントしか存在しないために明るく見え、A帯にはアクチンフィラメントとミオシンフィラメントがあるため暗く見えます。I帯の中央部分には暗く見えるZ線があります。A帯の中央部分には、や

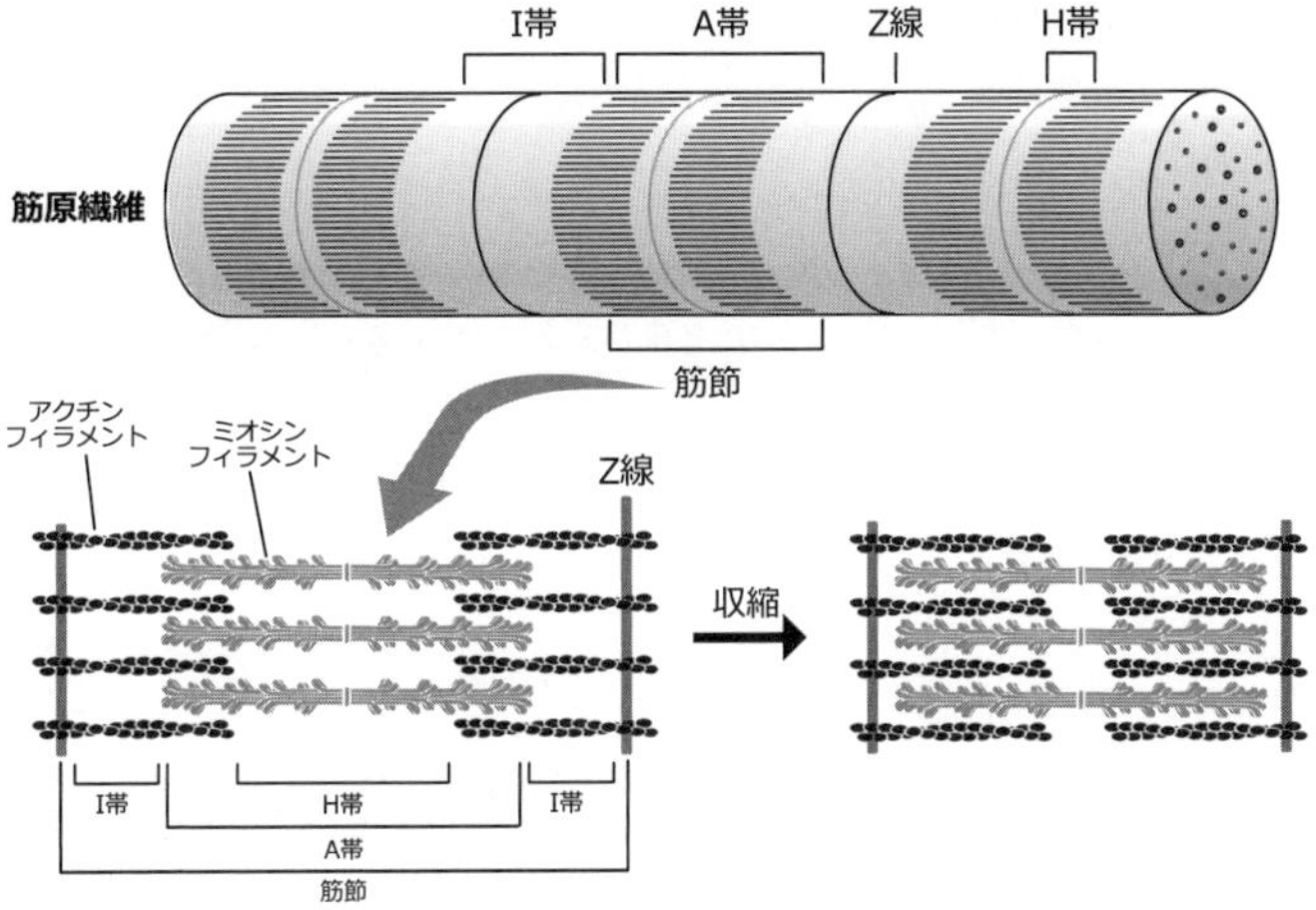

図 49　筋収縮の滑り機構

や明るく見える**H帯**があります。これはH帯には、太いミオシンフィラメントしか存在しないためです。筋繊維はこのように**Z線**からアクチンフィラメントが両側に伸び、ミオシンフィラメントと重なり合っているという繰り返しの構造をしています。そしてZ線からZ線の間を**筋節**（**サルコメア**）と呼び、筋収縮が起こる最小単位です。この構造が多数連なっていることで、明暗の縞模様が形成されています。

筋肉が収縮すると、サルコメアの長さは短くなりますが、A帯の長さは変化せず、H帯がほとんど見られなくなります。これは、アクチンフィラメントがA帯やH帯へ滑り込むことによって起こると考えられています。このしくみは、筋収縮の滑り機構と呼ばれます（**図49**）。

滑り機構のしくみは、電子顕微鏡による筋肉の微細構造の観察やX線を用いた分析などによって、イギリスのヒュー・E・ハクスレーによって明らかにされました[2]。ハクスレーは、刺激すると収縮する新

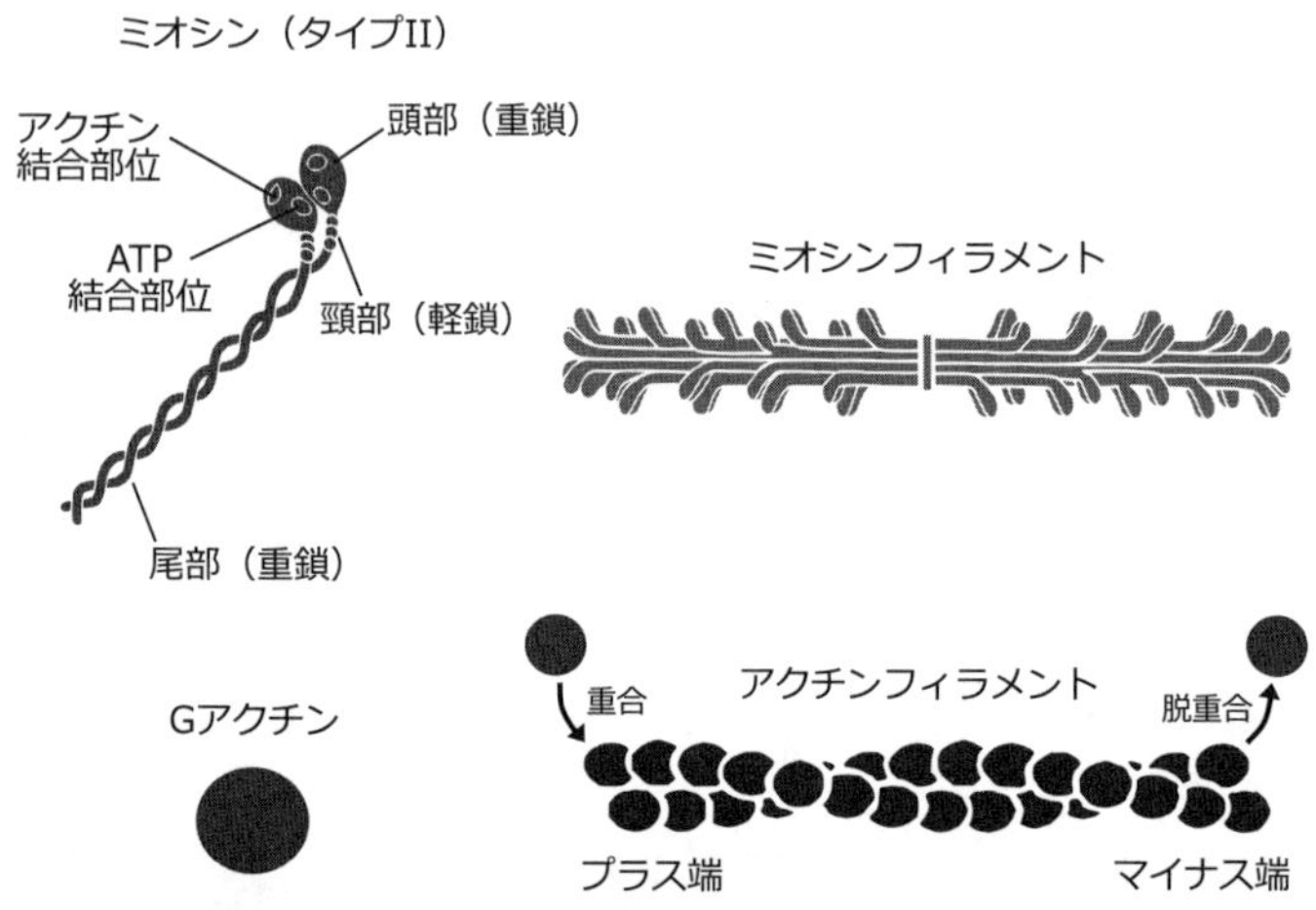

図50　ミオシンフィラメントとアクチンフィラメント

鮮な筋肉（カエルの縫工筋）を空気中に垂直につるし、これにX線を照射して、その回折像を記録しました。その回折像から筋肉に明暗があることを観察し、筋肉が太いフィラメントと細いフィラメントからできていることを発見しました。しかし、回折像は影絵のような像であることから、この研究結果に対しドロシー・ホジキンは、「筋肉の微細構造を電子顕微鏡で解析して、X線の回折像から得られた結果が正しいことを目で見てわかるように示さなければならない」と述べたといわれています。ホジキンは、X線を用いて**インスリン**[3]や**ビタミンB12**[4]などの構造を決定したことで、イギリス初の女性によるノーベル化学賞を受賞した研究者です。

ミオシンフィラメントは、**ミオシンタイプII**（以下**ミオシンII**）と呼ばれるタンパク質が何百個も集まり形成されています（**図50**）。ミオシンIIは、頭部と長い尾部を持つ杖のような形をした重鎖と頭部と尾部の間をつなぐ頸部に結合する軽鎖から形成されています。そして、2本の重鎖の尾部がより合わさっています。尾部に他のミオシンⅡ分子が多数重合することでミオシンフィラメントが形成されています。

一方、**アクチンフィラメント**は、球状の**Gアクチン**と呼ばれるタンパク質がらせん状に重合して形成されたものです（**図50**）。アクチンフィラメントでは、Gアクチンの**重合**（構造の形成）と**脱重合**（構造の破壊）が常に行われていて、構造が動的に変化しています。そのため、アクチンフィラメントの構造は、重合と脱重合のバランスによって決定されます。重合と脱重合のバランスが釣り合っていると、一見アクチンフィラメントの長さが変化しないように見えます。このような状態を**動的平衡**と呼びます。Gアクチンは、アクチンフィラメントに対して方向性を持って重合するため、Gアクチンが重合する部位を**プラス端**、逆に脱重合する部位を**マイナス端**と呼びます。

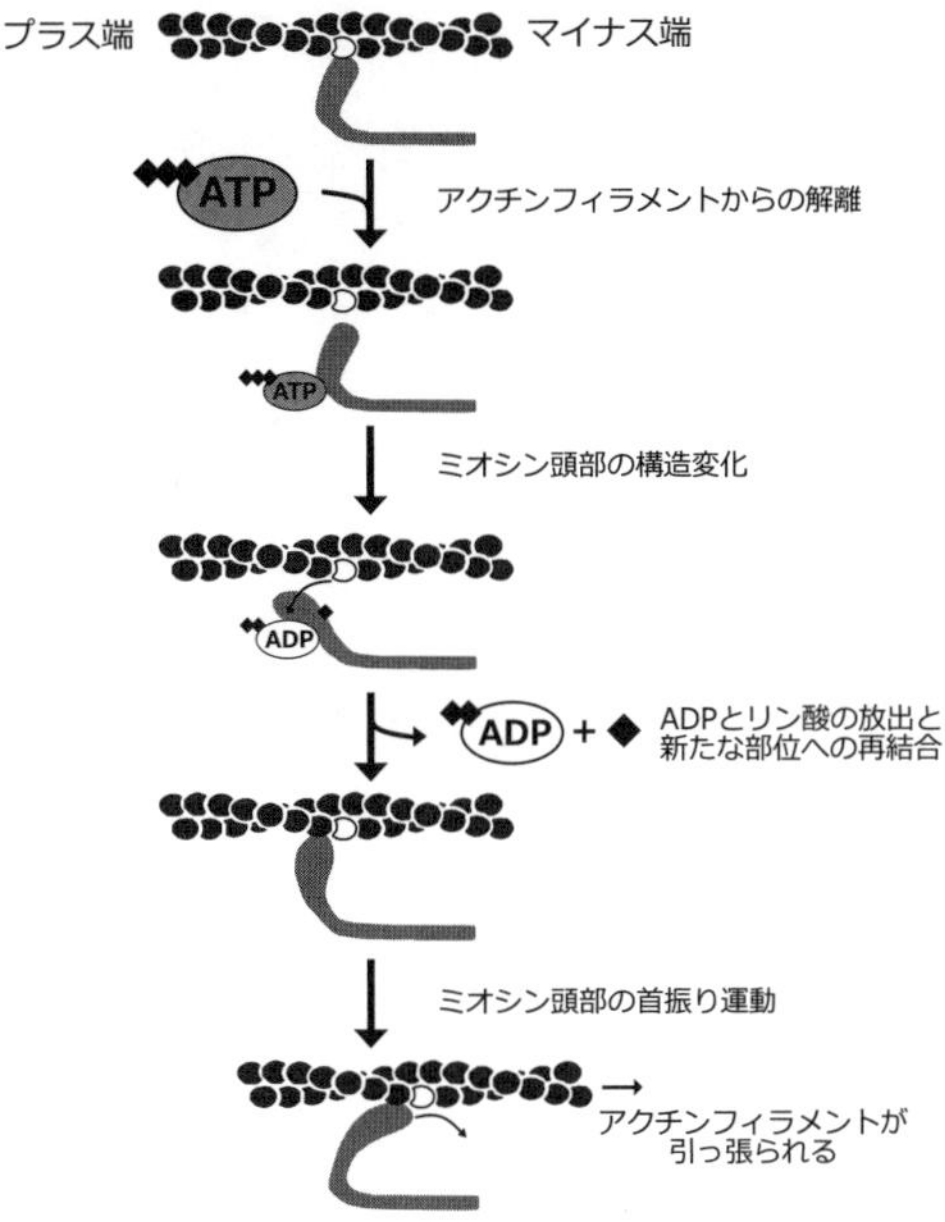

図 51　ミオシン頭部の首振り運動

サルコメア内では、ミオシンフィラメントの頭部がアクチンフィラメントと固く結合しています。ミオシン頭部には、アクチンだけでなく、体の中でエネルギーとして利用されているＡＴＰという分子が結合する部位もあります。ミオシン頭部にＡＴＰが結合すると、アクチンフィラメントから解離します。そして、ＡＴＰを加水分解する際に、ミオシン頸部を軸にして、頭部がレバーのように動きます。この状態では、ＡＴＰを加水分解してできるＡＤＰとリン酸が、ミオシン頭部に結合したままです。その後、ミオシン頭部はアクチンフィラメントの新しい部位に再び結合し、その際リン酸を放出します。そして、ミオシン頭部に結合していたＡＤＰを放出すると、ミオシン頭部がもとの位置に戻ろうと首を振るような運動をします。その結果、アクチンフィラメントがプラス端からマイナス端、つまりＨ帯の方向へ向かって滑り運動をすると考えられています（**図51**）。

▼筋ジストロフィー

骨格筋は、収縮と弛緩を繰り返す、動きの激しい細胞です。その細胞膜は、脂質で構成された非常にもろい膜であるため、外側と内側の両方から丈夫な層にはさまれています。外側には、**コラーゲン**からなる**基底膜**が存在します。一方内側には、アクチンフィラメントがあります。外側と内側の間の膜に存在し、基底膜とアクチンフィラメントをつないでいるのが、**ジストロフィン軸**と呼ばれるタンパク質の複合体です。ジストロフィンタンパク質には、さまざまなタンパク質があり、おもな成分に**ジストロフィン**、**サルコグリカン**、**ジストログリカン**、**ラミニン**などがあります（**図**

52）。

ジストロフィンタンパク質を作り出すための**ジストロフィン遺伝子**は、性染色体であるＸ染色体に存在します。遺伝子はタンパク質を作るための**エキソン**と呼ばれる塩基配列を持ち、染色体上のＤＮＡに飛び飛びに存在しています。その間の部分は**イントロン**と呼ばれ、エキソンからタンパク質が作られる量やタイミングを制御しています（⇒「そうだったのか」、66ページ）。ジストロフィン遺伝子は、79個のエキソンからなり、作られるｍＲＮＡの大きさは約14kbと、ヒトの遺伝子の中で最もサイズが大きいものです。作り出されるジストロフィンも、３６８５個のアミノ酸からできている超巨大なタンパク質です。ジストロフィン遺伝子はきわめて大きいため、変異が起こりやすくなっています。ジストロフィン遺伝子に変異が起こり、ジストロフィンが合成されない場合は**デュシェンヌ型筋ジストロフィー**を、異常な大きさのタンパク質が産生される場合は、**ベッカー型筋ジストロフィー**を発症します。

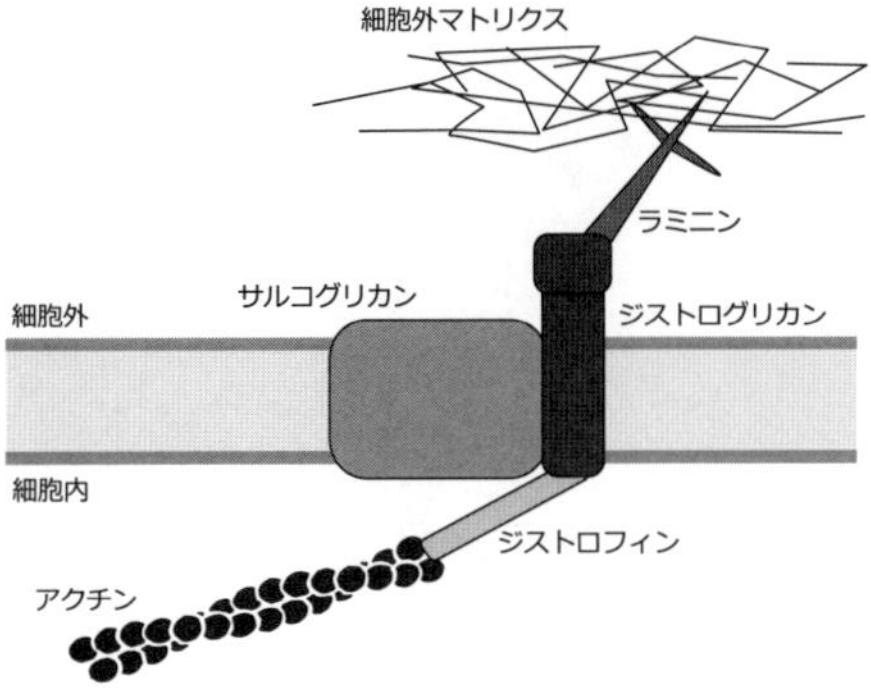

図52 ジストロフィン軸を構成するタンパク質と筋ジストロフィー

ジストロフィン遺伝子はＸ染色体上にあるため、Ｘ染色体を１本しか持たない男性は、Ｘ染色体上にあるジストロフィン遺伝子に変異があると、**筋ジストロフィー**を発症します。Ｘ染色体を２本持つ女性は、２本のうち１本が正常であれば発症しない可能性が高いため、筋ジストロフィーは、女性よりも男性で多く見られる疾患です。実際、新生男児の約3500人に1人の割合でみられます。このように性染色体にある遺伝子の変異によって起こる遺伝疾患を、**X連鎖性潜性遺伝**と呼びます（⇩「そうだったのか」、75ページ）。

筋ジストロフィーの中でもデュシェンヌ型筋ジストロフィーは、最も重症で患者数の多い疾患です。この型の疾患では、ジストロフィンタンパク質を産生することができないため、骨格筋が壊れやすく、加齢とともに筋力の低下が起こります。一方、ベッカー型筋ジストロフィーは、デュシェンヌ型と同様にジストロフィン遺伝子に変異があります。しかし、正常ではないものの、ジストロフィンタンパク質が生産できるため、症状は比較的軽症です。

デュシェンヌ型とベッカー型のジストロフィン遺伝子の変異を比較したところ、驚くべき発見がありました。それは、症状が比較的軽症なベッカー型のほうが、デュシェンヌ型と比較して、ジストロフィン遺伝子に大きく欠損があるケースが認められたのです。つまり、疾患の重症度と遺伝子の欠損とは一致しないのです。

DNAは、アデニン（A）、グアニン（G）、シトシン（C）、チミン（T）の4種類の塩基で構成されています。この中から3つの塩基を組み合わせて（これをコドンと呼びます）、1つのアミノ酸を指定します。遺伝子はアミノ酸を指定するコドンをつなぎ合わせてアミノ酸の配列を決定し、作り出すタンパク質を決めています。コドンには、遺伝情報の終わりを示す組み合わせ（ストップコドンと呼びます）もあります（⇩「そうだったのか」、79ページ）。

遺伝子の変異は、遺伝子配列の一部が失われる「**欠損**」、繰り返しが起こる「**重複**」、置き換わる

図53　ナンセンス変異とミスセンス変異

「**置換**」、余分な配列が付加される「**挿入**」によって起こります。欠損、重複、挿入が3の倍数で起きた場合、一部分が変化したタンパク質が作られます。これは、コドンが3つの塩基の組み合わせだからです。このようにアミノ酸配列の一部が変化したタンパク質が合成される変異を**ミスセンス変異**と呼びます。一方で、1塩基や2塩基、4塩基といった3で割り切れない数の塩基の変異が起こった場合には、遺伝子のコドンの読み枠が変化してしまうため、タンパク質が産生されなくなってしまいます。このような変異を**ナンセンス変異**と呼びます（**図53**）。

話を戻すと、デュシェンヌ型では、3で割り切れない数の塩基（たとえば、4塩基）が欠損していました。一方で、ベッカー型では、3で割り切れる数の塩基（たとえば33塩基）が欠損していたのです。つまり、ベッカー型では、33塩基（つまり、アミノ酸11個分）が欠損している部分の前後のタンパク質は正常なジストロフィンタンパク質のままで、欠損している部分のタンパク質だけが抜け落ちていたのです。一方、デュシェンヌ型では、4塩基が欠損することで、コドンの読み枠がずれてしまい、欠損が起こった場所よりも後ろのコドンは、まったく異なるアミノ酸を指定してしまうため、機能の失われたタンパク質が作られていたのです。このように、欠損の大小で病気の重さは推測できないのです（**図54**）。面白いことに、ジストロフィン遺伝子の変異は、エキソン単位での欠損や重複が生じていることがわかっています。もう少しこの点を掘り下げてみましょう。

▼筋ジストロフィーとエキソンスキッピング

デュシェンヌ型筋ジストロフィーを引き起こすジストロフィン遺伝子の変異には、さまざまなタイプが存在します。一例として、エキソン52（52番目のエキソン）の欠損があげられます。あいだのエキソン52がないためにエキソン51と53がうまくつながらず、ジストロフィンが産生できない場合があります。一方で、エキソン52だけでなく、エキソン53も欠損すると、エキソン51と54がうまくつながるようになり、少し変異したジストロフィンを作れるようになります。エキソンの読み飛ばし（**エキソンスキッピング**）をすることで、タンパク質の産生が止まることなく、変異した部分とスキップしたエキソンの部分だけが抜け落ちたジストロフィンとしてある程度機能することができます。エキソンスキッピングによる治療は、デュシェンヌ型筋

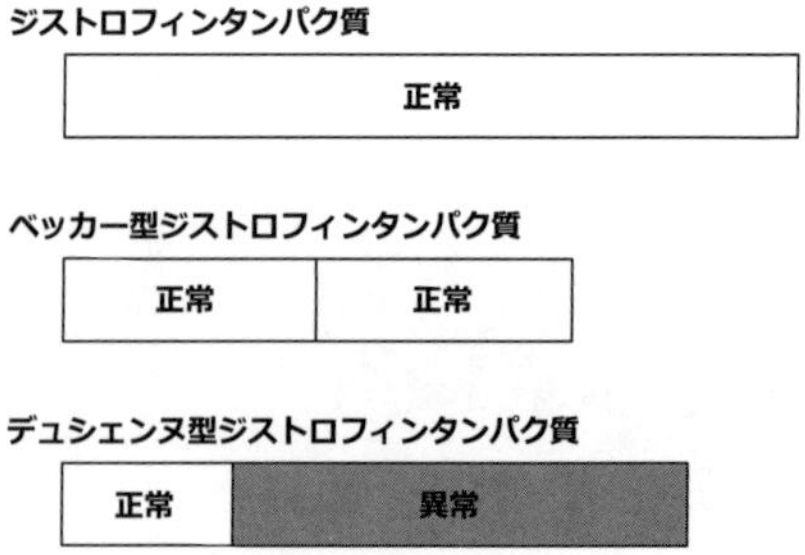

図54　遺伝子欠損によってできる2通りのタンパク質の例

ジストロフィーの患者をベッカー型筋ジストロフィーに変え、病気の進行を緩やかにすることができます。この治療で用いられる物質は、**モルフォリノアンチセンスオリゴ**と呼ばれます。モルフォリノアンチセンスオリゴは、ＲＮＡに特異的に結合することができます。一本鎖のＲＮＡは通常アミノ酸に翻訳されますが、モルフォリノアンチセンスオリゴが結合するとそれが邪魔になって翻訳が阻害されてしまいます。このモルフォリノアンチセンスオリゴをエキソン53に結合するように設計すれば、エキソン53の発現を特異的に抑制することができるのです。エキソン53に対するモルフォリノアンチセンスオリゴを実用化したものがビルトラルセンで、２０２０年から実際の臨床の現場で用いられています[5]。

近年では、モルフォリノアンチセンスオリゴとは別の方法で、同様の治療が試みられています。この方法では、４種類の脂質成分（カチオン化脂質、リン脂質、ポリエチレングリコール脂質、コレステロール）からできた**脂質ナノ粒子**（lipid nano particle：**LNP**）にエキソンスキッピングを行うのに必要なツールを入れておきます。例えるなら、非常に小さなカプセルのようなものです。ＬＮＰを体内に注射すると細胞に取り込まれ、その後、細胞内の酸性環境でＬＮＰの膜が破れるとツールが放出され細胞内で機能するしくみになっています。

ＬＮＰの中に封入されているツールは、遺伝子の中の狙った部分を切断するための分解酵素である**Cas9**と**ガイドRNA**（**gRNA**）です。ｇＲＮＡは、標的とするＤＮＡ配列を特異的に認識して結合し、結合した部分にＣａｓ９を導きます。やってきたＣａｓ９とｇＲＮＡが複合体を形成し、ＤＮＡに結合して、ＤＮＡの二本鎖を切断します。細胞には切断されたＤＮＡを修復する機構が存在します。この修復機構を利用して、遺伝子を欠損させたり、入れ替えたりといったことを行うことができます。この技術（CRISPR-Cas9）を**ゲノム編集技術**と呼び[6]、開発したジェニファー・ダウドナとエマニュエル・シャルパンティエは、２０２０年ノーベル化学賞を受賞しました。

　エキソン44が欠損しているデュシェンヌ型筋ジストロフィーのモデルマウスを用いて、Ｃａｓ９とエキソン45の前後を認識する2種類のｇＲＮＡを封入したＬＮＰを筋細胞に注入し、ゲノム編集によってエキソン45の前後を切断し、取り除く（エキソンスキッピング）ことが試みられました（**図55**）。その結果、狙い通りにエキソンスキッピングが起こり、ベッカー型筋ジストロフィーのように短いジストロフィンタンパク質が産生されることがわかりました。しかも、1度の投与で少なくとも1年間は短いジストロフィンが産生される状態が続くこともわかったのです[7]。現在はまだマウスレベルでの研究成果ですが、今後ヒトに対して安全かつ確実なデュシェンヌ型筋ジストロフィーの治療法として用いられる日が来ることが期待されます。

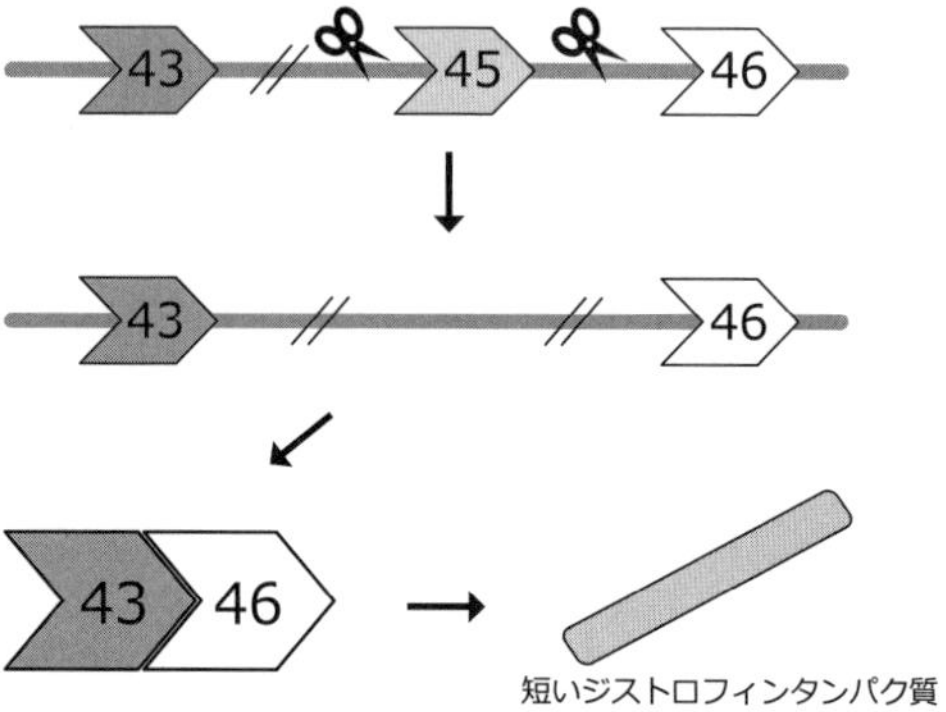

図55　ゲノム編集による筋ジストロフィーの治療

▼スーパーベビーと遺伝子ドーピング？

ベルギーのナミュール州では、「**ベルジアンブルー**」と呼ばれる食肉牛が飼育されています。この牛は、第二次世界大戦後のヨーロッパの食糧需要の増大に対応するために作り出された品種で、通常の牛と比較して筋肉量が2倍もあります。アメリカ・ジョンズホプキンズ大学のグループが、ベルジアンブルーの遺伝子を解析したところ、**ミオスタチン遺伝子**（growth differentiation factor 8：*Gdf-8*）に11塩基の欠損があることを発見しました[8]。ミオスタチン遺伝子は、筋細胞の増殖分化を抑制するタンパク質を作り出すための遺伝子です。そのため、ミオスタチン遺伝子に変異があることで、筋細胞の増殖が抑制されず、2倍もの隆々とした筋肉を持つようになったと考えられます。ヒトでも同様に常人の倍の隆々とした筋肉を持つ場合があるのでしょうか？

その答えは、イエスです。2004年にミオスタチンが産生されないヒトの乳児がドイツの医師によって報告されました。その後、この乳児は、「スーパーベビー」と呼ばれるようになりました。生まれたときに既に筋肉量が通常の乳児の2倍あり、6か月後には立ち上がり、3歳で3キログラムのダンベルを持ち上げたといわれています。逆に、脂肪量は、通常の乳児の半分しかありませんでした。この乳児の家系を調べたところ、両親は元陸上選手、そして祖父は非常に重い縁石を担ぐことのできる伝説的な力持ちであったことがわかりました[9]。

ちなみに、運動や筋力トレーニングによって筋繊維は損傷を受けます。すると、筋繊維は再生し始めますが、ある程度のところで再生は止まります。このとき、筋細胞を増殖させすぎないようにしているブレーキ役がミオスタチンです。そのため、ミオスタチン遺伝子に変異があると、筋繊維の再生、つまり増殖が止まらないために筋繊維の数が多くなる可能性があります。筋力トレーニングを続けることで、通常のヒトの2倍あるいはそれ以上の筋肉がつき、パフォーマンスが上がる可能性も考えられます。

ミオスタチン遺伝子に変異が起こる確率は、200人に1人と、その頻度は高いと考えられています。母親と父親の両方から変異型ミオスタチン遺伝子をもらう確率は、200分の1×200分の1＝4万分の1となります。つまり、4万人に1人は、通常よりも筋肉量が2倍ある遺伝子の変異を持ったヒトが生まれる可能性があります。オリンピック選手やプロスポーツ選手の中には、この遺伝子変異を持っているヒトがいるかもしれません。

先述のベルジアンブルーは、交配の結果、偶然生まれました。現代では、ゲノム編集技術を用いて、意図的にマダイのミオスタチン遺伝子の機能を欠損させることで、筋肉量を増やした「肉厚マダイ」が作出されました[10]。さらには、高級魚のトラフグのミオスタチン遺伝子の機能をゲノム編集技術で欠損させ、それに加えて食欲を抑制する遺伝子も欠損させたところ、通常の2倍のスピードで成長し、1・4倍の肉付きのよいトラフグを作り出すことにも成功しています。この技術をただちにヒトに応用することはできませんが、先ほど取りあげた筋肉量が減る病気である筋ジストロフィーや加齢に伴って筋肉量が減少するサルコペニアの治療のために、ミオスタチン遺伝子やミオスタチンの機能を阻害する薬が開発されるかもしれません。技術的には、健常なヒトにこのような薬やミオスタチン遺伝子をゲノム編集技術で欠損させることで、筋肉量を増加させたり、運動能力を向上させたりする遺伝子ドーピングを行うことも可能です。しかし、遺伝子ドーピングすることによる体への影響が不明なためリスクが非常に高いのはいうまでもありません。そのため、世界アンチ・ドーピング機構は、ゲノム編集による遺伝子ドーピングを禁止しています。

▼筋力トレーニングの効果

スポーツジムに通って同じ筋力トレーニングメニューをこなしても、早く筋肉がつく人とそうではない人がいます。筋肉量が増加する詳細な分子メカニズムについては、まだ明らかになっていませんが、どのような特徴を持つ人が、筋肉量が増えやすいのかということがわかっています。

私たちの体内の筋肉は、**速筋繊維**と**遅筋繊維**さらにそれらの中間に分類される筋繊維が混じっています。たとえば、眼をすばやく動かすために用いられる眼筋は、おもに速筋繊維で構成されています。一方、マラソンや競歩、長時間の立ち仕事のように遅く持続的な収縮を行う必要がある脚のふくらはぎの部分にある**ヒラメ筋**は、遅筋繊維で構成されています。

速筋繊維は遅筋繊維と比較して、繊維が太くなっています。そのため、遅筋繊維にくらべて大きな収縮力を発生することができ、2倍以上の速さで収縮することができます[11]。激しい運動時など酸素欠乏時でも、エネルギーであるATPを産生するために、多量の**解糖系**酵素を筋細胞内に持っています。このため、速筋繊維は、グルコースをすぐにエネルギーに変換させ、瞬発的な動きが可能になっているのです。一方、遅筋繊維は、多数の毛細血管におおわれていて、より多くの酸素を受け取ることができます。さらに速筋繊維よりも多くの**ミトコンドリア**を筋細胞内に持つため、持続的に酸素を使ってグルコースからＡＴＰを産生する機能が高くなっています。遅筋繊維は、多量の**ミオグロビン**を筋細胞内に保有しています。ミオグロビンは鉄を含む赤色のタンパク質で、赤血球に含まれる**ヘモグロビン**と同じように酸素と結合して貯蔵する作用があります。これにより、筋細胞内部のミトコンドリアまで酸素が効率よく輸送され、持続的に筋力を発揮することができるようになっています。また、ミオグロビンを筋細胞内部に多数含むことで、遅筋繊維は赤みを帯びるため**赤筋**とも呼ばれます。一方、速筋繊維は、このミオグロビンがほとんど存在せず、白みを帯びるため**白筋**とも呼ばれます。この速筋繊維は、筋力トレーニングを行うと遅筋繊維の約2倍増大することが示されています。つまり、筋肉中に速筋繊維が多い人ほど筋肉が増大する能力が高いといえるのです[12][13]。

一般人の場合、遅筋繊維が半分以上を占めています。一方で、筋肉に求められる速筋繊維と遅筋繊維の割合はスポーツの種類によって大きく異なることが知られています。たとえば、短距離走者のヒラメ筋は、70％以上が速筋繊維だといわれていますが、８００メートルなどの中距離走者では、速筋と遅筋繊維が半々、マラソン選手では、約80％が遅筋繊維だったと報告されています[14]。ここで1つ疑問が沸いてきます。それは、筋力トレーニングをすることで、遅筋繊維を速筋繊維にまたは逆に変化させることはできるのでしょうか？　これが可能であれば、どんな人でもさまざまなスポーツに容易にチャレンジすることができます。

この問いに答える実験が１９９５年に行われました。それは1日なんと8時間もヒトの筋肉に電気刺激を与え続けるというものでした。この実験では、残念ながら遅筋繊維を速筋繊維へ変化させることはできませんでした[15]。つまり、筋肉中の速筋繊維と遅筋繊維の割合は、遺伝子によって生まれつきある程度決定されていて、筋力トレーニングなどの生まれてからの環境の影響は、あまり受けないのです。効率よく筋肉をつけるためのオールマイティな方法は、存在しないのです。逆にいえば、1人ひとりの速筋繊維と遅筋繊維の割合を測定することで、その人にあった筋力トレーニング方法やスポーツを探し出す必要があるともいえるのです。

運動の基本講義②　筋と脳の間の情報伝達

大脳から発せられた筋肉を収縮するためのシグナルを**活動電位**と呼びます。活動電位は、**運動ニューロン**を介して、運動ニューロンと筋肉とが接触している部分である**神経筋接合部**に伝達されます（**図56**）。運動ニューロンの末端である**シナプス前終末**に活動電位が到達すると、シナプス前終末内に存在する**アセチルコリン**で充填されている**シナプス小胞**が神経筋接合部に分泌されます。神経筋接合部に分泌されたアセチルコリンは、筋細胞膜上に存在するイオンチャネルと共役している**ニコチン性アセチルコリン受容体**に結合します。すると、この受容体はチャネルを開口し、その結果Na^+が筋細胞内に流入し、筋細胞の膜電位変化（**終板電位**と呼ばれる）が発生します。そして、筋細胞で活動電位が発生します（**図57**）。

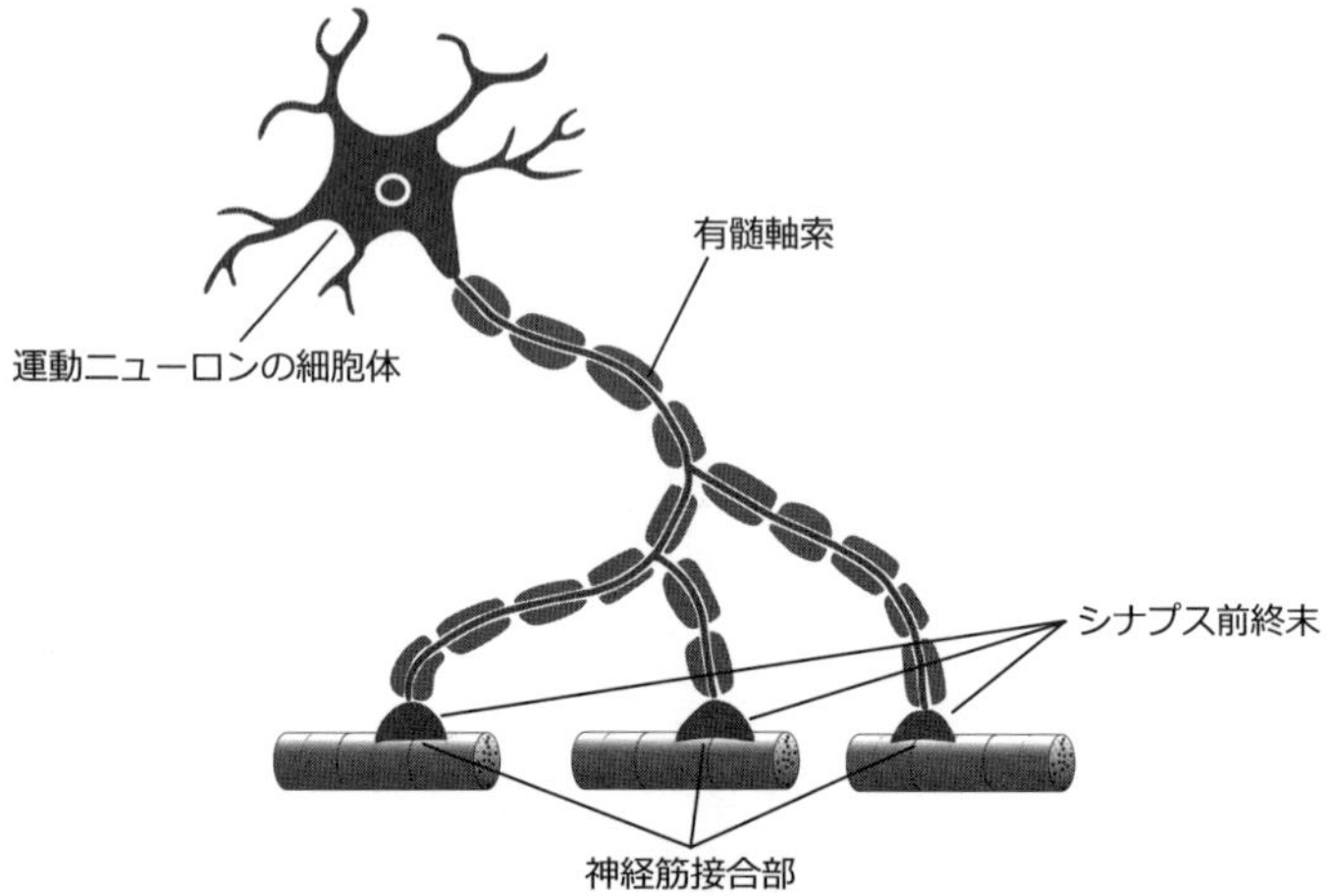

図 56　神経筋接合部

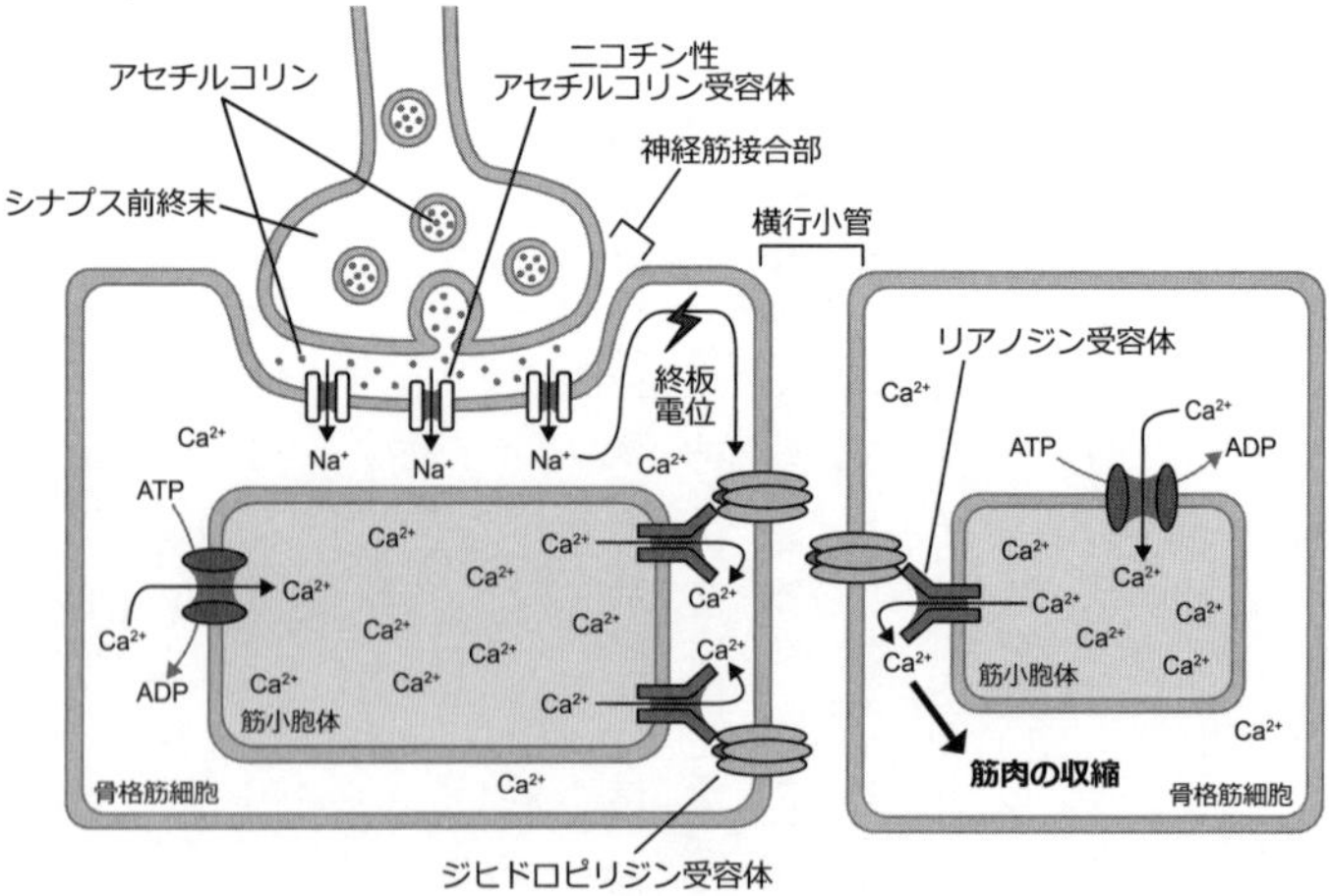

図 57　骨格筋の収縮機構

コラム　筋肉とアセチルコリン

ニコチン性アセチルコリン受容体は、骨格筋の神経筋接合部だけではなく、**シビレエイ**や**電気ウナギ**の持つ**発電器官**にも多量に存在しています。電気ウナギなどが持つ発電器官は、神経筋接合部が薄い層となった特殊な構造をしていて、この構造が何千個も並列につながることで、わずかな電気から高電圧を作り出しています。コブラ科の毒ヘビ（台湾に分布するアマガサヘビなど）が持つ**神経毒αブンガロトキシン**は、ニコチン性アセチルコリン受容体に結合して、アセチルコリンと受容体の結合を妨げるために筋肉を弛緩させることが知られていましたが、[16]この受容体の立体構造についてはわかっていませんでした。そこで沼正作は、細胞内にごく微量しか存在しないｍＲＮＡに相補的なＤＮＡ（complementary DNA：cDNA）をクローン化する技術を用いて、シビレエイの電気器官や骨格筋のニコチン性アセチルコリン受容体の4種類のサブユニットの一次構造を決定することに成功し、[17]すべてのサブユニットの一次構造も決定しました。[18][19]

終板電位は、筋細胞全体に伝播していきます。筋細胞には、所々細胞膜が内側に陥入して伸びている構造、**横行小管**と呼ばれる部分があります。横行小管には、**ジヒドロピリジン受容体**と呼ばれる電位依存性Ca^{2+}チャネルが存在し、終板電位が横行小管に伝わるとジヒドロピリジン受容体が活性化します。ジヒドロピリジン受容体は、筋肉内のCa^{2+}の貯蔵庫である筋小胞体膜上に存在する**リアノジン受容体**と呼ばれるカルシウム放出チャネルと結合しています。その結果、リアノジン受容体も同時に活性化されます。すると、筋小胞体内に貯蔵されていたCa^{2+}が筋細胞内に多量に放出されます。このCa^{2+}のイオン濃度の上昇によって筋収縮が起こります。その後、筋細胞内に放出されたCa^{2+}は、筋小胞体膜上に存在するCa^{2+}ポンプによって、ＡＴＰのエネルギーを用いてすばやく回収されます（**図57**）。

沼正作は、ジヒドロピリジン受容体[20]や筋小胞体膜上に存在するリアノジン受容体[21]の構造解明にも成功し、筋細胞の電気的な興奮から筋収縮に至るまでの一連の過程（**興奮収縮連関**）の解明に大きく貢献しました。[22]

運動の発展講義　骨格筋の収縮に必要な因子

ハンガリーのアルバート・セント＝ジョルジは、地元特産のパプリカから抽出した「ヘキスウロン酸」と名づけた物質が、L-アスコルビン酸であること、そして**L-アスコルビン酸**の不足によって体内のさまざまな器官から出血が起こる病気、壊血病が引き起こされることを明らかにしました。L-アスコルビン酸は人体の機能を正常に保つために必要な有機化合物の1つであるとしてビタミンCと名づけられました。彼は、**フマル酸**が細胞の呼吸反応（酸素を用いて有機物を分解し、エネルギーを取り出し、このエネルギーを用いてＡＴＰを合成する）において重要な作用をすることも発見しました。この発見から、1937年にセント＝ジョルジは、ノーベル生理学・医学賞を受賞しました。セント＝ジョルジが発見した呼吸反応には、すこしもったいない話があります。1937年にドイツのハンス・クレブスは、セント＝ジョルジが見落としていた呼吸反応の重要な段階（ピルビン酸とオキサロ酢酸が縮合してクエン酸が産生される過程）を追加して、**トリカルボン酸サイクル**（**ＴＣＡ回路**、**クレブス回路**、**クエン酸回路**）を提唱し、それが常識となったのです。もしセント＝ジョルジがこの段階を見落としていなければ、ＴＣＡ回路はクレブス回路ではなく、セント＝ジョルジ回路と呼ばれていたかもしれません。なお、1953年クレブスは、ＴＣＡ回路で重要な役割を果たす**補酵素Ａ**（**コエンザイムＡ**：**ＣｏＡ**）を発見したドイツのフリッツ・Ａ・リップマンとともにノーベル生理学・医学賞を受賞しました。

その後、多才なセント＝ジョルジは、筋収縮の研究にも取り組み、骨格筋をグリセリンに浸して、アクチンとミオシンだけにしたグリセリン筋を作り出し、グリセリン筋にATPを添加すると筋肉が収縮することを発見しました。江橋節郎はさらに深く考察し、グリセリン筋からATPを取り除いても筋肉が弛緩しないことに気づきました。ATPによって筋肉の収縮が制御されるのであれば、逆にATPを取り除くことで弛緩するはずですが、実際にはそのような反応は起こらなかったのです。そこで江橋節郎は、すり潰したカエルの筋肉を遠心器にかけて分離し、その上清を収縮したグリセリン筋に添加したところ、筋肉が弛緩することを発見しました。この筋肉の上清に筋肉を弛緩する因子が存在することを発見したのです。

この上清には、筋細胞内のCa^{2+}濃度を調節している筋小胞体が含まれていました。そこで筋肉がCa^{2+}によって収縮弛緩するというカルシウム説を1962年に江橋節郎は唱えました[23][24]。しかし、ノーベル賞を受賞したセント＝ジョルジの影響力は非常に強く、Ca^{2+}が筋肉の収縮弛緩を調節しているというカルシウム説はなかなか認められませんでした。当時、江橋節郎はクレブスとともにノーベル賞を受賞したリップマンのもとで研究留学をしていました。リップマンでさえもカルシウム説に否定的でした。しかし1965年、江橋節郎はアクチンフィラメントにはCa^{2+}に対してきわめて結合能力の高いタンパク質が存在していることを発見し、**トロポニン**と名づけました[25][26]。この発見は、Nature や Science といった雑誌ではなく、**日本生化学会誌**（Journal of Biochemistry）に掲載されました。

その後の研究から、アクチンフィラメントには、**トロポミオシン**と3種類のトロポニン（**トロポニンT、C、I**）が結合していることがわかりました（**図58**）。3種類のトロポニンの中でもトロ

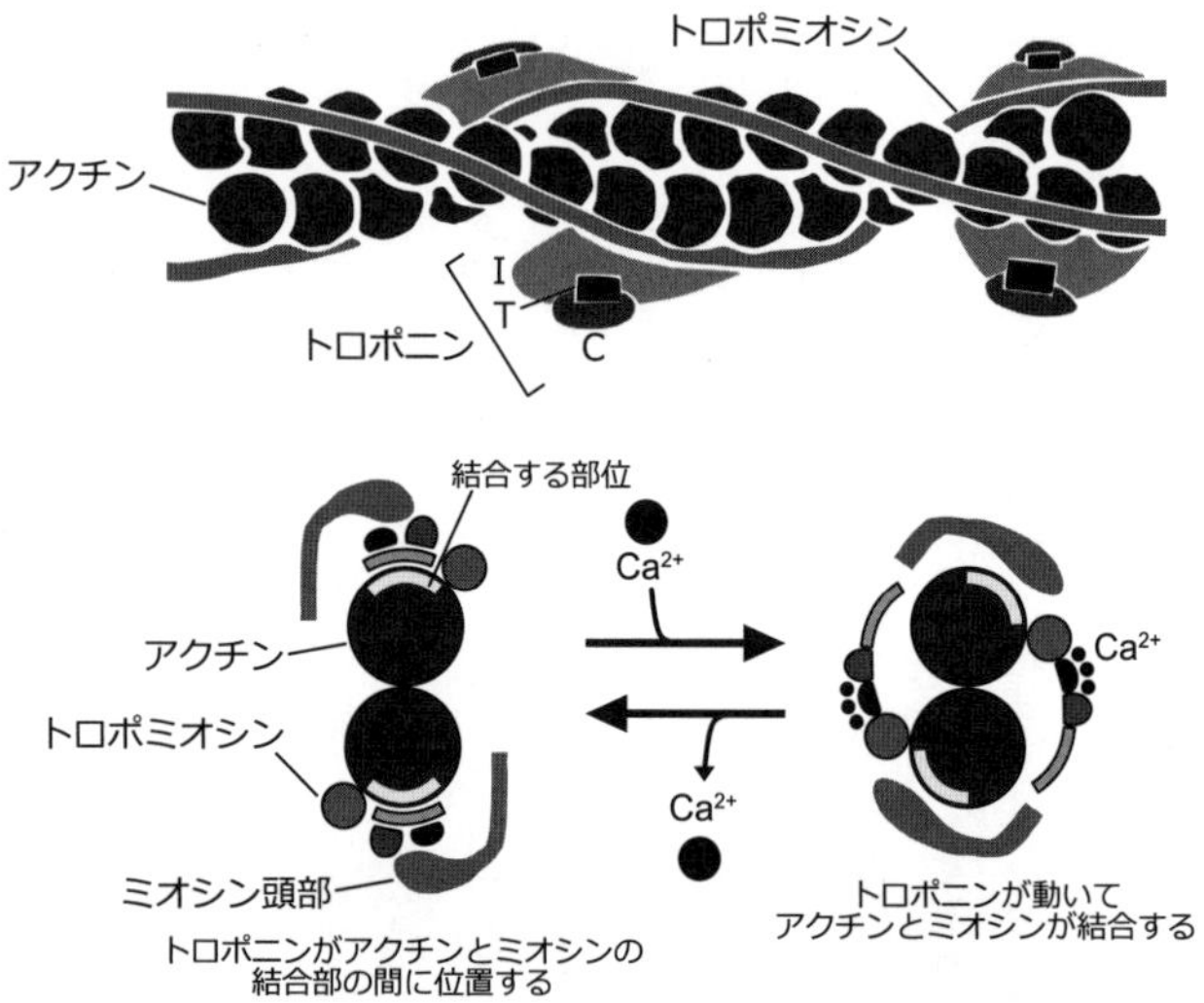

図 58　トロポニンとトロポニンによる筋収縮の制御

ポニンCは、カルシウムに結合します。一方トロポニンIは、ミオシンがアクチンに結合する部位にカバーをするような形で結合しており、筋収縮を抑制する役目を果たしています。トロポニンTは、トロポニンCやIと結合するだけでなく、トロポミオシンにも結合して、3種類のトロポニン複合体をアクチンフィラメントの特定の位置につなぎ留める役割を果たしています。

弛緩している状態（安静時）の筋細胞内のCa^{2+}濃度は、**筋小胞体**にCa^{2+}が取り込まれているため、1×10^{-7}M以下の非常に低い濃度に保たれています。この濃度では、トロポニンCはCa^{2+}に結合できません。一方、筋細胞全体に終板電位が伝播すると、筋小胞体からCa^{2+}が放出され、筋細胞内のCa^{2+}濃度は、一気に1×10^{-5}M程度まで上昇します。すると、トロポニンCにCa^{2+}が結合できるようになり、トロポニンI

の構造が変化します。その結果、ミオシンの頭部がアクチンフィラメントに結合できるようになり、滑り運動が起こり、筋肉が収縮します（**図58**）。これらの研究成果によって、江橋節郎が唱えたカルシウム説が正しいことが証明されました。

なお、平滑筋でもミオシンとアクチンによる収縮運動は行われていて、その運動もCa^{2+}によって調節されています。しかし、平滑筋では、骨格筋とは異なり、トロポニンが存在していません。トロポニンの代わりに細胞内のCa^{2+}濃度変化を感知するタンパク質、**カルモジュリン**や**カルデスモン**と呼ばれるタンパク質が存在しています。たとえば、カルモジュリンにCa^{2+}が結合すると、**ミオシン軽鎖キナーゼ**と呼ばれる酵素が活性化されます。ミオシン軽鎖がリン酸化されることで、アクチンとミオシンの相互作用が起こり、平滑筋のゆっくりとした収縮が起こります。

▼短距離走者は寒さによわい？

α-アクチニン（ＡＣＴＮ）は、筋細胞と非筋細胞のどちらにも存在するアクチン結合タンパク質です。ＡＣＴＮは、１９６５年江橋節郎、文子夫妻によって発見されました[27]。ヒトでは4種類のα-アクチニンが発見されていて、**α-アクチニン1**（ACTN1）は骨格筋以外の細胞の細胞膜直下に存在しています。**α-アクチニン2**（ACTN2）は骨格筋や心筋そして脳に、**α-アクチニン3**（ACTN3）は骨格筋の速筋繊維にのみ、**α-アクチニン4**（ACTN4）は、骨格筋以外の細胞の細胞質や核に存在します。

デュシェンヌ型筋ジストロフィー患者の5人に1人において、**ACTN3遺伝子**の途中に終止コドンに変異してしまうというナンセンス変異が起こり、ACTN3タンパク質が速筋繊維で発現していないことが明らかになりました。[28] 他の遺伝子と同様にACTN3遺伝子においても母親由来と父親由来の2つを持っています。ナンセンス変異のACTN3遺伝子をX型、正常なACTN3遺伝子をR型として患者の遺伝子を検査したところ、デュシェンヌ型筋ジストロフィー患者ではX型を2つ持っていたのです。この結果からACTN3遺伝子の変異がデュシェンヌ型筋ジストロフィーを引き起こす原因の1つではないかと考えられました。ところが、患者の両親のACTN3遺伝子を解析したところ、両親はデュシェンヌ型筋ジストロフィーを発症していないにも関わらず、2つのX型のACTN3遺伝子を持っていたのです。この結果、ACTN3遺伝子はデュシェンヌ型筋ジストロフィーを引き起こす原因遺伝子ではなく、何か別の機能を持つ可能性が考えられました。そこで、さまざまな人種におけるACTN3遺伝子の変異を解析したところ、オーストラリア人の約18％がX型を2つ持っていることが明らかになりました。東南アジア人の約25％は、X型を2つ持っていますが、アフリカ人でX型を2つ持っている人は1％未満です。このように、ACTN3遺伝子の変異には人種間での差があり、速筋繊維に発現することから、アスリートが調査の対象になりました。オーストラリア人のトップ短距離走者のACTN3遺伝子を解析したところ、X型を2つ持っている人はほとんどいなかったのです。[29] また、日本人のトップ短距離走者でも、X型を2つ持つ人はいませんでした。[30] これらの結果から、ACTN3遺伝子は速く走るために必要な遺伝子だということが示唆されました。一方で、ACTN3遺伝子に変異がある場合、瞬発力は劣るけれども、速筋繊維の代謝効率を高め、速筋繊維に遅筋繊維のような特性をもたらすのではないかと考えられました[31]。

筋肉の代謝効率が高まっているのであれば、発熱する能力が向上し寒さに対して抵抗力が高まっている可能性があるのではないかと考えられました。そこで、この仮説を検証するために、健康な男性41人に、体温が35・5℃に下がるまで最大で2時間、14度の冷水中に座ってもらうという実験が行われました。実験の結果、*ACTN3*遺伝子に変異を持つ被験者の約70%は、冷水刺激後も体温が35・5℃以上あったのに対し、変異のない被験者では約30%しか、体温を35・5℃以上に維持できなかったのです。つまり、*ACTN3*遺伝子に変異があるほうが、体温維持能力が高いということがわかったのです[32]。ヒトの祖先はアフリカから離れ、食糧の乏しい極寒の地で暮らすために生活様式を狩猟型から農耕型へと変化した結果、*ACTN3*遺伝子にナンセンス変異が起こり、極寒の環境に適応できるようになったのかもしれません。

▼美容整形と神経毒との意外な関係

19世紀、ヨーロッパでソーセージやハムを食したヒトに起こる食中毒をボツリヌスと呼んでいました。これは、ラテン語の腸詰を意味するbotulusが由来です。この食中毒を起こす細菌は、**ボツリヌス菌**と呼ばれ、土壌や河川、湖沼や海底など自然界に広く存在します。ボツリヌス菌は、産生する毒素の違い（**ボツリヌス毒素**と呼ばれる）からA～Gの7種類に分類されています。ヒトでは、そのうちA、B、E、F型のボツリヌス菌を誤って摂取することによって食中毒が起こります。

はちみつを含む食品には、「1歳未満の乳児には与えないように」とのラベルが貼られています。

これは、乳児がはちみつを摂取するとボツリヌス菌による食中毒になる可能性があるためです。一方、成人がはちみつを摂取しても問題ないのは、成人の腸内にボツリヌス菌が入ったとしても、他の腸内細菌叢との生存競争に負けてしまうからです。乳児の場合、腸内細菌叢がまだできあがっていないため、ボツリヌス菌が腸内で繁殖し、重篤な症状を起こす場合があり、これを乳児ボツリヌス症と呼びます。

大人の場合でも、多量のボツリヌス毒素やボツリヌス菌が含まれる食品を摂取すると食中毒になります。１９８４年、真空パックの辛子蓮根を摂取した36人がA型ボツリヌス菌に感染し、そのうち11名が亡くなるという痛ましい事故がありました。これは、原料の蓮根を加工する際に滅菌処理を怠り、真空パックにして常温で保管流通させたためです。なぜ、真空パックにしたにも関わらずボツリヌス菌による食中毒が発生したのでしょうか。その理由は、ボツリヌス菌は酸素がなくても生存でき、逆に酸素があると生きていけない細菌（偏《へん》性《せい》嫌《けん》気《き》性《せい》菌《きん》）だったためです。つまり、真空パックのほうが、ボツリヌス菌にとって生きていくために絶好の環境だったのです。真空パックされた辛子蓮根は、酸素がなく栄養素もたくさんあるため、ボツリヌス菌毒素が大量に産生されていたと考えられます。

ボツリヌス菌は、１２０度で4分以上の加熱で死滅します。レトルト食品と真空パック食品でどのような加熱処理が行われているのかについては、ラベルをきちんと確認する必要があります。１２０度で4分間加熱処理されたものであれば、常温で長期間保存が可能ですが、そうでない場合は、冷蔵保存が必要で消費期限はそれほど長くありません。一方、ボツリヌス毒素自体は、１００度で

1～2分の加熱で失活するといわれています。そのため、ボツリヌス菌による食中毒を防ぐためには、食べる直前に食品を十分に加熱することが肝要です。

ヒトを死に至らしめるボツリヌス毒は、その特徴から神経毒と呼ばれます。ボツリヌス毒の危険性を理解するために、話を神経筋接合部に戻します。神経筋接合部のシナプス前終末の膜上とシナプス前細胞内のシナプス小胞膜上には、鍵と鍵穴の役割をする**SNARE**（**soluble N-ethylmaleimide sensitive fusion protein attachment protein receptor**）タンパク質が存在します。シナプス前終末の膜上には、鍵穴に相当する**標的SNARE**（target-SNARE：**t-SNARE**）タンパク質である**SNAP-25**と**シンタキシン**が存在します。一方、シナプス小胞膜上には、鍵に相当する**小胞SNARE**（vesicular-SNARE：**v-SNARE**）タンパク質である**シナプトブレビン**が存在します。この鍵穴であるt-SNAREと鍵であるv-SNAREが特異的に結合することで、シナプス小胞はシナプス前終末の膜上につなぎ留められ、神経伝達物質を細胞外に開口分泌します。このしくみによってニューロンや内分泌細胞からの神経伝達物質やホルモンのすばやい分泌を可能にしています（**図59**）。

このすばやい分泌を可能にしているのは、別のv-SNAREタンパク質である**シナプトタグミン**です。シナプス前終末に到着した活動電位は、シナプス前終末の膜に存在する電位依存性Ca^{2+}チャネルを開口させ、細胞外から細胞内へCa^{2+}イオンを流入させます。このCa^{2+}イオンにシナプトタグミンは反応し、シナプス小胞膜とシナプス前終末とを融合させます（**図59**）。この神経伝達物質の開口分泌機構を明らかにしたトーマス・C・スドホフ、ジェームス・ロスマン、ランディー・シェッ

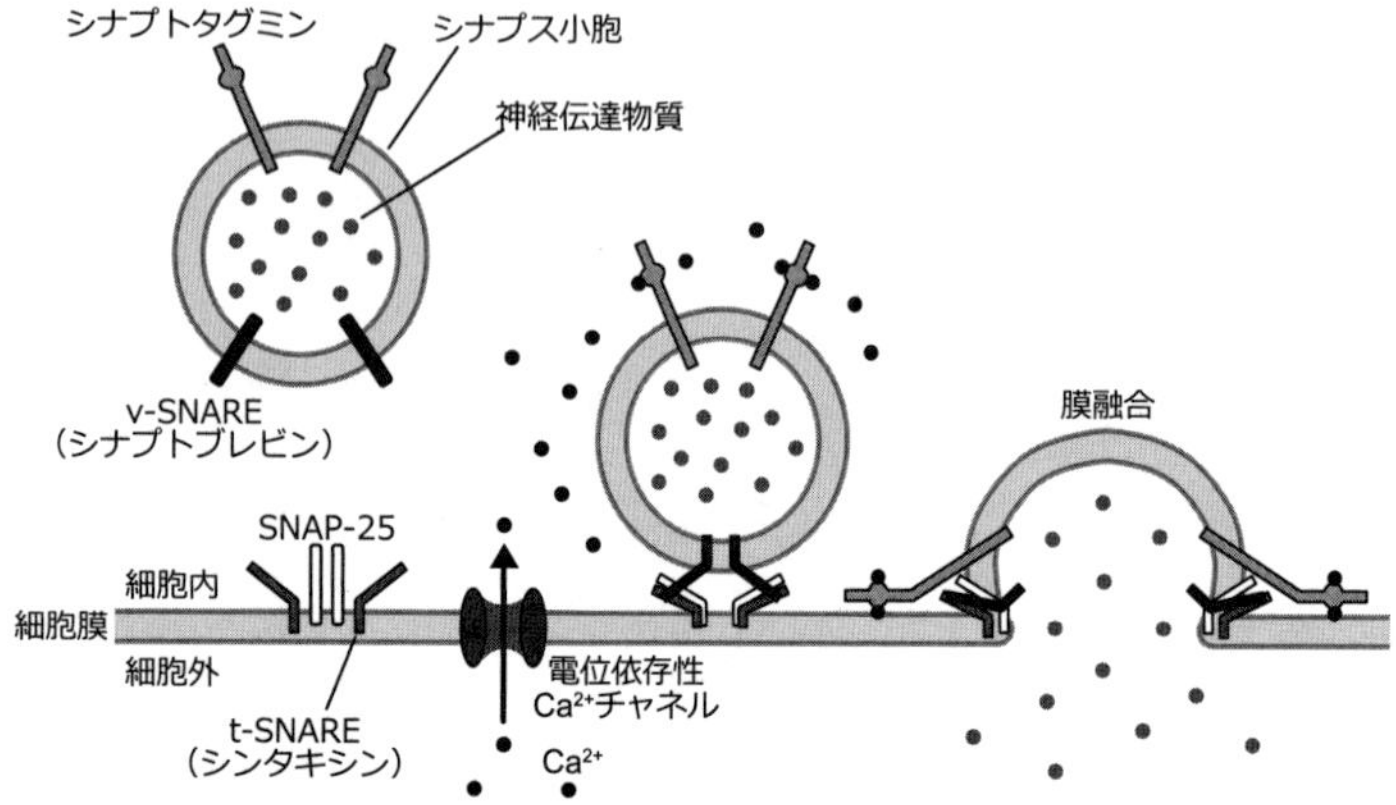

図59 神経伝達物質の開口分泌機構

クマンは、２０１３年ノーベル生理学・医学賞を受賞しました。シナプス小胞だけでなく、小胞体やゴルジ体から産生される輸送小胞にもさまざまな種類のv-SNAREが存在します。たくさんの鍵と鍵穴の組み合わせが世の中にあるように、それぞれのv-SNAREに対応するt-SNAREが細胞膜上に存在するため、細胞は間違うことなく特定のタンパク質を目的地へ輸送することができるのです。

このように神経から筋肉に情報を伝えるために必要であるSNAREタンパク質を、ボツリヌス毒素は破壊してしまうのです。ボツリヌス毒素のB、D、F、G型の毒素はシナプトブレビンを、A、E型はＳＮＡＰ-25を、C型は、ＳＮＡＰ-25とシンタキシンを切断します。ボツリヌス毒素は、v-SNAREやt-SNAREを切断することで、シナプス小胞とシナプス前終末との膜融合を阻害し、神経伝達物質の分泌を阻害します。特に、神経筋接合部から分泌されるアセチルコリンの分泌が阻害されると筋肉が収縮できなくなるため、筋弛緩を引き起こします。このように神経の作用を著しく低下させるため、ボツリヌス毒素は神経毒と呼ばれるのです。

このボツリヌス毒素の作用を逆手とった医療行為も存在します。それが**ボトックス治療**です。顔面やまぶたの痙攣、脳梗塞などの後遺症による手足の**痙縮**《けいしゅく》（収縮しすぎてしまう状態のこと）などに対して、筋収縮を抑えるためにおもにA型ボツリヌス毒素の注射が行われます。また、顔面の表情筋に注射して筋弛緩を引き起こすことで顔にしわができにくくなる状態を作り出す、いわゆる「**しわ取り**」と称した美容の目的にも用いられています。最近では、**多汗症**（いわゆるわき汗）の治療にも**腋窩**《えきか》（わきの下）にボツリヌス毒素を注射するといったことが行われています。

▼血液の流れ ― 体の中にあるたった1つのポンプ

心臓は、筋肉でできている臓器で、血液を全身へ送り届けるポンプの役割をしています。体内を循環した血液は、まず**上大静脈**と**下大静脈**から**右心房**に戻ってきます。その後、右心房から**右心室**へと血液は運ばれ、右心室が収縮することで**肺動脈幹**を通り肺へと送られ、ガス交換が行われます。この過程を**肺循環**と呼びます。

肺を循環して酸素を取り込んだ血液は、左右の肺静脈から左心房に入り、その後左心室へと送り届けられます。そして、左心室が収縮することで、血液は大動脈を介して全身へと送り届けられます。なお、心房と心室の間には**肺動脈**や**大動脈**には弁があり、逆流を防ぐ役割をしています。そして、左心室から送り出される血液の一部は、心臓の表面にある左右の**冠状動脈**によって心臓自体に供給されています。この血液の流れを**冠循環**と呼びます（**図60**）。

右心房の入口には、**圧受容器**と呼ばれる機構が備えつけられています。圧受容器が静脈からの血液量を感知して、血圧が調整されています。たとえば、体の血液量が増加すると、その分だけ右心房が伸展（つまり右心房内の圧が上昇）します。圧受容器によって右心房は通常より膨らんだことを感知します。すると右心房にある**心房筋細胞**から**心房性ナトリウム利尿ペプチド**（atrial natriuretic peptide：**ANP**）というペプチドホルモンが分泌されます[33]。ANPは、末梢の血管に作用して、血管の直径を大きくします。これは血管拡張と呼ばれ、管が広くなることでゆったりと血液が流れ、血圧を下げるように機能します。ANPは、腎臓にも作用して、ナトリウムの再吸収を抑制し、体外へ排出するナトリウムの量を増やすようにも作用します。

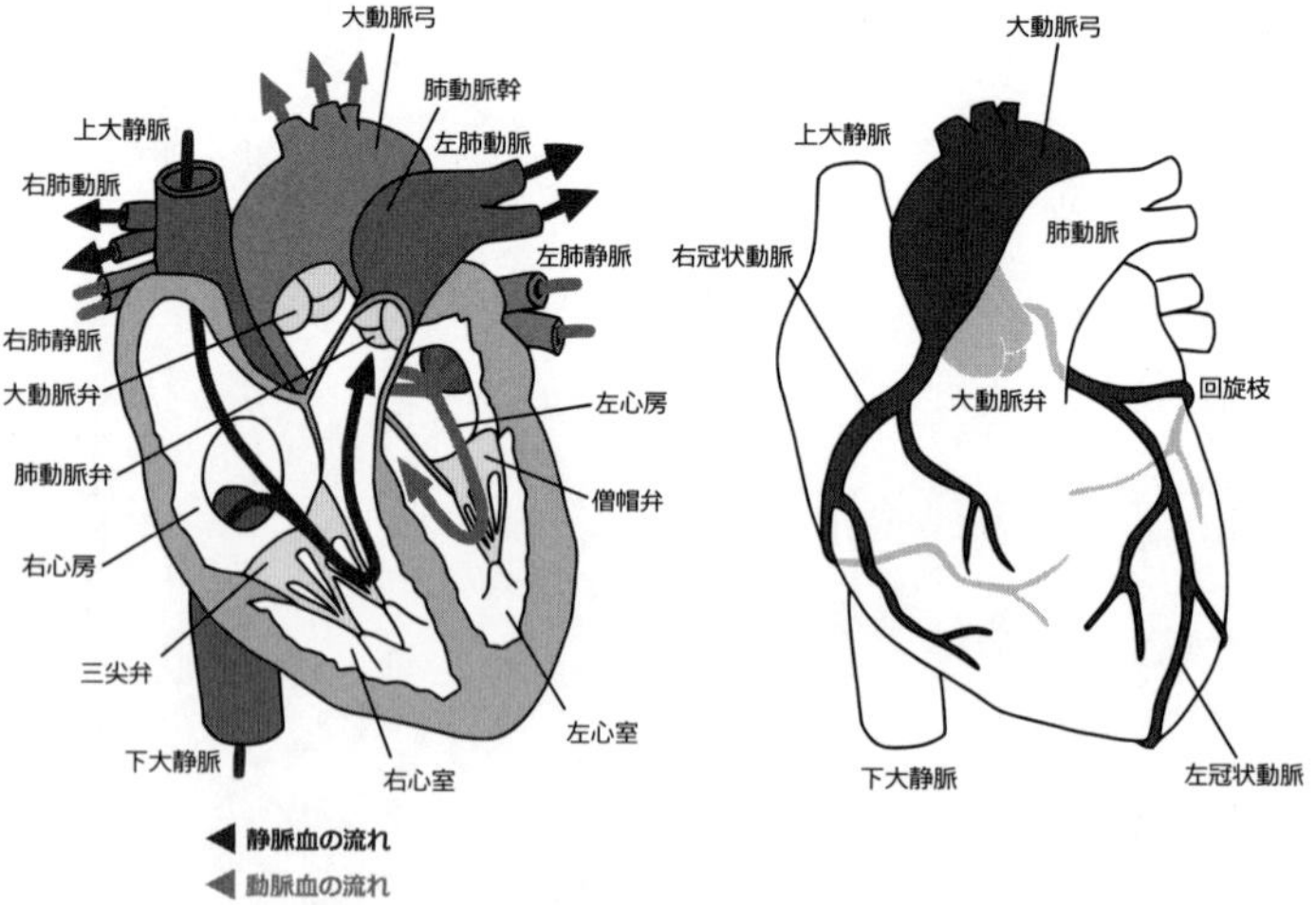

図 60　心臓内での血液の流れと冠状動脈

▼心臓を構成する細胞

血液循環を行うポンプとしての機能を持つ心臓は、筋肉でできた伸び縮みする袋と考えることができます。この袋が収縮することで、袋の容積を小さくして水鉄砲のように血液を送り出しています。心臓を構成している筋肉は心筋と呼ばれ、心筋は心筋細胞が集合してできています。

心筋細胞は、骨格筋細胞と同様にアクチンとミオシンを含んだ筋原繊維で構成されていて、横紋が見られます。骨格筋細胞との大きな違いは、心筋繊維を横断しているギザギザが見られることです。この部位は**介在板**と呼ばれ、心筋細胞同士を隔てている細胞膜で、この部位を介して心筋繊維は直列や並列に結合し、心臓を構築しています（**図61**）。

介在板では、細胞膜同士が結合する際、

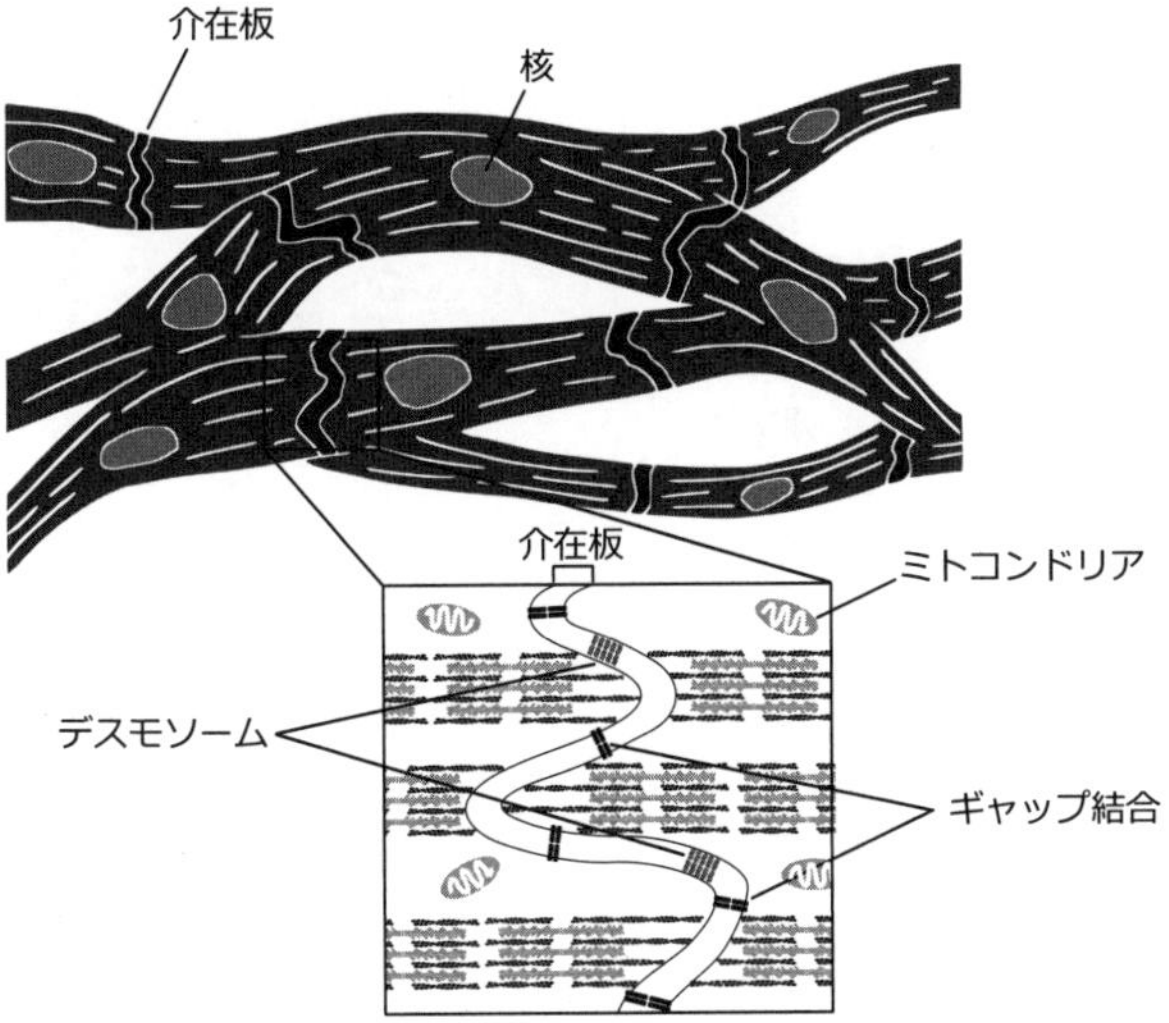

図61　心筋繊維の形態

ギャップ結合と**デスモソーム**と呼ばれる構造が形成されます。ギャップ結合とは、隣り合う2つの細胞が、チャネルというトンネルのようなタンパク質を介してつながっている状態をいいます。細胞同士がチャネルでつながっているため、特定のイオンや小さな分子をやり取りすることが可能になっています。このチャネルは、**コネクソン**と呼ばれるタンパク質複合体によって形成されていて、イオンが隣り合う細胞質から細胞質へと容易に拡散できるようなトンネルを形成します。イオンは電気的な性質を持つため、細胞同士が電気的に結合している状態になります。高速かつ同期的な収縮が求められる心筋細胞で、ギャップ結合が興奮伝播に重要な機能を担っています。一方、デスモソームは、隣り合う2つの細胞を接着させるための構造です。

運動の基本講義③　心筋の活動電位

心筋はこのように個々の細胞が連なっているため、心筋細胞の**合胞体**（**シンシチウム**：数個～数千個もの核を持つ細胞質の塊とも呼べる1つの巨大な細胞）とも呼ばれます。心臓は、左右の心房の壁を構成する心房合胞体と左右の心室の壁を構成する心室合胞体の2つの大きなシンシチウムから形成されているともいえます。2つの合胞体から心臓が形成されていることで、心房は心室の収縮より先のタイミングで収縮し、心臓が効率的にポンプとして機能することができるのです。

心臓が収縮するためには、心筋が収縮するための刺激、活動電位が発生することが必要です。安静時の心筋細胞（**静止状態**）では、細胞内がマイナス90ミリボルトに保たれていますが、刺激を受けると、心筋細胞膜上にあるNa^+チャネルが開口し、大量のNa^+が細胞内へと流入することで、急激に細胞内電位がプラス方向に向かっていきます。この電位のことを活動電位と呼び、細胞内がマイナス、細胞外がプラスとそれぞれ異なる状態になっていた（分極）ものが、細胞内外ともにプラスになって**分極状態**から脱するため、脱分極と呼びます。また、この状態を0相と呼びます。その後、開口していたNa^+チャネルがただちに閉口することで膜電位が若干低下します。この相を1相と呼びます。そして、ほぼ同時に心筋細胞膜上に存在するCa^{2+}チャネルがしばらく開口することで、細胞外から細胞内へCa^{2+}が流入し、活動電位が一定の状態で保たれます。この平らな部分（**プラトー**）を2相と呼びます。このプラトーがあることで、心筋は、骨格筋と比較して15倍もの長い間収縮が持続し、血液を十分に押し出すことができます（**図62**）。

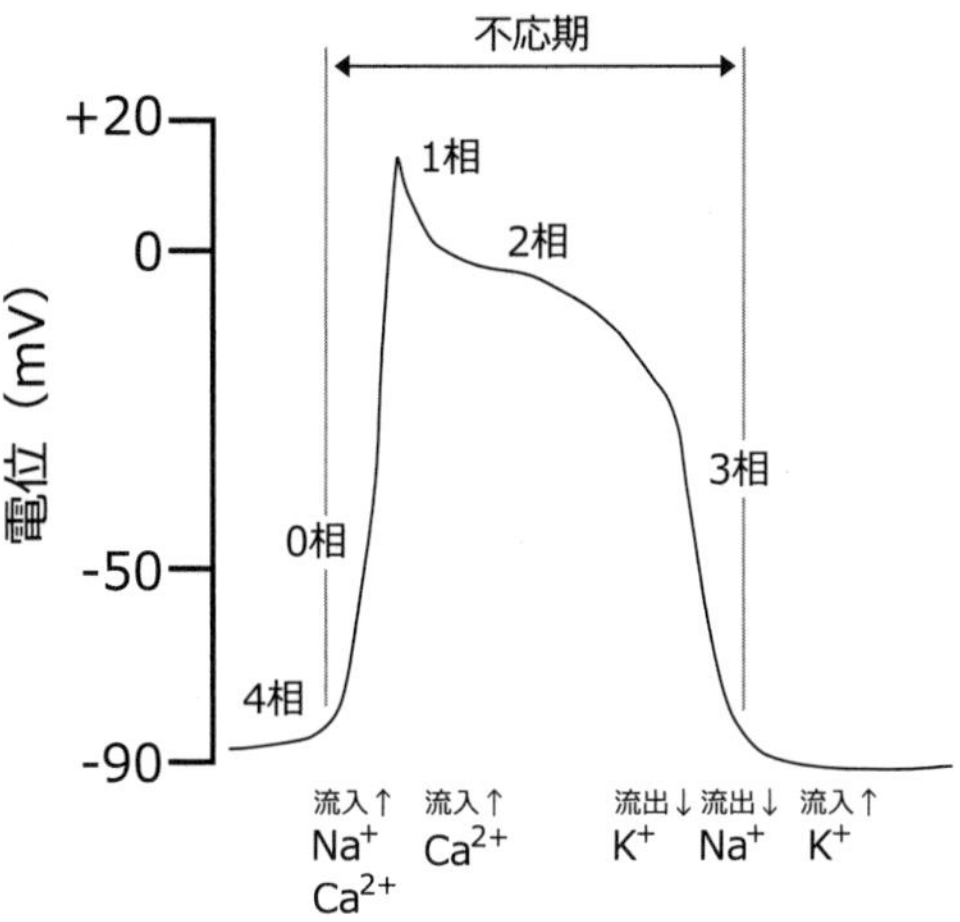

図 62　心筋細胞の電位変化とイオンチャネル

Ca^{2+}の細胞内への流入が終わると、次は心筋細胞膜上に存在するK^+チャネルが開口し、今度は細胞内から細胞外へ向かってK^+が流出します。その結果、電位が徐々に静止電位に向けて低下していきます。この相を3相と呼びます。そして、Na^+／K^+ポンプによって、細胞外に流出したK^+を細胞内へと取り込み、逆に細胞内に流入したNa^{+}を細胞外へと運び出すことで、静止電位に戻ります。この静止電位の状態を4相と呼びます（**図62**）。なお、すでに活動電位が発生している心筋細胞にさらに刺激をしても、反応しません。これを心臓の**不応期**と呼びます。心室では、0・25〜0・35秒間、心房では、約0・15秒間は、刺激を受けても再び興奮することができません。

心筋の収縮は、骨格筋と同様にNa^{+}が引き金となり、細胞内に流入したCa^{2+}が筋小胞体膜上のリアノジン受容体と呼ばれるCa^{2+}放出性チャネルを活性化し、Ca^{2+}が細胞内に放出されることで起こります。この機構を**カルシウム誘発性カルシウム放出**（calcium-induced calcium release：**CICR**）と呼びます。さらに、心臓には、効率よいポンプとして収縮することができるさらに別のしくみがあります。

▼心臓のリズミカルな興奮を可能にするしくみ

心房や心室の心筋細胞は、自ら活動電位を発生させ、リズムを刻んで収縮することはできません。ではどのようにして、心臓はリズミカルかつ自律的な拍動をしているのでしょうか？　心臓に特殊な細胞と構造が備わっていることで、自律的な拍動が可能になっています。

右心房の内部には、**洞結節**《どうけっせつ》という部分があります。これは右心房の洞穴《ほらあな》のような場所に存在するため、このように呼ばれています。洞結節では、他の心筋細胞と異なり、活動電位を発生させることができます。発生した活動電位は、まず左右の心房へと伝導し、心房全体が興奮し収縮をします。

そして心房内の血液を心室へと送り出します。そして、洞結節で発生した活動電位は、**房室結節**へと伝導されます（図63）。

肺や全身へ血液を送り出しているのは左右の心室です。心房はその補助ポンプの役割をしています。効率よく血液を肺や全身へ送り出すためには、心室が拡張しているときに心房を収縮させて血液を心室へ送り出す必要があります。十分に血液をため込んだ心室が収縮して血液を送り出しているときに心房が拡張して、肺や全身から血液を回収するということが必要になります。そのため、心房と心室は互い違いに収縮と拡張を繰り返さなければなりません。これを可能にするためには、心房と心室の収縮する時間差が必要になります。この時間差を作り出しているのが房室結節という部分で、活動電位の伝導速度が遅くなっています。房室結節は、**心房中隔**の心室よりに存在しています。

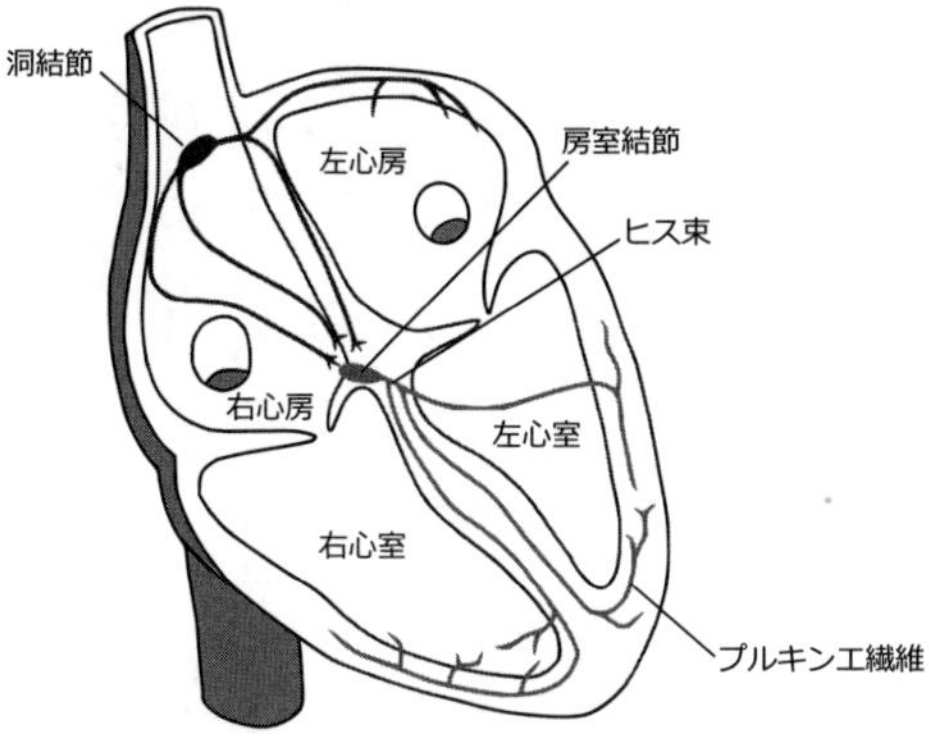

図63　心臓の刺激伝達系

房室結節に伝導された活動電位は、心臓にある唯一の**伝導経路**である**ヒス束**と呼ばれる電線のような束を通って、心室へと向かいます。ヒス束から心室へと伝導された活動電位は、左右に枝分かれした伝導路（**右脚**《うきゃく》と**左脚**《さきゃく》：たんに脚《きゃく》ともいう）を介して**プルキンエ繊維**へと伝導されます。なお、この左右の脚とプルキンエ繊維は、心室を正しい順番に短時間で収縮させるため、実際に収縮する心室の心筋細胞よりもきわめて速く活動電位が伝導されます。なお、脚、プルキンエ繊維の伝導速度は約4メートル／秒ですが、ヒス束は約1メートル／秒、房室結節ではさらに遅く0・05メートル／秒程度となっています。

この洞結節から房室結節を経由してヒス束へ、そして左右の脚へ分かれてプルキンエ繊維に至る、神経のように活動電位を伝える配線のことを**刺激伝導系**と呼びます。洞結節は、周囲からの刺激がなくても脱分極し、規則正しい間隔で活動電位を発生する能力があります。この"規則正しいリズミカルな活動電位を発生する能力"を「**自動能**」と呼びます。自動能は、洞結節ばかりではなく、心筋の他の細胞にも一応備わっています。洞結節は1分間に50～150回活動電位をリズミカルに発生させることができます。それに対し、房室結節やヒス束では40～60回、脚やプルキンエ繊維では、30～60回と発生できる回数が少なくなるだけでなく、リズムが不規則になってしまいます。なぜ、洞結節だけが規則正しいリズミカルな活動電位を生み出すのでしょうか？

洞結節の心筋細胞では、細胞が脱分極して膜電位が低下した直後から、徐々に膜電位が上昇し始めます。これは、Ca^{2+}の洞結節の細胞内への流入を調節するCa^{2+}チャネルに特徴があるために起こります。細胞膜が脱分極した後、このCa^{2+}チャネルは完全に閉じずに徐々に細胞内へCa^{2+}が流入し続けます。つまり、徐々に膜電位が上昇し閾値に到達すると、再び脱分極し活動電位が発生します。そのため、洞結節の細胞では、常に一定のリズムで活動電位が発生し続けるのです。鹿威《しし》し《おど》が口で水を受けながら一定のリズムでコーンと音を立てる様子に似ています。このようなはたらきをするため、洞結節は、心拍のペースメーカーと呼ばれます。

洞結節の周囲には、交感神経と副交感神経が密に存在しています。交感神経には体を緊張・活動状態にするはたらきが、副交感神経には体を安静・休息状態にするはたらきがあります。これらの神経と密接に連携するために洞結節の細胞には、β1アドレナリン受容体と**ムスカリン性アセチルコリン受容体**が発現しています。交感神経からノルアドレナリンが分泌されると、ペースメーカー細胞のβ1アドレナリン受容体を活性化し、心拍のペースが速まります。一方、副交感神経からアセチルコリンが分泌されると、ペースメーカー細胞のムスカリン性アセチルコリン受容体が活性化され、心拍が遅くなります。交感神経と副交感神経の活動のバランスによって、心拍数が調節されているのです。私たちの安静時の心拍数は、1分間に60~70回程度です。洞結節は毎分50~150回の間で拍動していることから、安静時には副交感神経が優位に作用して、心拍数が抑制されているのです。

▼遺伝子の突然変異と心筋の機能異常

これまでの研究から、心臓の機能低下を引き起こし、心臓突然死を引き起こす可能性の高い遺伝子の変異が、多数同定されています。

突然死のおもな原因の1つである心筋症は、心筋に異常があるため、心臓の機能に異常が起こる疾患です。その中でも肥大型心筋症は、**心肥大**を引き起こす高血圧や**弁膜症**（心臓の弁が加齢や感染症あるいは生まれつきなどの問題によって正常に機能しない疾患）がないにも関わらず、心筋の肥大が起こる疾患です。おもに、左室心筋が肥大することで、左房から左室へ血液を送り届ける機能に障害がみられる疾患です。**肥大型心筋症**の約半数が遺伝子の変異によって起こるといわれており、日本では10万人あたり374人と、決して稀な疾患ではありません[34]。ただ、無症状であることが多いため、激しいスポーツを行った直後に突然死した若齢者を解剖してみて初めて肥大型心筋症だったということが明らかになる場合が多く、若齢者における突然死の原因の1つともされています[35]。

肥大型心筋症で最も変異が見られる遺伝子は、***MYH7*遺伝子**（**βミオシン重鎖7**）と呼ばれるもので、心筋の収縮機能の異常を引き起こします[36]。この遺伝子は常染色体顕性遺伝するため、この変異は、親から子へ50％の確率で伝わります。さらに、**トロポニンT**（***TNNT2***）、**α-トロポミオシン**（***TPM1***）、**ミオシン結合タンパク質C**（***MYBPC2***）遺伝子にも変異が起こることで肥大型心筋症が起こることが明らかになりました。これらの遺伝子から作り出されるタンパク質はサルコメアを構成するため、肥大型心筋症は「**サルコメア病**」だと考えられるようになり[37]、現在では、上記の遺伝子を含め11種類のサルコメアを構成するタンパク質遺伝子において450以上もの変異が同定されています。

肥大型心筋症以外の突然死の原因として、**不整脈**があります。不整脈とは、心臓の脈の打ち方が不規則になった状態のことをいいます。脈が1分間に100回以上と速く脈打つ場合は**頻脈**といい、一方、脈が1分間に50回以下となる場合は**徐脈**といいます。その他にも、脈がリズミカルに打たず、飛んでしまう期外収縮といわれる不整脈や、遺伝子の変異によって起こる**遺伝性不整脈**があります。遺伝性不整脈の場合、ある日突然、**心室細動**に陥る場合があります。心室細動は、血液を全身に送り出す心室の心筋細胞が痙攣するように震え、収縮と拡張を正常に繰り返すことができなくなるというものです。この症状が起きると心臓から脳へ血液を送ることができなくなるため、この状態が数十分以上続くと死に至るおそれがある最も危険な不整脈です。遺伝性不整脈には、さまざまなタイプがありますが、乳児から中年の突然死を引き起こす大きな原因の1つです。

遺伝性不整脈は、おもに心筋細胞の活動電位を形成するために必要なNa^{+}やK^{+}、Ca^{2+}チャネル、細胞内イオン濃度を調節するタンパク質などの遺伝子変異によって起こることが明らかになっています。そのため、遺伝性不整脈は、「イオンチャネル病」とも呼ばれています。

▼遺伝子の突然変異による突然死かそれとも……

オーストラリアのキャスリーン・フォルビッグは、4人の乳児を幼くして突然死で亡くしました。一番長く生きた子どもでもたった1歳半でした。フォルビッグが子どもたちに暴行を加えていた、あるいは窒息させたという容疑をかけられました。そして証拠が一切発見されないまま、4人も立て続けに突然死するのは、あまりにも偶然過ぎるということで、2003年に自分の子ども4名を殺した罪で懲役40年の刑を宣告され、現在も服役しています。

フォルビッグの弁護団は、遺伝学者のカローラ・ガルシア・デ・ヴィヌエサと同僚のトドル・アルソフにフォルビッグに突然死を引き起こすような遺伝子変異があるかどうか解析するように依頼しました。解析の結果、ヴィヌエサとアルソフは、フォルビッグの**カルモジュリン2**（*CALM2*）遺伝子に変異があることを見出しました。**カルモジュリン**は、さまざまな種類の細胞内に普遍的に発現してるCa^{2+}センサータンパク質で、3つの異なる遺伝子（*CALM1-3*）によって、3種類の異なるタンパク質が産生されます。近年この*CALM*遺伝子の変異によって致死性不整脈を引き起こすことが報告されています。[38][39]ただ、フォルビッグの保有する*CALM2*遺伝子の変異が子どもに遺伝していたのか、またこの遺伝子変異が突然死を引き起こすのかについては、この時点では明らかになっていませんでした。

その後、ヴィヌエサの解析チームは、4人の子どもたちの出産時に採血された血液サンプルから得られたDNAシークエンスデータを入手し、解析したところ、子どもにも*CALM2*遺伝子にフォルビッグとまったく同じ変異が起きていることを突き止めました。そして、フォルビッグに見られる変異と同様の変異を持つ家族が世の中に存在し、この家族の2人の子どもは、4歳から5歳の間に心肺停止に見舞われ、そのうち1人の子どもはなくなっていたことを発見したのです。これらの結果から、ヴィヌエサは、フォルビッグが自分の子どもを殺害したという結論は拙速なものだった可能性があるとの意見書を提出したのです。しかし、この解析結果だけでは、判決が覆ることはありませんでした。

さらにヴィヌエサは、2012年に世界で最初に*CALM*遺伝子の変異を発見したデンマークの生化学者であるマイケル・T・オバーガードにフォルビッグの変異*CALM2*遺伝子から産生されるタンパク質の機能を解析してもらえないかと依頼しました。オバーガードの解析の結果、フォルビッグの遺伝子変異は突然死の原因を引き起こす他の*CALM*遺伝子の変異と同程度の致死性があることがわかったのです。ヴィヌエサらのグループは、この結果をヨーロッパ心臓病学会誌

Europace に公表しました。[40] そして、フォルビッグの弁護団は最高裁判所に対して、異議を申し立てましたが、またしてもフォルビッグの判決が覆ることはありませんでした。

この裁判所の判断を受けて、科学者たちは動き出しました。テロメア配列を同定し、テロメアを伸ばす酵素テロメラーゼを発見して2009年ノーベル生理学・医学賞を受賞したエリザベス・Hブラックバーンや1996年に細胞性免疫の特異性のしくみを発見しノーベル生理学・医学賞を受賞したピーター・ドハーティーを含む100名以上の科学者が名前を連ねた、フォルビッグの恩赦を国王に求める請願書が、2021年3月4日、ニューサウスウェールズ州知事に提出されました。それに基づき2022年11月14日に公聴会が開始されました。今後どのような審判が下されるのか注目されていました。[41]

2023年6月5日、これまで行われた科学的調査より、亡くなった子から死因となりうる遺伝子変異が見つかったことから、フォルビックに恩赦が言い渡され、20年にわたる服役を終えました。フォルビックは、晴れて自由の身となりましたが、正式に無罪になったわけではなく、有罪判決を撤回させるには、別の法的な手続きが必要とのことです。

今回の恩赦に対して、オーストラリア科学アカデミーは、「司法制度において、非常に複雑かつ急激に進歩し変化し続ける科学分野では、司法から独立した科学的アドバイスがきわめて重要な役割を果たす。そのため、司法制度を科学に配慮したものに改革する必要がある。」とコメントしました。[42] このことは、オーストラリアだけに限ったことではなく、日本も含め世界中の国々で同様の改革が必要なことを意味しています。

フォルビックの無罪を勝ち取るために尽力したヴィヌエサや他の研究者のところには、子どもを殺害した罪で起訴されている女性たちから多数の相談が持ち込まれ始めています。そして、相談をしてきた女性たちの子どもの多くは、遺伝子変異を有していたため、遺伝子疾患によって死亡した可能性が高いとみられています。

フォルビッグは、今回の恩赦を「科学、そして真実の勝利」と述べ、今後は「子どもたちのことを永遠に悼み、愛し、会いたいと願い続ける」と語りました。そして、子供を亡くした女性に寄り添うことができるよう、カウンセラーになるための勉強をするつもりだとも述べました。

▼AEDの大切さ

これまで見てきたように、肥大型心筋症や遺伝性不整脈によって突然死が起こります。心停止が起こると、数秒で意識を失い、数分で脳や全身の細胞が酸素と栄養素の不足により死んでしまいます。

松田選手が亡くなられたこと（コラム「突然死」参照）がきっかけに、**自動体外式除細動器（AED）**の普及の動きが広がり、日本は世界でも有数のAED設置国となりました。心停止してからAEDによって電気ショックを与えるまでの時間が短ければ短いほど、救命率が高くなることがわかっています。具体的には、心停止から電気ショックを与えるまで1分遅れるごとに救命率は約10%ずつ低下します。2021年において、119番通報をしてから救急車が到着するまで平均で約8・9分かかっています。通報をして救急隊の到着を待っているだけでは、心停止した人の8・2

%しか救えていません。通報に加え胸骨圧迫（心臓マッサージ）を行うことで救命率が12・2％に、さらにＡＥＤによって電気ショックを加えることで53・2％となり、心停止した人の半数以上の人を救うことができます[43]。

ＡＥＤを使えるのは、医療従事者だけではありません。２００４年7月1日にＡＥＤを一般の方も使用することが認められました。救急車や医師が現場に駆けつける前に、現場に居合わせた一般の方が心停止した人に電気ショックを与えることができるようになったのです。ちなみに、7月1日は「ＡＥＤの日」、そして7月は「ＡＥＤの月」とされています。このようにＡＥＤは、身近になりましたが、それでもまだ心停止した瞬間を目撃された場合でも、実際にＡＥＤによる電気ショックが行われたのは、たった4・2％でしかありません[43]。

ＡＥＤは使うのが難しいと思われているかもしれません。しかし、ＡＥＤは電気ショックが必要かどうか自動的に判断してくれる安全な装置です。音声と絵で使い方が説明されており、さらに１９番通報をすれば指令員が使い方を指示してくれます。心停止は、競技スポーツを行っているときだけでなく、学校や職場、さらには通勤通学の途中で、誰にでも起こり得ます。症状がないときから、自身に肥大型心筋症や遺伝性不整脈を引き起こす可能性があるかどうかを知っておくことは難しいものです。また、そのような遺伝子変異がなくても、心停止する可能性は誰にでもあり得ます。誰かが倒れたときに備えて、心臓マッサージを行い、ＡＥＤを使うことができるようにしておきましょう。それがひいては自分の命を守ることにもつながります[44][45]。

コラム　突然死

2022年のサッカーワールドカップ。日本代表は、予選リーグで強豪国のドイツとスペインに勝利し、決勝トーナメントに進出しました。トーナメントではPK戦の末、残念ながら惜しくもクロアチアに破れて、ベスト16という成績に終わりましたが、日本代表の勇姿に心を動かされた方も多いのではないでしょうか?

今ではヨーロッパの強豪にも立ち向かえるようになった日本代表ですが、初めてベスト16入りをしたのは2002年日韓ワールドカップからでした。当時の日本代表の中心選手に松田直樹選手がいました。歯に衣着せぬ言動と持ち前のカリスマ性から、選手だけでなくファンにも愛されていました。しかし、鍛え上げられた屈強な肉体を持つ松田選手は、2011年8月2日に練習中に心停止で倒れ、2日後の8月4日に急性心筋梗塞で34歳という若さで帰らぬ人となりました。

瞬間に亡くなってしまうこと、あるいは急性症状が起こってから24時間以内に亡くなり、**外因死**（外傷、中毒、窒息など事故や殺人などによって外傷をうけたこと）を除いた自然死のことを**突然死**と定義されています。この突然死の大半を占めるのが、**急性心臓死**あるいは**心臓発作**です。日本では心停止となる人は、1年間で約7.9万人。1日に約200人の方が、心臓の不調が原因で突然死しています。突然死は、就寝中や入浴中だけでなく、松田選手のように運動中にも起こります。少しデータが古いのですが、1948〜1999年までの52年間に東京23区内において発生したスポーツ中の突然死例534件のデータを解析したところ、競技種目の中でも、ランニングが118件と多く、次いで水泳（66件）、野球（42件）、ゴルフ（40件）という順になっています。[46] なお海外に目を向けるとアメリカでは、バスケットボールとアメリカンフットボール、ヨーロッパでは、サッカーで突然死のリスクが高くなっています。

4

感覚

環境の変化を感じるしくみ

4章　感　覚

環境の変化を感じるしくみ

　みなさん今朝はどのように過ごしましたか？　学校に来るまでに間にさまざまなことを感じ過ごしたのではないでしょうか？　ここでは、学生Aさんの起床から家を出るまでの出来事をたどってみましょう。

　今日は、1時限目から講義があるので、絶対に遅刻できない。部屋のカーテンを開けて、部屋を明るくして、トイレにも行きたくなってきたし、朝の準備をしなければ。朝日が目に刺さるぐらい眩しい！

　今日は寒い。さて、手探りで枕もとのメガネを見つけて、手と顔を洗い、歯を磨いて、朝食の準備をするとしよう。冷水の蛇口をひねってしまった。冷たい!!

　溶き卵に塩と砂糖、それからみりんを加えて混ぜて、玉子焼き器を火にかけて、うん?? 熱い!! やけどしてしまった。

　気を取り直して味噌汁を作っていると、味噌汁と炊き立てのご飯のいい香りがしてきた。厚焼き玉子や焼き鮭もジュウジュウと音を立てて、今にも焼き上がりそう。

　いただきます！　厚焼き玉子がなんか甘すぎる?!　砂糖を入れすぎたようだ。でも手作りのごはんはおいしい。さて、今日も一日頑張るぞ！

みなさんの朝の始まりは、Aさんのようなドタバタ劇のような感じではないと思います。Aさんは、失敗の数々をどのようにして理解できたのでしょうか？　それは、私たちが日々使っている五感のおかげです。**五感**とは、**視覚**（見る）、**聴覚**（聞く）、**味覚**（味わう）、**嗅覚**（嗅ぐ）、**触覚**（皮膚などの感覚）のことです。この五感で私たちは常に外界の情報を感受することができ、私たちヒトを含めた動物が毎日の生活を送ることができるのです。

感覚の基本講義①　感覚受容と変換

においや光、温度などの刺激に対するさまざまな感覚は、刺激を受容する細胞である**感覚細胞**によって刺激が検出されることによって起こります。このことを感覚受容と呼びます。感覚を受容する細胞自身が**感覚ニューロン**である場合と、ニューロンの機能を調節するニューロン以外の細胞（**非ニューロン性細胞**）の場合があります。感覚細胞が非ニューロン性細胞の場合は、刺激を受容した細胞が神経伝達物質を分泌して、**求心性感覚ニューロン**を活性化することで、脳をはじめとする中枢神経系へと受容した情報を伝達します（図64）。

刺激を受け取る構造や組織、細胞のことをまとめて**感覚受容器**（細胞に存在する受容体ではないことに注意）と呼びます。感覚細胞には、先ほどあげたにおいや光、温度だけでなく、皮膚にかかる圧や化学物質など、さまざまな外界からの刺激を検出します。数ある受容器の中でも**光受容器**は、光の最小単位である**1光子**（**フォトン**）を検出できるほどの非常に高い感度を持っています。これ

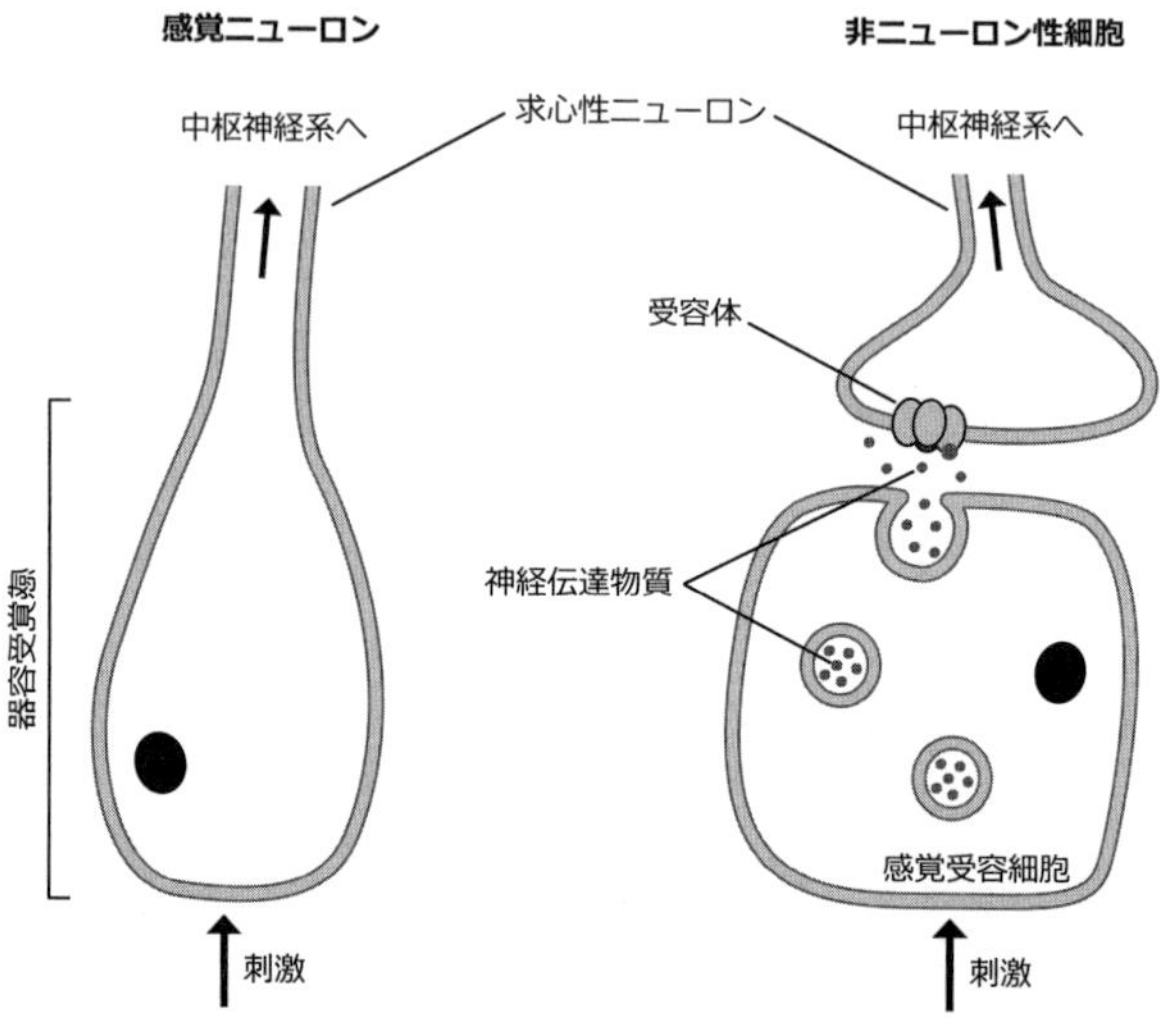

図 64　感覚受容器の種類

ら感覚受容器は、刺激を感受することでイオンチャネルが開閉し、細胞内のイオン濃度の変化が起こり、**膜電位**（**受容器電位**と呼ばれます）が変化します。このように、刺激から受容器電位が引き起こされることを**感覚変換**と呼びます。引き起こされる受容器電位の大きさや頻度は、刺激の強さによって大きく変化します。たとえば、感覚受容器がニューロンである場合、大きい受容器電位が起こると、高頻度の活動電位が発生します。非ニューロン性細胞の場合は、神経伝達物質の分泌量が増加し、より多くの受容体が活性化されることで活動電位が発生します。

活動電位が求心性の感覚ニューロンを介して脳へと伝達されると、脳内の神経回路がこの情報を処理します。その結果、知覚が発生します。においは鼻の感覚受容器で、光は眼の感覚受容器で、それぞれ感受され活動電位を発生させて、情報を脳に伝えます。体の違う部位で感受したとしても、情報が届く先は同じ脳です。それにも関わらず、私たちは、前者をにおい、後者を光と別々の感覚として知覚することができます。それは、感覚受容器が脳の特定の部位を定めて作用しているからです。たとえば、鼻の感覚受容器は、**大脳皮質**の嗅覚野に、眼の感覚受容器は大脳皮質の視覚野に情報を伝達しています。このように刺激を受け取り、脳が正しく情報を処理することで、におい、光、味、音といったさまざまな刺激を私たちは正しく知覚することができます。

▼トイレに行きたい！ってどんな感覚？

Ａさんは、朝起きて「トイレに行きたい！」と感じました。そもそも「トイレに行きたい！」つまり、膀胱に尿がたくさんたまっていることをどうやって私たちは知覚しているのでしょうか？たまっているという感覚がある一方で、トイレに行って排尿している間、膀胱の中に蓄えた尿が減っていく感覚があります。この感覚のお陰で、私たちは膀胱の中にたくさんの尿をため、排尿して完全に空にすることができます。この一連のしくみが正しく機能することで、私たちは日々を健やかに過ごすことができているのです。「トイレに行きたい！」という感覚の話の前に、まず「触っている」ことを感じるしくみである触覚について考えてみましょう。

Ａさんはトイレにいく前に、手探りでメガネを探し当てました。これも感覚がなせるわざです。では実際に試してみましょう。目を閉じてスマートフォンを触ってみてください。スマートフォンの形、重さ、表面を触った感じなど、さまざまな情報が知覚できるはずです。ものを触ったときの

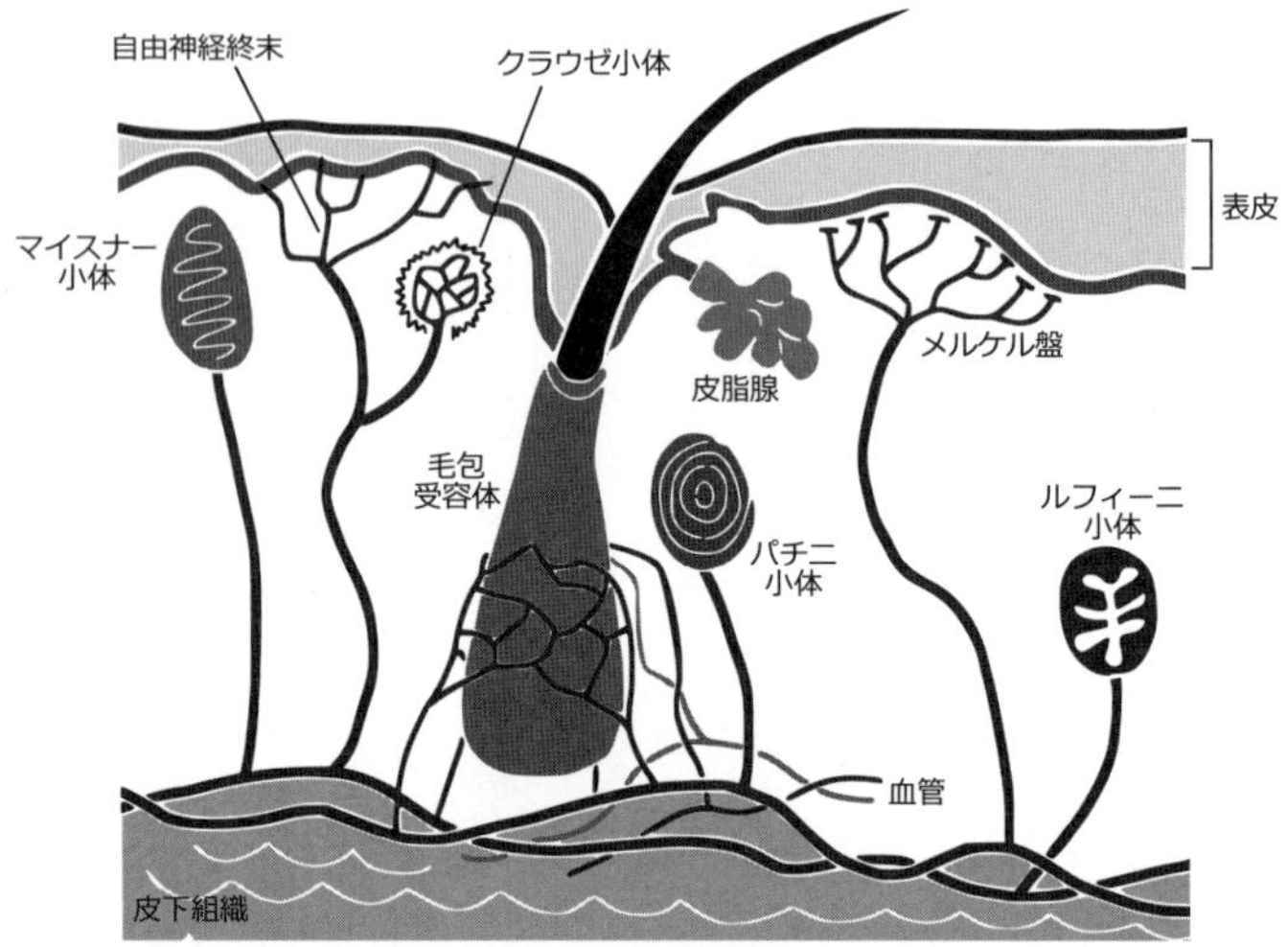

図 65　皮膚にある感覚受容器

感覚は、皮膚の下にあるさまざまな感覚受容器によって感受され、脳へと伝達されることで知覚されています。触覚を司る感覚受容器は、感覚ニューロンの樹状突起がさまざまな形態をして皮膚の直下で集合することで作られています。たとえば、弱い力での触感や圧力に対しては、皮膚表面に近い部分に**メルケル盤**や**マイスナー小体**と呼ばれる受容器によって感受されます。一方、皮膚の奥の真皮には、より強い圧力を感知する**パチニ小体**や温度を感知する**ルフィーニ小体**があります。さらに皮膚には痛みを感知する自由神経終末や冷たさを感じる**クラウゼ小体**もあります（図65）。

　痛みを感知する**自由神経終末**は、**侵害受容器**とも呼ばれ、受ける痛みの種類によってさまざまなタイプがあります。強い圧力にだけ反応する**機械的侵害受容器**とすべての侵害刺激（機械的、化学的、温度的）に反応する**ポリモーダル**

（多くの様式という意味）侵害受容器といったものがあります。

アメリカのアーデム・パタプティアンは、触覚を担う感覚ニューロンにどのような遺伝子が発現しているのか解析を行いました。当時、機械的な刺激を受容する機械受容体は、細胞膜を貫通する領域が2つ以上あると予測されていました。そこで候補となる遺伝子リストの中から、膜貫通領域が2つ以上ある遺伝子を1つ破壊して作製したニューロンを、ガラス棒でついて反応を観察しました。反応があれば別の遺伝子を試すということを繰り返す、非常に手間と時間のかかる実験でした。その結果、72回目！の実験で、感覚ニューロンをガラス棒で突いて刺激しても、反応しなくなったのです。そこで、この遺伝子をギリシャ語で「押す（press）」を意味する**ピエゾ**（Piezo）と名づけました。[1] この ***Piezo*** には、遺伝子配列の非常に良く似た2つの遺伝子があることがわかりました。現在では *Piezo1* と *Piezo2* 遺伝子と呼ばれています。PIEZO は、イオンチャネルであることもわかりました。驚くべきことに PIEZO1 は、2500個以上ものアミノ酸からなる非常に大きなタンパク質で、しかも細胞膜を2回どころか38回も貫通するということがわかったのです。最近の研究から、3つの PIEZO2 タンパク質が集合して、プロペラの羽根のような構造をとることが明らかになりました。この構造から、力を感じることで羽根が回り、イオンが通るための孔が開くのではないかと考えられています。[2]

ヒトを含む哺乳類において PIEZO2 は感覚ニューロンに、PIEZO1 は、リンパ管や血管内皮細胞で発現していることがわかりました。そこで、*Piezo2* 遺伝子を欠損させたマウスをパタプティアンは作製しました。このマウスの背中に紙テープを貼りつけて、観察を行いました。通常であれば、マウスは紙テープをはがそうと手足で背中を触ります。しかし、*Piezo2*遺伝子が欠損したマウスでは、背中に張った紙テープをまったく感じないためか、背中を触ろうとすらしかなったのです。つまり、PIEZO2こそが機械受容体の本体だったのです。[3] さらにPIEZO2は、メルケル盤が圧力受容器として機能するために必要なチャネルだということも明らかになりました。[4]

Aさんは目がよくみえなくても、メガネをかけることができました。ここで、さらに疑似体験をしてみましょう。みなさんが目はつぶった状態で、人差し指で自分の鼻を触ることはできるでしょうか？ おそらくスムーズにできると思います。このスムーズな動作には、固有感覚が必要だとされています。**固有感覚**とは、筋肉や関節、筋膜や腱、じん帯といった組織から脳へ伝達される情報のことです。具体的には、関節の角度（**位置感覚**）や運動の速度（**運動感覚**）、そして運動を行ったり関節の位置を維持したりするために必要な筋力の強さ（**力の感覚**）といった情報のことです。これらの情報が脳で統合されることで、姿勢や運動が調節されています。

この固有感覚が失われている患者が発見されました。この患者では、目をつぶって自分の鼻を触ることができないのです。この患者は、固有感覚が失われているだけでなく、皮膚の触覚も失われていました。この患者の遺伝子を解析したところ*PIEZO2*遺伝子に変異があったのです。ヒトでもPIEZO2は、皮膚の触覚や固有感覚を担う機械受容体だということが明らかになりました。[5]

さて、話を排尿に戻します。膀胱に尿がたまった、つまり膀胱が大きく膨らんだという情報は、どのように感受され脳に伝えられるのでしょうか。ここでもPIEZO2がこの膀胱でも重要な機能を果たしていたのです。マウスの尿路には、**膀胱**から脳へと情報を伝達する求心性感覚ニューロンと膀胱の表面を覆っている細胞（**アンブレラ細胞**）にこのPIEZO2が発現していて、膀胱の伸縮を検知することで排尿を調節していることがわかったのです。[6] そのため、PIEZO2が欠損したマウスでは、膀胱に尿が大量にたまっている状況が感知できなくなっていました。また、ヒトにおいてもPIEZO2が欠損していると、正常な膀胱の感覚や正常な排尿ができなくなることが明らかになりました。[6] 高齢になると尿漏れや頻尿など、排尿に問題を抱えるようになります。PIEZO2とどのような関係があるのか、今後の研究の進展が期待されます。

上記以外にもPIEZO2やPIEZO1を介した機械受容が体のさまざまな機能を調節していることが明らかになってきています。たとえば、PIEZO2は、呼吸時に肺の体積が増加することを感知して、呼吸を調節していることも明らかになっています。[7] また、血液の逆流を防ぐための弁という構造を作り出すために、PIEZO1が重要であることも明らかになっています。[8] さらには、*Piezo1* 遺伝子に変異があると重症**マラリア**に対して耐性を持つようになることもわかりました。[9]

このようにPIEZOは、皮膚触覚を担う受容体だけではなく、さまざまな臓器での機械受容を担うことが明らかになってきました。PIEZOを発見したパタプティアンは、２０２１年ノーベル生理学・医学賞を受賞しました。

▼熱いと辛いは同じ?!

ヒトは、体内の体温を維持するために、周囲の温度（環境温度）を常にチェックし、温度変化によって行動（洋服の着脱や運動、食物や水分の摂取など）や自律的な反応（発汗や立毛、皮膚の血管の収縮弛緩など）を起こすことで体温を調節します。このような調節には、皮膚や身体の内部に存在する温度受容器が環境温度を感知することで活性化され、その情報が脳、特に視床下部へ伝達されることで調節されています。

ハンガリーのニコラス・ヤンチョーは、ラットやモルモットにレッドパプリカ（トウガラシの一種）から抽出した**カプサイシン**を目や皮膚に投与する実験を行いました。そして、カプサイシンを投与することで、痛みが引き起こされることを見出しました[10]。ヤンチョーの実験から、動物に痛みを引き起こすには、カプサイシンを用いて感覚ニューロンを活性化することが一般的な手法として確立しましたが、カプサイシンがどのような機構で感覚ニューロンを刺激するのかについては不明でした。

アメリカのデビット・ジュリアスは、カプサイシンを感受する受容体が感覚ニューロンには存在するはずだと考えました。そこで、カプサイシンに反応しない一般的な細胞に、カプサイシンを感受する受容体の遺伝子を導入できれば、カプサイシンに反応するようになると仮説を立てました。仮説をもとに、感覚ニューロンに存在するカプサイシン受容体遺伝子の探索を行いました。まず、カプサイシンと反応しない一般的な細胞を用意しました。そして、カプサイシンに反応する感覚ニューロンで発現している約1万6千種類もの遺伝子の中から、カプサイシン受容体候補をリストアップしました。そして用意した細胞にこの受容体候補を1つずつ遺伝子導入し、カプサイシンに対して反応するか観察をするという、気の遠くなるような実験を行いました。驚異的にも、実験を開始して約3か月後！　カプサイシン受容体を発見したのです[11]。

興味深いことに発見したカプサイシン受容体は、**ショウジョウバエ**の光受容器異常変異株の原因遺伝子として発見されていた**transient receptor potential**（*trp*《トリップ》）**遺伝子**と構造が非常に良く似ていました[12]。カプサイシンなどバニリル基という構造を持つ化合物は総称して**バニロイド**（vanilloid）と呼ばれることから、発見されたカプサイシン受容体は、**TRPV1**（transient receptor potential vanilloid 1）と分類されました。

カプサイシン受容体を持つ感覚ニューロンは皮膚だけでなく、舌の感覚も司る**三《さん》叉《さ》神経《しんけい》**にも存在しています。そのため、私たちがカプサイシンを含むトウガラシを食べると、三叉神経に発現しているTRPV1を活性化します。この刺激が「痛み」として脳へ情報を伝達します。つまり、トウガラシは、「辛味」という味ではなく、脳の中では「痛み」として認知していることがわかったのです。ここで疑問が沸いてきます。それはトウガラシを食べると口の中が、「辛く」感じるだけでなく、「熱く」も感じるということです。ひょっとすると、TRPV1は、熱を感じる温度受容体なのかもしれない、ということをジュリアスは、ひらめきました。

この仮説を検証する実験が行われました。その結果、43度以上の温度によってTRPV1が活性化されたのです。カプサイシン以外にも痛みを引き起こす酸（**プロトン：H^+**）によってもこのTRPV1が活性化されることから、TRPV1はさまざまな痛み刺激に対して反応する痛み受容体かつ温度受容体だとわかったのです。辛いと熱いは、英語では同じ言葉「hot」で表されますが、言葉のとおり同じTRPV1によって感受されていたということがわかったのです。辛味は痛みでもあったのです。

▼多彩な温度感覚

その後、温度受容体に関するさまざまな実験が行われました。不思議なことに、TRPV1チャネルを体内で作れないようにしたノックアウトマウスでは、受容体を失っているのにもかかわらず体に害を与えるような危険な熱に対する知覚能力の低下がほとんど見られませんでした。そのため、TRPV1以外にも温度を感知する温度受容体があるのではないかと考えられはじめました。さまざまな研究者が探索した結果、異なる温度に反応する**TRPM3**[13]や**TRPA1**[14]といった温度受容体が発見されました。TRPA1は、**マスタードオイル**や**セイヨウワサビ**、**シナモン**、**ニンニク**などに反応するだけでなくアンモニアや細胞内がアルカリ化した場合など、細胞にとって障害を引き起こす広範囲な物質に対して反応することがわかったのです。[15] その後の解析からこのTRPV1、TRPM3、TRPA1の3つの温度受容体が機能することで、体にとって害を与えるような危険な熱を感知するということが明らかになりました。[16]

Aさんが蛇口をひねって「冷たい」と感じたように、私たちには「冷たい」という感覚もあります。ジュリアスは、カプサイシンのように熱いと感じさせる化学物質があるように、冷たいと感じさせる化学物質があるのではないかと考えました。その1つとして「ハッカ」に含まれる**メントール**がその物質ではないかと、思いつきました。メントールの入ったシャンプーで髪を洗うと、とても涼しく感じますし、メントールの入ったお風呂に入ると、熱く感じないためです。そして、メントールに反応する受容体を探索したところ、**TRPM8**という受容体を発見しました。[17] TRPM8の機能を阻害したマウスを観察すると、冷たさに対する感覚が鈍っていることがわかりました。このため TRPM8 は冷たさを感じる温度受容体だとわかったのです。[18][19][20]

その後、さまざまな研究から環境温度を感知するTRPは、Ca^{2+}透過性の高い非選択性陽イオンチャネルであることが明らかになり、TRPチャネルと呼ばれるようになりました。現在までにヒトで11種類の温度感受性TRPチャネルが発見されています（**図66**）。1つの受容体が体温計のように温度を感知するのではなく、さまざまな受容体を組み合わせて広範囲の温度を感知しているということも非常に面白いしくみです。TRPチャネルを発見し、温度受容という新たな研究分野を立ち上げたジュリアスは、パタプティアンとともに2021年ノーベル生理学・医学賞を受賞しました。

▼どうして蚊に刺されても痛くないのか？

蚊が血液を吸う際、私たちの体内に唾液を注入しています。そのため、私たちの体内に注入された蚊の唾液中の成分が異物として認識され、**マスト細胞**を活性化し、**ヒスタミン**の分泌を引き起

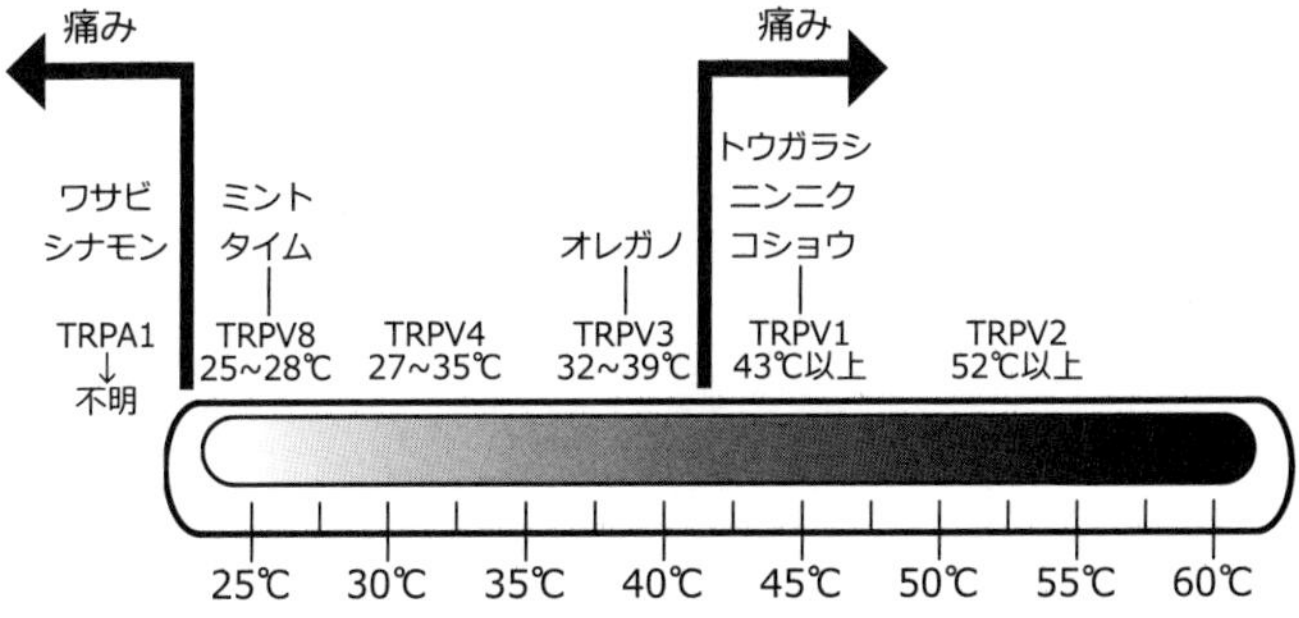

図66　温度受容体

こして、かゆみや炎症を引き起こします（⇩「そうだったのか」、7ページ）。

痒くなるとはいえ、刺されても痛くないのは不思議です。そこで次のような実験を行いました。マウスの脚の裏にワサビの辛み成分で痛みを引き起こさせる物質である**アリルイソチオシアネート**を投与した後に蚊の唾液を投与したのです。すると、当初は痛みを感じて脚をなめていたマウスが、蚊の唾液を投与した直後、落ち着きを取り戻したのです。

その後の研究から、蚊の唾液中には**シアロルフィン**という物質が含まれていることがわかりました。[21] シアロルフィンが、TRPV1とTRPA1の機能を阻害して、痛みを低減させていたのです。ヒトを含む動物はけがをしたときに、その傷口を舐めることをします。想像をたくましくして考えると、ヒトや動物の唾液には蚊と同様にシアロルフィンやそれに類似する物質が含まれているのかもしれません。これらのタンパク質によってTRPV1やTRPA1の機能が阻害され、鎮痛効果がもたらされていることがわかれば新たな鎮痛薬の開発につながる可能性があります。

コラム　痛みを感じないのはおトク？

アメリカのアリゾナ州などに生息するサソリの一種、**アリゾナバークスコーピオン**は、襲ってくる相手に毒針を使って毒を注入します。この毒針で刺されると、強烈な痛みを感じます。ところが、アリゾナ州などアメリカ南西部に広く生息している**ミナミバッタネズミ**は、アリゾナバークスコーピオンに刺されても痛みを感じないのか、このサソリを餌にして生きています。しかし、なぜミナミバッタネズミがアリゾナバークスコーピオンに刺されても痛みを感じないのかは、不明でした。

ミナミバッタネズミにどのような特徴があるのかを浮かび上がらせるために、遠縁にあたる生物のハツカネズミを対照にして実験が行われました。まず、ハツカネズミの脚にアリゾナバークスコーピオンの毒を注射したところ、ハツカネズミは繰り返し自分の脚を舐め、痛みを和らげようとしました。ミナミバッタネズミに同量のサソリ毒を注射しても、自分の脚を舐める行動をほとんどとりませんでした。次に、サソリ毒をミナミバッタネズミとハツカネズミの脚に注射し、その後、この両種に痛みを引き起こす化学物質である**ホルムアルデヒド**を注射しました。すると、ミナミバッタネズミは、ホルムアルデヒドが引き起こす痛みの感受性も低下していました。つまり、ミナミバッタネズミにとってアリゾナバークスコーピオンの毒は鎮静剤の役割をしていたのです。

マウスやヒトなどの哺乳類では、痛みを引き起こす物質が体内に侵入したことを感受するニューロンとその情報を脳に伝達するニューロンが存在します。前者のニューロンには、**Nav1.7** という**電位依存性 Na^+ チャネル**、後者には、**Nav1.8** という別の電位依存性 Na^+ チャネルが発現しています。通常、痛みを引き起こす物質は、Nav1.7 を活性化させます。Nav1.7 が活性化されると、その情報が次のニューロンに伝わって Nav1.8 が活性化されます。その情報が脳に伝わることで、毒の痛みを感じ取っているのです。しかし、このサソリ毒は、ミナミバッタネズミの Nav1.8 の機能を抑制していたのです。その原因は、ミナミバッタネズミの Nav1.8 のアミノ酸1か所に変異があったためです。この変異があるために、Nav1.8 の立体構造が変化し、そこにサソリ毒が結合することで、痛みの情報伝達が抑制されるということが明らかになりました。[22] このサソリ毒の作用を鎮痛剤として応用できた場合、痛みを伝達する経路だけを特異的に抑制することが可能になるため、麻酔のように中毒性や副作用がなく理想的な鎮痛剤になる可能性があります。

このネズミのように、けがや注射などの痛みなんて感じないほうが良いと思う方もいるでしょう。実は、パキスタン北部の3つの家族で、生まれつき痛みを感じない4歳から14歳の子どもたちが6人発見されました。きっかけは、10歳の子どもが、ナイフを自分の腕に突き刺したり、燃える炭の上を歩いていたりする大道芸を何の苦も無く行っていたのを偶然研究者が見つけたためです。彼らは、体のどこを触っても痛みを感じなかったのですが、温度や固有感覚、触覚などには問題がありませんでした。その後、この子どもは、14歳の誕生日直前に屋根の上から飛び降りて亡くなってしまいました。また、6人全員が唇や舌を自分で噛んで怪我をしていたり、打撲や擦り傷、骨折をしたりしていたのです。痛みを感じないがために、このようなことが起きてしまったと考えられます。やはり、痛みを感じることは、体を守るために必要不可欠な機能です。

この子どもたちの遺伝子を解析したところ、電位依存性ナトリウムチャネル Nav1.7 をコードする遺伝子 ***SCN9A*** に変異があることが明らかになりました。[23] この Nav1.7 は、1977個のアミノ酸からなる非常に大きなタンパク質です。パキスタンの3つの家族では、この Nav1.7 をコードする *SCN9A* 遺伝子にナンセンス変異があることで、正常な Nav1.7 タンパク質が作られないため、先天的に痛みを感じない、**先天性無痛症**だとわかりました。

この他にも、運動や手足が温められることがきっかけとなって、手足が焼けつくように痛く、皮膚が赤く腫れあがる発作が数分から数時間続くという**遺伝性肢端紅痛症《したんこうつうしょう》**の原因として、Nav1.7 に変異があることがわかりました。[24] このように、Nav1.7 は、痛みの感受や痛みの情報の伝達に重要な機能を果たしているのです。

▼息を止めると心拍数はどうなる？

私たちヒトの頸にある頸動脈と大動脈には、酸素濃度を感知する化学受容器があります。この化学受容器は、それぞれ**頸動脈小体**と**大動脈小体**と呼ばれ、**糸球細胞**からできています。最近の研究から、糸球細胞には、血中の酸素濃度を感知する酸素感受性のK^+チャネルが発現していることが明らかになりました。このK^+チャネルが閉じることで、細胞が脱分極し、細胞内Ca^{2+}濃度が上昇します。その結果、アセチルコリンやＡＴＰといった神経伝達物質が糸球細胞から分泌され、シナプスを形成している感覚ニューロンを刺激することで、延髄の呼吸・心臓中枢に低酸素状態や血液が酸性状態に傾いていることを伝えます。また、**大動脈弓壁**には、血圧の変化を検知する圧受容器もあり、血圧の変化を延髄の呼吸・心臓中枢へと伝達します。

運動をして低酸素状態になるとこの化学受容器が活性化されて、延髄に情報を伝達します。その情報が交感神経を刺激することで心拍数や血圧が増加されます。酸素をさまざまな臓器へと送るようにはたらいているのです。一方、急激な血圧増加は、脳や心臓に障害を与える可能性があります。そこで障害を受けないようにするために、圧受容器が延髄へ情報を伝達します。すると副交感神経系が活性化され、心拍数や血圧を下げようと機能します。

さて、息を止めるとどうなるでしょうか。みなさん、手首や首のつけ根など脈を感じられる場所に指を置いて、息を止める前15秒間と息を止めている15秒間の脈拍を測ってみてください。どうでしたでしょうか？　心拍数が低下したのではないでしょうか。これは、息を止めると血圧が上がるため、副交感神経が活性化され、心拍数や血圧を下げようとするためです。

アプネアと呼ばれる無呼吸の潜水を行うプロのダイバーは、水中で10分以上も呼吸をせず、100メートル以上も深い海の中まで潜水することができます。息を止めると心拍数が低下することは先にも述べました。今回は少し事情が異なります。深く潜れば潜るほど海水の温度が低下して、顔や身体が冷やされます。すると、地上で息を止めているときよりも副交感神経が活性化され、これまで以上に心拍数が低下します。このような体の反応を潜水反応と呼びます。潜水反応によって、体内での酸素利用が抑制され、水中で息止めが長くできるようになります。プロダイバーでは、潜水時に1分間の心拍が20〜30回まで低下することもあります。

私たちが呼吸をしていても、心拍数は変動しています。息を吸うと交感神経系が、息を吐くと副交感神経系が活性化します。そのため、呼気時には心拍数が減少し、吸気時には心拍数は増加しているのです。この現象は、**呼吸性不整脈**と呼ばれます。不整脈と聞くと、病気のように思うかもしれませんが、生理的に心拍は揺らいでいます。また、若くて健康な人ほど心拍が揺らぐ傾向があることがわかっています。この揺らぎがあることで、拍動と拍動のわずかな時間に心臓を休息させ、疲労を回復させる作用があるのではないかと、考えられています。

感覚の基本講義② 嗅覚

Aさんは、においで料理が美味しそうということを感じ取りました。私たちヒトを含めた動物は、

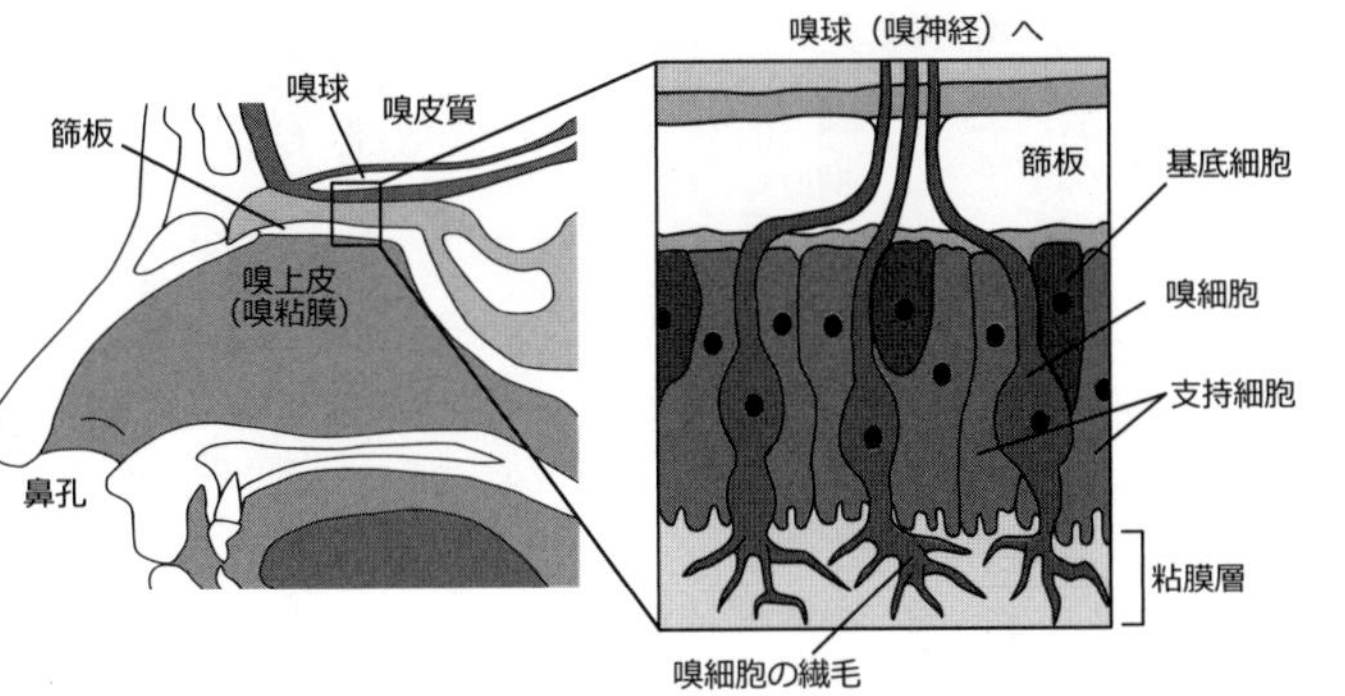

図 67　嗅覚のしくみ

生きていくうえで、環境中のにおいの情報を感知するだけでなく、識別して、生命を維持するために必要な行動をとります。ヒトの場合、におい物質を感知するために、鼻の奥にある**嗅上皮**《きゅうじょうひ》と呼ばれる部分に**嗅**《きゅう》**細胞**を持っています。この嗅細胞の表面には、におい物質を感じ取るための**嗅覚受容体**が発現しています。におい物質とは、嗅覚受容体に作用する揮発性の化合物のことを意味します。ヒトがにおいを感知できるのは、嗅細胞がにおいのもととなる化合物を感受して、その情報を嗅細胞から伸びる**神経繊維**を介して、脳の嗅覚中枢である、**嗅球**《きゅうきゅう》に伝達しているからです（**図67**）。

私たちの環境中には、におい物質が数十万種類あるといわれています。しかし、ヒトがにおいを感じるとき、1つのにおい物質だけを感じているわけではありません。たとえばチーズであれば数百種類以上ものにおい物質が混じった状態で一気に立ち上ってきます。さらに、チーズを咀嚼《そしゃく》して唾液と混合され分解された物質もにおい物質として機能します。それらすべてのにおい物質が鼻の嗅上皮に到達し、嗅細胞の嗅覚受容体によって感知され、脳で情報処理されて、「スモーキーだ」とか「素晴らしいミルクの香りがする」といったにおいという知覚になります。

チーズは、口に入れる前、また口の中に入れて咀嚼してからもにおいを感じます。口の中に入れた食べ物のにおいは喉のほうから嗅上皮に向かってにおいが上がってくるのです。このことを「**戻り香**」あるいは、「**あと香**」と呼びます。一方、口に入れる前から立ち上がるにおいを「**たち香**」と呼びます。2つの香の経路は、ヒトの場合、鼻から気道を通る経路と口から食道を通る経路がどの部分で交叉しているため存在します。一方マウスでは、鼻から気道と口から食道の経路が分かれています。そのため、戻り香を感じることができないのです。

私たちの味覚は、後述する舌で感じる味覚に加え、「たち香」と「戻り香」のにおいの情報も付加されています。鼻をつまむと、たち香と戻り香がなくなってしまうため、いつも感じている味とはまったく別物だと感じるのです。そのため風邪をひいたときに食べ物の味を感じない、あるいはおいしく感じないのです。

嗅細胞は、無数のにおいのもととなる化合物をどのように感知しているのでしょうか。1991年アメリカのリンダ・バックとリチャード・アクセルは、嗅覚受容体をコードしていると思われる遺伝子ファミリーを嗅上皮に発現している遺伝子の中から見つけました。[25] しかし、この遺伝子が嗅覚受容体のものであるかを証明するためには、何らかのにおい物質（**リガンド**）と反応することを示さなければなりませんでした。その道のりは険しく、嗅覚受容体に結びつくリガンドの存在が、アメリカのスチュワート・ファイアスタインによって示されるまでになんと7年という長い時間がかかったのです。[26] 嗅覚受容体のように結びつくリガンドがわからない受容体を孤児（英語でオーファン）になぞらえて、**オーファン受容体**と呼ぶことがあります。また、単一の嗅覚ニューロンに発現している嗅覚受容体とそのリガンドも別のグループによって決定されました。[27] これらの研究成果から1991年にバックとアクセルが推測した嗅覚受容体が、実際に生体内で機能していることが証明されたのです。2004年、バックとアクセルは、嗅覚受容体および嗅覚システムの発見という理由でノーベル生理学・医学賞を受賞しました。先ほど紹介した2021年ノーベル生理学・医学賞を受賞したジュリアスは、アクセルの弟子の1人だったのです。運命のような師弟の連鎖が、ノーベル賞受賞者には見られます。

▼におい情報の変換機構

さまざまな生物のゲノムを解析するという**ゲノムプロジェクト**が行われ、さまざまな生物における嗅覚受容体遺伝子が同定されています。その結果、ヒトでは約400個（ヒトの全遺伝子の約2％を占めています）、マウスでは約1300個（マウスの全遺伝子の約5％も占めています）の嗅覚受容体があり、ゲノム上の最大の遺伝子ファミリーを形成していることがわかっています。[28] これほどの数の受容体遺伝子が存在するということは、においは生命活動になくてはならない受容体であるということを強く示しています。

一般的な嗅覚受容体は、構造が似た複数のにおい物質を感受します。そのため、ヒトやマウスなどの生物が区別できるにおいは、実際の嗅覚受容体の遺伝子の数よりも多いと考えられています。

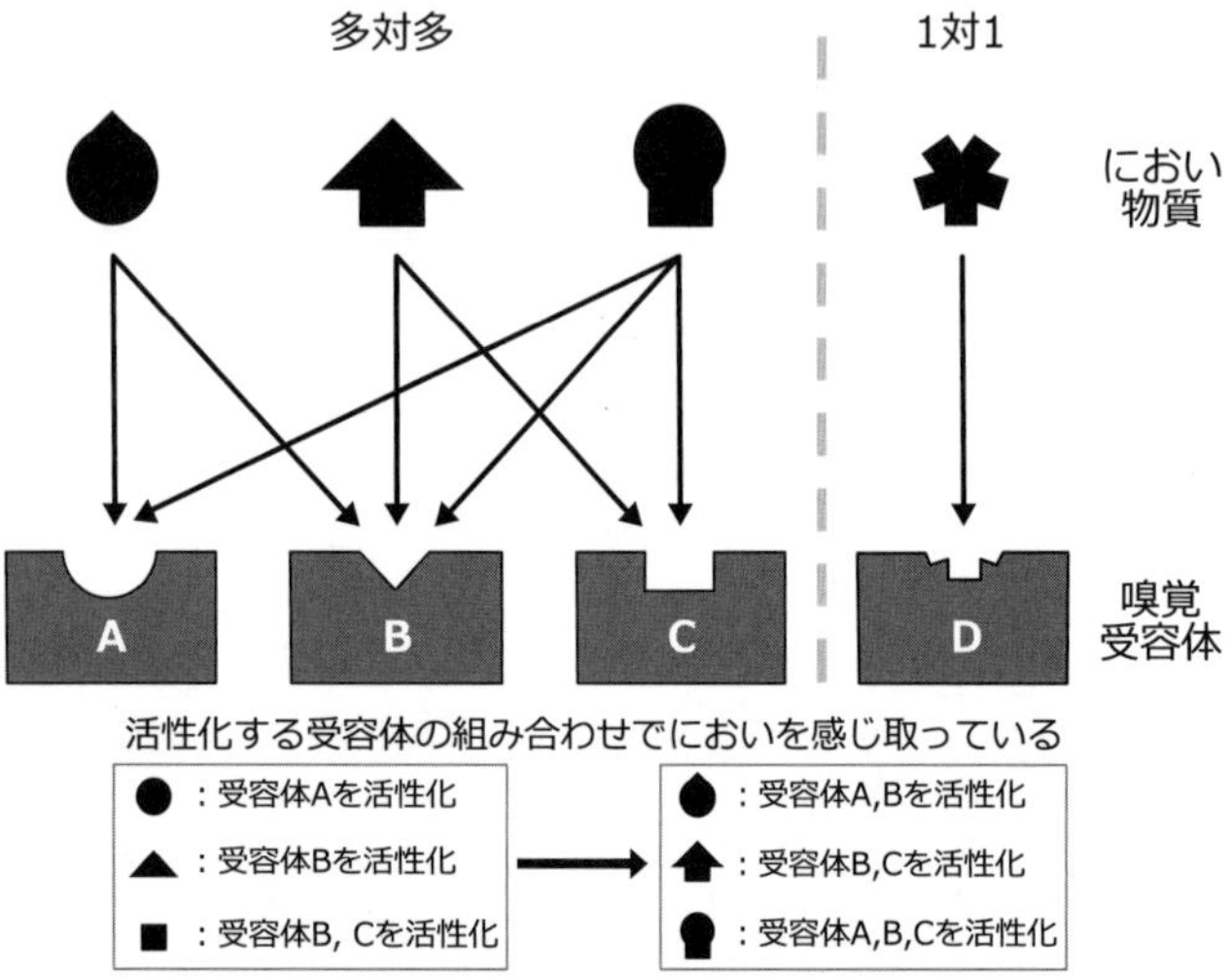

図68　嗅覚受容体によるにおいの感受

一方で、特定のにおい物質、たとえば**アンドロステノン**（腋《わき》の汗に含まれるにおい）といった物質を特異的に感受する嗅覚受容体もあります[29]。このように嗅覚受容体は、多対多や1対1対応することで、さまざまなにおい物質を感受しています（**図68**）。

　嗅上皮には、約1000万ともいわれる嗅細胞が存在しています。この嗅細胞は、嗅上皮表面に繊毛を伸ばしています。嗅上皮は粘液で満たされていて、この部分に溶け込んだにおい物質が繊毛の細胞膜の上に発現している嗅覚受容体で感受されます。ただ、個々の嗅細胞は、ヒトの場合約400個ある嗅覚受容体のうち、1種類だけを発現していると考えられています。これを1細胞1受容体ルールと呼びます。

　嗅覚受容体のリガンドが見つかりましたが、受容体はどのように情報をニューロンに伝えるのでしょうか？　そのしくみを解き明かすためには、1969年の一見関係のない研究から振り返ることが必要になります。

アメリカのマーティン・ロッドベルは、ラットの**肝細胞**に対する**グルカゴン**の作用を解析していました。グルカゴンは、**膵ランゲルハンス島**の**α細胞**から分泌されるホルモンで、肝細胞に蓄えられている**グリコーゲン**の分解と**グルコース**の産生を促し、**血糖値**を上昇させます（⇒「そうだったのか」、184ページ）。ロッドベルは、肝細胞に発現している**グルカゴン受容体**がグルカゴンを感受して、グリコーゲンの分解やグルコースの産生を引き起こすための情報伝達物質として、**グアノシン三リン酸**（**GTP**）が必要であることを発見しました[30]。1977年には、アメリカのアルフレッド・ギルマンが、GTPによって活性化されるタンパク質を発見しました。このタンパク質は、当初グアニン・ヌクレオチド・タンパク質と呼ばれていましたが、後にGタンパク質と呼ばれるようになりました。**Gタンパク質**は、グルカゴン受容体やアドレナリン受容体などさまざまな受容体に結合していて、受容体がシグナルを受け取ることでGタンパク質が活性化され、細胞内の情報伝達が調節されることを明らかにしました[31]。Gタンパク質が結合している受容体には、細胞膜を7回貫通するという共通の特徴があります。そのため、グルカゴン受容体やアドレナリン受容体などのGタンパク質が結合している受容体を**Gタンパク質共役型受容体**（**G protein-coupled receptor**：**GPCR**）ファミリーと呼ぶようになりました。その後、Gタンパク質の異常が糖尿病やがんなどのさまざまな病気を引き起こすことが次々と明らかになりました。これらの功績により、ギルマンとロッドベルは、1994年ノーベル生理学・医学賞を受賞しました。

さて、嗅細胞に発現している嗅覚受容体がにおい物質を感受すると、Gタンパク質が活性化されます。Gタンパク質が活性化すると、アデニル酸シクラーゼと呼ばれる酵素が活性化され、細胞内のアデノシン三リン酸（ATP）からcAMPが産生されます[32][33]。嗅細胞内のcAMP濃度が上昇すると、繊毛の細胞膜上に発現しているcAMPのような環状ヌクレオチドを感受するチャネルが開口し、Ca^{2+}やNa^{+}といった陽イオンが細胞内に流入することで、嗅細胞が興奮します。これによって、におい分子が持つ化学的な情報が電気的な信号（つまり受容器電位）へと変換されます。cAMPやcGMPなどの環状ヌクレオチドを感受することで活性化されるチャネルを**環状ヌクレオチド非選択性陽イオンチャネル**（cyclic nucleotide-gated（CNG）チャネル）と呼びます。におい物質の情報伝達には、cAMPが用いられていると考えられています[34]。このようにして発生した受容器電位は、鼻腔から**篩板**《しばん》という骨に存在する小さな穴を通って頭蓋内へと入り、嗅球へと伝達されます。その後におい情報は、いくつかのニューロンを介して嗅皮質などのより高次な脳の部分へと伝達されることで、においとして認知されます。なおcAMPが生体内で重要な役割を果たしているのを発見したアメリカのエール・サザーランドは、1971年にノーベル生理学・医学賞を受賞しました。

▼においの感じ方の個人差

同じにおいでも人によってその感じ方は、大きく異なります。また同じ人でも体調や気分によっても感じ方が違いますし、男性と女性でにおいの感じ方が違ったりもします。では、どうして同じにおいでも人によって感じ方が違うのでしょうか。

ヒトのゲノムの塩基配列は、1人ひとり違います。この塩基配列の違いが、病気の原因となる**変異**（**mutation**）を引き起こすことを本書や前著で学んできました（⇒「そうだったのか」、79ページ）。一方、病気などを引き起こさない塩基配列の違いもあります。このような違いを**多様性**（**variant**：**バリアント**）と呼びます。バリアントがヒトの集団の1％以上で見られる場合、**多型**（**polymorphism**：**ポリモーフィズム**）と呼ばれます。多型の場合、特に遺伝子の塩基配列が1塩基だけ違う場合は、**一塩基多型**（**single nucleotide polymorphism**）、略して**SNP**《スニップ》と呼ばれます（⇒「そうだったのか」、79ページ）。このSNPが個人差を引き起こす原因ではないかと現在では考えられています。

たとえば、ヒトによってある特定のにおいを感じにくい現象があります。ヒトの腋の汗のにおいでもあるアンドロステノンと**アンドロスタジエノン**は、甘い尿のような、あるいは森林のような不快なにおいだと知覚されますが、ヒトによっては花のような良いにおいと知覚する場合もあります。

アンドロステノンやアンドロスタジエノンを感受するヒト嗅覚受容体として、OR7D4が同定されました[35]。OR7D4のアミノ酸配列には13か所に多型があることがわかっていましたが、中でも88番目のアルギニン（R）がトリプトファン（W）に変異（R88Wと表記します）し、そして133番目のスレオニン（T）がメチオニン（M）に変異（T133Mと表記します）している遺伝子型WMを持つヒトでは、アンドロステノンをフローラルや蜂蜜といった良いにおいに感じることがわかりました。一方、スミレのようなにおいを持つβ-イオノンはおもに香料として食品に添加されています。この物質は、ヒト嗅覚受容体OR5A1によって感受されます。この*ODR5A1*遺伝子にも多型があり、１３８番目のアスパラギンがアスパラギン酸に変異している遺伝子型を持つヒトは、そうでないヒトと比較して、１００倍もの薄い濃度のβ-イオノンを感知できたのです。また、β-イオノンに感受性の高い人は、そうでない人と比較して、β-イオノンを含む食品を嫌う傾向があったのです[36]。このように遺伝子に多型があることで、におい分子に対する知覚に差が生まれるのです。

▼嗅覚受容体の分布 ― どうしてそんなところにあるの？

私たちヒトは、肉、魚、野菜などさまざまな食物を食べています。そして、食べたものを胃で消化し、栄養素を小腸で、水分を大腸で吸収します。しかし、ヒトが分泌できる消化酵素では、野菜に含まれている食物繊維を分解することができません。この**食物繊維**を分解してくれるのが小腸や大腸に存在する**腸内細菌**です。小腸や大腸にはさまざまな種類（乳酸菌や大腸菌など）の腸内細菌が生息していることから、**腸内細菌叢**《ちょうないさいきんそう》や**腸内フローラ**と呼ばれています。この腸内細菌叢によって食物繊維はさまざまな物質（**腸内細菌代謝物**と呼ばれます）へと代謝され、プロピオン酸、酢酸、酪酸などの**短鎖脂肪酸**も産生されます。これらの短鎖脂肪酸は、低分子なため揮発しやすいだけでなく、一部は血中に取り込まれ、全身をめぐります。

これらの研究から短鎖脂肪酸を感受する受容体として**遊離脂肪酸受容体**や**短鎖脂肪酸受容体**といったＧＰＣＲが発見されています。驚くべきことに、嗅覚受容体が鼻以外の組織でも発現していることがわかってきました。たとえば、マウスの腎臓では、嗅覚受容体の Olfr78 が発現していて、腸内細菌代謝物である酢酸やプロピオン酸を感受して、血圧を調節、特に血圧を上昇させるということがわかりました[37]。

嗅覚受容体は血圧だけでなく、血糖値にも関わることもわかってきています。食事をすると、私たちの血中に含まれるグルコース濃度（血糖値）は上昇します。そして、グルコースを細胞内に取り込み血糖値を下げるために、膵臓のランゲルハンス島に存在する**β細胞**（**膵β細胞**）は、インスリンを分泌します。マウスの膵β細胞には、嗅覚受容体 Olfr15 が発現していて、**中鎖脂肪酸**であるオクタン酸を感受して、インスリンの分泌が起こることがわかりました[38]。興味深いことに、糖尿病または肥満症の患者を模倣したマウスの膵β細胞には6種類の嗅覚受容体が発現していることがわかり、中でも嗅覚受容体 Olfr109 が重要な機能を果たしていました。Olfr109 を膵β細胞で過剰に発現させると、グルコース投与によって起こるはずのインスリン分泌が抑制されたのです。Olfr109 のヒトにおける相同遺伝子である *OR12D3* 遺伝子には一塩基多型があり、この変異体をマウスの膵β細胞で発現させても、インスリン分泌が抑制されたのです。

一方、全身の *Olfr109* 遺伝子を欠損させたマウスでは、グルコースによって起こるインスリン分泌が促進されたのです。その後の詳細な解析によって、嗅覚受容体 Olfr109 は、インスリンの断片を感受することがわかりました[39]。つまり、膵β細胞の嗅覚受容体は、分解されたインスリン断片をまるでにおいのように感知して、インスリン分泌が起こりすぎていると判断し、インスリンの分泌を抑制するのではないかと考えられます。これは、膵β細胞がインスリンを産生しすぎて疲弊しないようにするためのフェールセーフ機構ともいえます。暴飲暴食が続き、このフェールセーフ機構がはたらかなくなると、糖尿病や肥満による炎症性疾患が促進されるのではないかと考えられます。

▼涙にフェロモン？

インスリンのような物質は、ホルモンと呼ばれます（⇒「そうだったのか」、152ページ）。ホルモンは体の中で分泌され、分泌した個体の行動や発育に影響を与える化学物質です。似た物質に**フェロモン**があります。フェロモンは動物の体内で産生され、体外に分泌されると、同種の他の個体に影響を与える化学物質で、もう1つの「におい物質」とみなすことができます。ドイツの化学者アドルフ・ブーテナントは、メスの**カイコガ**がオスを引き寄せる化学物質として、**ボンビコール**を発見し、これが世界で最初に発見されたフェロモンとなりました。その後、両生類、爬虫類、そして哺乳類で、多くのフェロモンが同定されるとともに、フェロモンを感じるために特化した嗅覚器官である**鋤鼻器官**《じょび》も発見されました。これは、においを感じる嗅上皮とは独立しています。たとえば、ウシでは口と鋤鼻器官が小さな穴でつながっています。ちなみに、ブーテナントは、性ホルモン（エストロゲンとアンドロステロン、そしてプロゲステロン）を同定した功績により1939年にノーベル化学賞の受賞が決定していました。しかし、当時のナチス政権により辞退させられ、第二次大戦後に改めて受賞するという異例の経過をたどりました。

さて、ヒトにはフェロモンはあるのでしょうか？　アメリカのマーサ・マクリントックは、寮生活をしている女子学生にアンケート調査を行った結果、共同生活が始まると生理周期が同調するという寄宿舎効果が存在することを明らかにしました。また、女性の腋の分泌物を女性ににわせると月経周期が変化することも見出したのです。[40]

しかし、その後の研究からヒトの鋤鼻器官は退化していると考えられています。近年のゲノム解析技術の向上によって得られた、さまざまな生物のゲノムを利用して、ヒトを含めた２６１種類の哺乳類のフェロモン受容体の解析が行われました。解析の結果、ヒトを含めた霊長類やクジラ、そして一部のコウモリ類では、他の感覚器官、たとえば聴覚や視覚が発達したことによりフェロモン感覚が退化し、フェロモン受容体もそれによって退化したことが明らかになりました。[41] マクリントックによって発見された寄宿舎効果がフェロモンによるものかどうかについては、今後さらなる検討が必要だと思われます。

マウスの尿には独特のにおいがあります。この尿を含んだマウスを飼育する際に用いる床敷き（おがくずや紙）にマウスの鋤鼻器官を活性化する低分子の有機化合物やペプチドタンパク質、つまりフェロモン候補が含まれていることがわかっていました。当初は、尿にフェロモンが含まれているのではないかと考えられていました。その後の解析で、なんと涙腺から分泌されている約７ｋＤａのペプチドタンパク質が鋤鼻器官を活性化する、つまりフェロモンとして作用することが明らかになったのです。このペプチドタンパク質は、**外分泌腺**（exocrine gland）である涙腺から分泌（secrete）されるということで、**ESP1**（exocrine gland-secreted peptide）と名づけられました。

ＥＳＰ１は、成熟した（ヒトでいうところの思春期以降）のオスマウス特異的に涙腺から分泌され、メスマウスの鋤鼻器官に取り込まれ、鋤鼻神経を活性化します。一方、新生仔マウスのオスでは分泌されていないことが明らかになりました。鋤鼻神経には、ＧＰＣＲであるフェロモン受容体が発現しています。ＥＳＰ１は、ペプチドタンパク質であるため、揮発せず空気中から鼻に取り込むことができません。そのため、オスとメスが直接接触することによって鋤鼻器官に取り込まれる必要があります。実際、マウスをよく観察してみると、お互いに顔を頻繁に近づけています。[42] ヒトゲノムには、残念ながら *ESP* 遺伝子は消失してしまっています。マウスでは、計38個、ラットでは10個のＥＳＰファミリーペプチドタンパク質が発見されています。面白いことに、オスマウスに特異的なＥＳＰ１やメスマウスに特異的なＥＳＰ36があることもわかりました。[43]

ＥＳＰ１は、鋤鼻神経を活性化するのですが、その生理作用は、明らかになっていませんでした。そこで、ＥＳＰ１を鋤鼻に取り込ませたメスマウスがオスに対してどのような行動をとるのか解析したところ、交尾受け入れ行動（**ロードシス**と呼ばれます）が増加することがわかりました。そこで、ＥＳＰ１を感受する受容体である *V2Rp5* 遺伝子を欠損させたノックアウトマウスを作製し、性行動を解析したところ、メスのロードシスが消失したのです。オスマウスの涙に含まれるＥＳＰ１は、メスマウスの鋤鼻に取り込まれてロードシスを引き起こす、性フェロモンだったことが示されました。[44] 実験に用いられるマウスは、ＥＳＰ１の分泌が非常に少ないのに対し、野生マウスでは大量に分泌されていたのです。つまり、ＥＳＰ１は、交尾効率を高める物質だったのです。また、ＥＳＰ１はメスの交尾行動を促進するだけではなく、オス自身にも作用して、他のオスマウスに対して攻撃を促すことも明らかになったのです。[45]

仔マウスの涙腺からも別のフェロモンが分泌されます。このフェロモンはESP22と呼ばれ、生後2～3週齢において時期特異的に仔マウスから分泌されるフェロモンです。このESP22を感受したメスマウスは、オスマウスの求愛を拒否する、つまりメスマウスの性行動が抑制されます。[46] このESP22は、オスマウスの求愛行動も抑制します。[47] つまり、ESP22は、両性の成熟マウスの性行動を抑制するのです。このフェロモンの生理的意義は、仔マウスにとって、自らが十分に成長するまでの間、十分に養育を受けるために分泌されているのではないかと考えられます。

▼ネコにマタタビ

マタタビのにおいをネコが嗅ぐと、マタタビの葉に体をこすりつけてゴロゴロと転がる反応（**マタタビ反応**）を示します。この反応は、ネコに限らずライオンやヒョウなどのネコ科の動物で見られます。ネコ科の動物だけがマタタビにだけ特異的にこのような反応をするのか、その生理的な意義についてはまったく明らかになっていませんでした。

岩手大学の宮崎雅雄の研究チームは、マタタビの抽出物からネコのマタタビ反応を強力に引き起こす物質として、ネペタラクトールを発見しました。そこで、なぜネコが**ネペタラクトール**を嗅ぐとマタタビ反応をするようになるのか、つまりネペタラクトールが脳神経系にどのような影響を与えているのかを解析しました。その結果、多幸感に関与する神経伝達物質である**βエンドルフィン**が、ネペタラクトールを嗅ぐことで増加することがわかったのです。ネコがマタタビ反応をしている際には、βエンドルフィンが増加し、多幸感が増していたのです。それであれば、さまざまな動物においても同様な反応がみられてもよいはずです。しかし、ネコ科の動物だけにマタタビ反応が見られるのです。そのため、ネコ科の動物においてマタタビ反応が進化的に重要だったと考えられました。

そこで研究チームは、ネペタラクトールを天井や床、壁に塗り、ネコのマタタビ反応にどのような影響があるかを調べました。その結果、天井や壁にネペタラクトールを塗っておくと、ネコは、顔や頭に何度もこすりつけますが床に塗っておくと、ごろごろと転がるマタタビ反応をしないことがわかったのです。さらに、ネペタラクトールには、蚊の忌避効果があることもわかりました。ネコは、マタタビを嗅いで、気持ち良くなってマタタビ反応をしているわけではなく、ネペタラクトールを顔や頭、全身に塗りつけることでフィラリアなどの寄生虫やウイルスを運ぶ蚊を寄せつけなくしていることがわかったのです[48]。ただ、ネコがこのネペタラクトールのにおいをどのように感受しているのか、そのしくみについてはまだ明らかになっていません。今後の研究の発展が期待されます。

感覚の基本講義③　味　覚

はじめに、次の簡単な実験をやってみましょう。ペーパータオルなどで舌の唾液をふき取った状態で、食べ物を舌にのせてみてください。味を感じましたか？　おそらくほとんど味を感じなかったはずです。それでは、次に舌を唾液でしっかりと潤してから、先ほどと同じように食べ物を舌にのせてみてください。今度はどうでしょうか？　味を感じたはずです。唾液は、食物を分解する、あるいは食物に付着している細菌などを分解するためのものと思われがちですが、実は舌で味を感じるために必要不可欠なものです。食事の際、私たちはさまざまな味を感じますが、これは咀嚼して唾液と交じり合った物質を舌が感じることで起こるのです。味を感じることで、体にとって必要なものかあるいは、毒なのかを私たちの脳は選別しています。

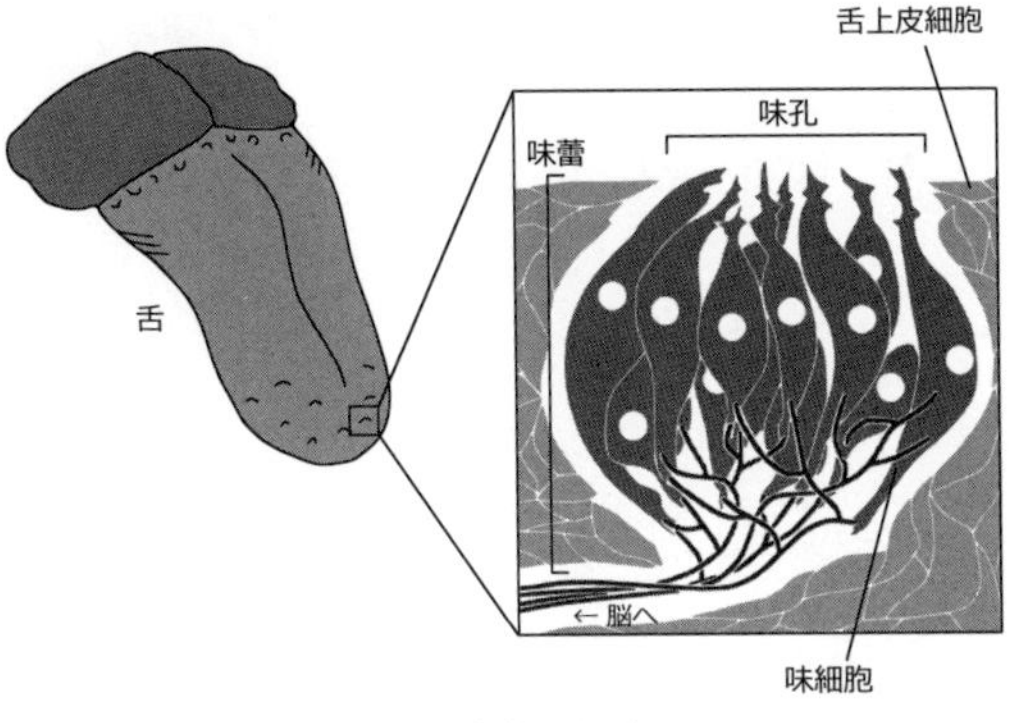

図69　味覚のしくみ

　ヒトを含む多くの哺乳類では、5つの味を区別することができます。5つの味には、甘味（グルコースや人工甘味料など）、**うま味**（**グルタミン酸**）、**塩味**（塩）、**酸味**（クエン酸など）、**苦味**（カフェインなど）があります。それぞれの味覚を引き起こす物質（**味物質**）は、舌の**味蕾**《みらい》の中に存在する味細胞の細胞膜上に発現している味覚受容体によって検知されます。1つの味蕾には、約100個の味細胞が集合しています。それぞれの**味細胞**は、一方を舌の表面に伸ばして味物質を受容し、もう一方を求心性神経繊維とシナプスを形成し、味情報を脳へと伝達しています。味細胞は2週間程度の寿命しかなく、**基底細胞**が味細胞に分化することで、常に新しい細胞に入れ替わっています（**図69**）。

　味覚受容体には、7回膜貫通型の**Gタンパク質共役型受容**

体（G protein-coupled receptor：GPCR）とイオンチャネル共役型受容体があります。甘味、うま味、苦味に対する受容体はいずれもGPCRです。また、細胞外の領域に大きな構造を持つ受容体と持たない受容体の2つに区別することができます。大きな細胞外領域を持つ受容体を**T1Rファミリー**（taste receptor type-1: TAS1R）、持たないほうを**T2Rファミリー**（taste receptor type-2: TAS2R）と呼びます。

T1Rファミリーには、T1R1、T1R2、T1R3の3種類のサブユニットが存在します。そしてT1R1とT1R3の組み合わせ（**ヘテロ二量体**）を形成することで**うま味受容体**[49]、T1R2とT1R3のヘテロ二量体を形成することで**甘味受容体**として機能します[50][51][52]。

ミラクルフルーツと呼ばれる果物を食べると、酸味が甘味へと変化します。そのためレモンを甘く感じられるようになります。この効果は、30分〜2時間程度持続します。ミラクルフルーツには、**ミラクリン**というタンパク質が含まれていて、甘味受容体に強く結合します。その結果、甘味受容体を活性化することで、甘味を感じさせていたのです[53]。また、酸っぱいものを食べていないときには、ミラクリンは甘味受容体を活性化しません。酸っぱいものを食べて口の中が酸性になると、甘味受容体に結合したミラクリンが構造変化を起こし、甘味受容体を強く活性化して、甘く感じるようになるのです。

マウスでは35種類ほどのT2Rファミリーが存在し、苦味受容体を形成しています[54][55]。T1Rファミリーのようにヘテロ二量体を形成して苦味を感じるのか、あるいはホモ二量体、またはオリゴマー、あるいはまったく異なる分子と組み合わさることで苦味受容体として機能するのかといったことについては、まだ明らかになっていません。ただ、T2Rファミリーは、さまざまな苦味物質を検出します。たとえば、ヒトのT2R5は、抗生物質の1つである**シクロヘキシミド**に反応して、苦味を引き起こします。また、ヒトのT2R8は、世界で最も苦い物質として知られている**デナトニウム**の受容体として同定されました。

甘味を受容する甘味受容細胞は、甘味受容体（T1R2とT1R3）だけを発現していて、甘味だけの受容に特化していると考えられています。そのため、うま味受容体（T1R1とT1R3）やT2Rファミリーの受容体を発現していません。甘味受容細胞は、嗅細胞と同様に、**1細胞1受容体ルール**が成り立っています。苦味受容細胞の場合も同様に苦味だけの受容に特化しています。しかし、苦味受容細胞の場合1つの細胞に1種類のT2Rを発現しているのか、複数種類のT2Rが発現しているのかについては、明らかになっていません。このため1細胞1受容体ルールが成り立つのかは、現在のところ不明です。

もし複数種類のT2Rが同じ苦味受容細胞で発現している場合、ヒトの場合、何百種類以上ある苦味物質を区別することなく、すべて同じ苦味として感受していることになります。つまり、私たちヒトは、何百種類もの苦味物質を感じることはできるが、その苦味物質の種類の違いを区別できないということになります。苦味は、毒かそうでないかを見分けるための重要な情報であり、苦味物質の種類の違いを区別する必要はないのかもしれません。このしくみが正しい場合、つまり1つの苦味受容細胞に多数のT2Rファミリーが発現して機能しているという（**1細胞多数受容体ルール**）、特殊なケースとなります。苦味受容細胞だけが、多数のT2Rファミリーを発現するという特殊な細胞なのか、このルールが間違っているのか、今後の研究の進展が期待されます。

▼5つの味を感じることは普通？

ヒトは5つの味を感じますが、それは他の動物においても普通のことなのでしょうか？ 動物を飼っている人、たとえばネコを飼っている人は、ネコの味覚がヒトとは違うことに気付かれているかもしれません。というのも、ネコは、甘味受容体を構成するT1R2とT1R3のヘテロ二量体のうち、T1R2を遺伝子レベルで欠失しています。そのため、甘味物質に対する感受性が失われています[56]。甘味受容体の欠損は、ネコにだけではなく、肉食動物で一般的にみられる現象です[57]。肉食動物は、果物など甘いものを食べる機会がないため、甘味を感じる必要がなく、甘味受容体に変異が起こっても何の不具合もなかったのかもしれません。そのため、甘味受容体の変異が積み重なり、甘味受容体の遺伝子自体が欠損するという進化を遂げたと考えることができます。

では、草食動物の味覚はどうでしょうか？ 笹やタケノコをおもに食するパンダの遺伝子解析が行われた結果、うま味受容体を構成するT1R1とT1R3のヘテロ二量体のうち、T1R1に変異があるため、うま味を感じられないことが明らかになりました。しかしパンダは草食ながら、肉食動物のクマと同様に、肉を分解するために必要なタンパク質分解酵素を体内で分泌しています。これらのことから、肉などに含まれるグルタミン酸のうま味を感じられなくなったパンダは、肉食から草食へと変化したのではないかと考えられています[58]。

ネコやパンダと比較して、さらに味を感じない動物もいます。それは、ペンギンです。ペンギンは、酸味と塩味しか感じられないと考えられています。ペンギンがうま味、甘味、苦味を感じられなくなった理由の1つに、温度受容体でもあるTRPM5の機能の低下が関与しているのではないかと考えられています。TRPM5は温度を感じるだけでなく、実は味細胞にも発現していて、味細胞が受容したうま味、甘味、苦味を脳へと情報伝達するために必要な分子です。しかし、低温になるとTRPM5の機能が低下します。多くのペンギンは極寒の南極で生活しているため、TRPM5の機能が低下し、その結果、うま味、甘味、苦味が感じられなくなり、最終的には、3種類の味覚受容体が不要になったのではないかと考えられています。

では、温かい地域に住んでいるペンギンのこれら3種類の味覚受容体はどうなっているのでしょうか？　これらのペンギンも3種類の味覚受容体を欠損しています。このことから、温かい地域に住んでいるペンギンももともとは南極で生活をしていて、3種類の味覚受容体を欠損してから、南極大陸から違う地域へと移動していったのではないかと考えられています[59]。

▼臓器も味を感じる？

味覚受容体が舌以外の臓器で発現していることが知られています。しかし、それらがどのような機能があるのかについては、つい最近まであまり明らかになっていませんでした。

その発見は、味覚受容体に関する実験の失敗から発見されました。うま味と甘味の両方を感じるために必要なT1R3受容体を欠損させたマウスを作出する実験が行われていました。しかし、何度実験を行ってもうま味と甘味の両方の受容体を欠損したマウスが生まれてきませんでした。そこで、なぜ仔が生まれてこないのか、原因を調べたところ、マウスの精子が正しく作られていないことがわかったのです。つまり、味覚受容体が欠損するとなぜか精子が正しく作られなくなるのです[60]。なぜこの味覚受容体が精子の発生を制御しているのかについては明らかになっていません。また、近年では精子にうま味受容体も発現していることが明らかになっています[61]。これらのことから、卵から放出される化学物質をこれらの味覚受容体で感知している可能性が考えられます。さらに、味覚受容体は精子だけでなく、脳や胃、心臓、小腸、肝臓、気管など生体内のさまざまな組織で発現しています[62]。

鼻の味覚受容体の例をあげてみましょう。その前に、嗅覚では触れなかった鼻の大切な役割について理解しておくことが必要です。鼻（**鼻腔**《びくう》）の周りには、**副鼻腔**《ふくびくう》と呼ばれる4つの空間があり、鼻粘膜の乾燥の予防や空気のろ過に関与しています。副鼻腔内の粘膜上皮に空気は接触します。そして空気中に含まれるほこりや塵、細菌やウイルスやその他の粒子が肺へ到達しないように捉えます。また、吸い込んだ空気を温めて湿気を加える役割もしています。副鼻腔内の粘膜からは粘液が分泌されていて、粘膜上皮上に存在する繊毛の運動によって、ゆっくりとした流れができています。この粘液は、頭蓋骨内のさまざまな場所にある排出スポットから鼻腔へと排出され、最終的には胃に運ばれます。そのため、粘液中に存在する細菌やウイルスは胃液で消化されます。

風邪などのウイルスや細菌に感染すると鼻腔に炎症が起こります。副鼻腔は鼻腔管を介して鼻腔とつながっているため、鼻腔の炎症が副鼻腔にも波及します。この状態が、**急性副鼻腔炎**と呼ばれる状態ですが、自然に治ったり、抗生物質によって治ったりします。副鼻腔炎が長引いた場合、粘膜上皮細胞の膿を排出する能力が低下してしまい、粘膜そのものがはれ上がり、鼻腔管を塞いでしまいます。すると、さらに炎症が起こり、治りにくくなるという悪循環に陥ります。これが**慢性副鼻腔炎**、いわゆる**蓄膿症**です。

一方で、イヌやネコといった動物では、風邪を引いたり、あるいは鼻炎になったりということを聞いたことがあまりないと思います。ヒトの場合、イヌやネコといった動物とは異なり、副鼻腔の粘液を排出するための管の1つが、上頬の内側にある最大の副鼻腔である**上《じょう》顎《がく》洞《とう》**と呼ばれる部位の一番上にあります。上顎洞は鼻腔のやや下にあるため、粘液を排出するには、わざわざ重力に逆らって上に粘液を運び出さなければならないのです。そのため、構造的に粘液が上顎洞の中にたまりやすくなっています。

この構造的な欠陥が影響しているのか、たまたまなのか、ヒトの鼻腔や副鼻腔の粘膜上皮には、苦味受容体T2R38が発現しています。[63] T2R38が、鼻腔や副鼻腔内に存在する細菌が産生した物質を検知すると、粘膜上皮細胞内の細胞内Ca^{2+}濃度が上昇します。その変化が引き金となり、ガスである**一酸化窒素**（nitric oxide：**NO**）を合成する酵素が活性化させます。その結果、殺菌作用を持つNOが粘膜上皮細胞から放出され、細胞の周囲に存在する細菌を殺します。さらに、NOは粘膜上皮細胞上にある繊毛の運動を活性化し、周囲に存在する細菌を排除します。このようにT2R38は、気管からの感染を防ぐ作用があることが明らかになっています。

T2R38 遺伝子には、一塩基多型が3か所あり、49番目のアラニンがプロリン（A49P）、262

番目のバリンがアラニン（V262A）、296番目のイソロイシンがバリン（I296V）へとアミノ酸置換が起こる場合があります。これらの一塩基多型により、AVI型とPAV型の2種類の遺伝子が存在します。私たちの染色体には、父母由来の2つの *T2R38* 遺伝子が存在します。AVI型の遺伝子を2つ持つ場合、人工苦味物質である**フェニルチオカルバミド**を感じることができません（**ノンテイスター**）。一方、PAV型の遺伝子を2つ持つ場合は、**スーパーテイスター**、PAVとAVI型の遺伝子を1つずつ持つ場合は、中間の**マイルドテイスター**になります[64]。そこでスーパーテイスターと細菌性の副鼻腔感染症との関係を調べたところ、スーパーテイスターはノンテイスターよりも感染症に感染しにくいことがわかったのです[63]。これらの結果から、鼻腔や副鼻腔などの上皮細胞は苦味受容体 T2R38 を用いて細菌を検知し、異常がある場合には、感染を予防するように機能することがわかったのです。今後、T2R38 をはじめとした T2 ファミリーの苦味受容体が、その他の感染症（インフルエンザなど）や疾患（がんなど）にどう影響するのか、明らかにされることが期待されます。

感覚の基本講義④　視　覚

みなさんが持っているスマートフォンには、デジタルカメラがついています。最近では、自動焦点機能、自動絞り機能、手振れ防止機能、自動撮影対象追尾機能、自動コントラスト調節など、さまざまな機能がこれでもかというぐらいついています。

私たちの眼も、デジタルカメラに負けず劣らず、自動焦点、自動絞り、手振れ防止機能がついているだけでなく、立体視も可能な高感度カメラと機能が盛りだくさんです。眼、つまり眼球には、水晶体と呼ばれる柔らかいレンズがあり、両端に結合している**毛様体筋**と呼ばれる筋肉の力でその厚みを変化させて、自動的に焦点調節を行っています。ヒトが持つ精細な焦点調節機能に不備が起こると現れるおもな症状が近視です。ちなみに、日本では、裸眼視力が1・0未満、つまり近視の小学生が小学生全体の約37・5%、中学生の場合、58・3%、高校生の場合63・1%との報告があります[65]。近視の発症には、遺伝的要因と環境的要因の両方が関与すると考えられていますが、まだはっきりとしたことはわかっていません。ただいえることは眼球の前後の長さが焦点に対して長すぎることによって起こります。一方で遠視の場合は、眼球の前後の長さが短すぎるために光が焦点を結ぶ前に光を感じる部分である網膜に届いてしまうことが原因です。もう1つの症状には、**老視**、あるいは老眼があります。老視は、加齢とともに進む遠視の1つで、水晶体の柔軟性が低下する、あるいは毛様体筋の筋力が衰えるために起こります（**図70**）。

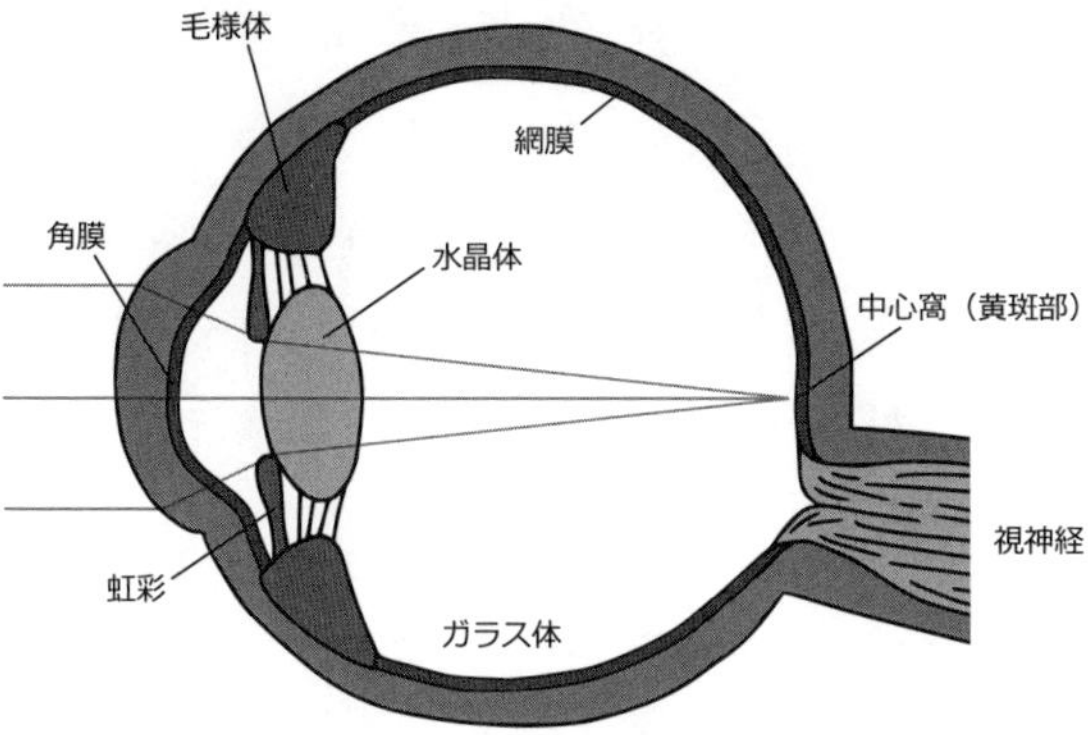

図 70　眼球の構造

眼球の表面には、厚さ0・5ミリメートルほどの厚さの薄くて透明性の高い膜があります。この部分を**角膜**と呼びます。毛様体では、栄養と酸素を含んだ透明な液体である**房水**が作られます。ヒトの体は血液によって栄養と酸素を送りますが、透明な組織である水晶体や角膜、**ガラス体**では血管を巡らせるわけにいきません。そこで、血液の代わりに房水が用いられています。眼球の内部にはガラス体と呼ばれる透明なゼリー状の組織があります。これは、眼球の形を保ち、外部からの衝撃を吸収し、眼球を守る機能があります。また、血管に変わって酸素や栄養分を補給し、老廃物を運搬する役割もあります。房水の流れに異常が起こると眼の中の圧力、**眼圧**が上昇します。これは、空気を無理やりたくさん詰められたサッカーボールのような状態です。眼圧が上昇することで、**視神経**が圧迫されて起こる病気が**緑内障**です。

水晶体の前には、**虹彩**と呼ばれる色素の含まれた部位があり、その伸縮によって瞳の大きさを変化させて眼球に入る光の量を調節します。虹彩は、眼や網膜の発生を調節するPAX6という転写因子によって発生が調節されています。*PAX6*遺伝子は、母親と父親からそれぞれ1つずつ、合計2つ受け継ぎますが、そのうちの1つに異常があると虹彩が形成されない**無虹彩症**（10万人に1人程度の発症率とされています）を引き起こします。

眼球は、周囲の明るさや色、物体の形や動き、そして奥行きの情報などを脳へ伝達するための重要な装置です。光の情報を受け取るための光センサーが、眼球の内側に0・2ミリメートルほどの厚みの神経の膜がおおっていて、カメラでいうフィルムあるいはCCDの役割をしています。この神経の膜のことを**網膜**と呼びます。網膜はフィルムやCCDとは異なり、平面ではないだけでなく、光センサーが均一に分布しているわけでもありません。目から入った光が集まる網膜の中心部には**キサントフィル**という黄色の色素が豊富に含んでいるため**黄斑部**《おうはんぶ》と呼ばれます。ヒトは、基本的に黄斑部で焦点を合わせて、対象物を見ています。さらに黄斑部の中心部は、**中心窩**《ちゅうしんか》と呼ばれ、くぼんでいて、この部位には光を受容するための視細胞が豊富に存在するために、視る対象物を細かく見るための能力が高くなっています。そのため、中心窩に何らかの障害が起こると視力が低下します。

網膜は、感度が不均一にもかかわらず、私たちはゆがみのない画像を認識しています。これは、網膜に投影された対象物を単純に信号化し、その信号をそのまま画像として認識しているわけではないことを意味しています。つまり、網膜で受光した光の情報は、網膜の神経回路内で情報処理を受けた後に脳へ伝達され、さらに脳内でさまざまな処理をされることで初めて画像として認識されているのです。この網膜と脳をつなぐ神経のことを視神経といい、ビデオカメラにたとえるとカメラとコンピューターをつなぐケーブルの役目をしています。

▼網膜の構造

網膜には、光が入ってくる方向から、**神経節細胞**、**双極細胞**、**視細胞**が直列に配列しています。そして**アマクリン細胞**や**水平細胞**がその間を横切る形で配置されています（**図71**）。光は、視細胞を刺激し、その電気的な信号が双極細胞に伝えられ、神経節細胞で処理され、そのまま視神経とな

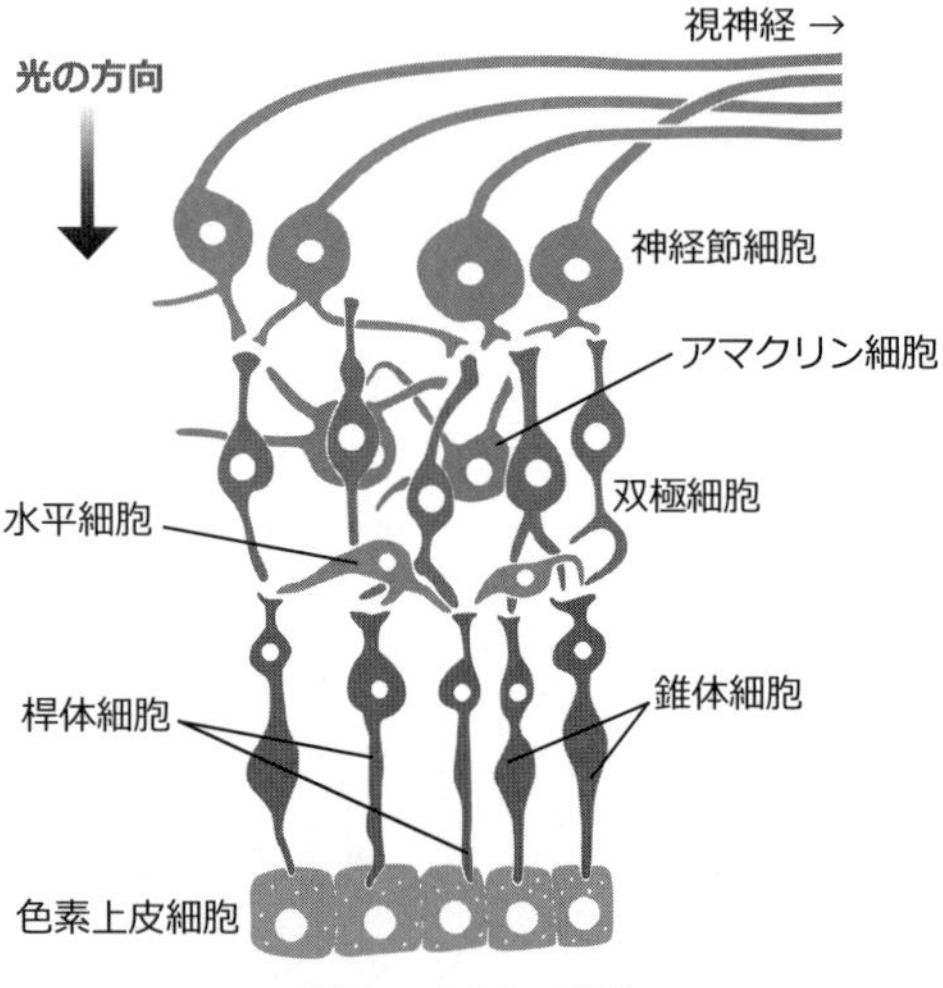

図71　網膜の構造

り、脳へ伝達されます。この縦方向の情報伝達を横方向につなぐのが水平細胞とアマクリン細胞です。水平細胞は視神経と双極細胞のシナプス伝達を、アマクリン細胞は双極細胞と神経節細胞のシナプス伝達を調節すると考えられていて、物体の輪郭の強調に役立っていると考えられています。

視神経の先端は、光の入る方向とは逆側にある色素上皮細胞と呼ばれる真っ黒な細胞に包まれています。細胞の透明度が高いといっても、3種類の細胞、場合によってはアマクリン細胞や水平細胞を光が通過すると、光量も画質も低下してしまいます。そのため、中心窩の部分では神経節細胞と双極細胞が押し倒された形になっていて、視細胞に直接光が入るような構造になっています。また視細胞が黒い色素上皮細胞に包まれているのは、入ってきた光が散乱して他の部分の視細胞を刺激しないようにするためです。ここでみなさん不思議に思われたかもしれません。確かにヒトや他の脊椎動物の網膜は非常に精密な構造をしています。しかし、なぜ光を感じるための視神経が光に背を向けているのでしょうか？　より微弱な光を受容し、精細な画像を得るためには、視神経を光のほうに向けたほうがよいはずです。そのような網膜の構造を持った生き物がいます。それはイカやタコといった頭足類です。頭足類では、網膜は逆転していません。そのため、イカやタコは非常に微弱な光を受容できると考えられています。一方で、脊椎動物の視神経がなぜ光に対して背を向けるようになったのかという理由は、明らかになっていません。

感覚の発展講義　光情報のシグナル化

視神経には2種類あります。光を感じる部分が棒状になった**桿体**《かんたい》と呼ばれるものと、三角形になった**錐体**《すいたい》と呼ばれるものです（図72）。桿体の数は、約1億個あり、光の強度、つまり明暗に反応します。一方、錐体の数は桿体よりも少なく約数百万個で、赤色、緑色そして青色の光の三原色に対応する3種類の細胞に分かれています。私たちが光や色を感じるのはこれらの桿体と錐体の視細胞によるものです。光の強度を感じる桿体の数が、色を感じる錐体の数よりも多く感じられるかもしれません。実は、これらの視細胞は網膜上でそれぞれ異なる分布をしています。たとえば色を感じるための錐体は黄斑部に高密度で存在していますが、光を感じる桿体は網膜全体に存在しています。つまり、数が少なくても、局在している部分が異なるために十分に機能するのです。

桿体には、**ロドプシン**と呼ばれる光に反応する**視物質（光感受性タンパク質）**が含まれています。このロドプシンは、**オプシン**と呼ばれるタンパク質に**11-シスレチナール**と呼ばれる**ビタミンA誘導体**が結合したものです。暗所では、オプシンと11-シスレチナールが結合した状態で、光を受光

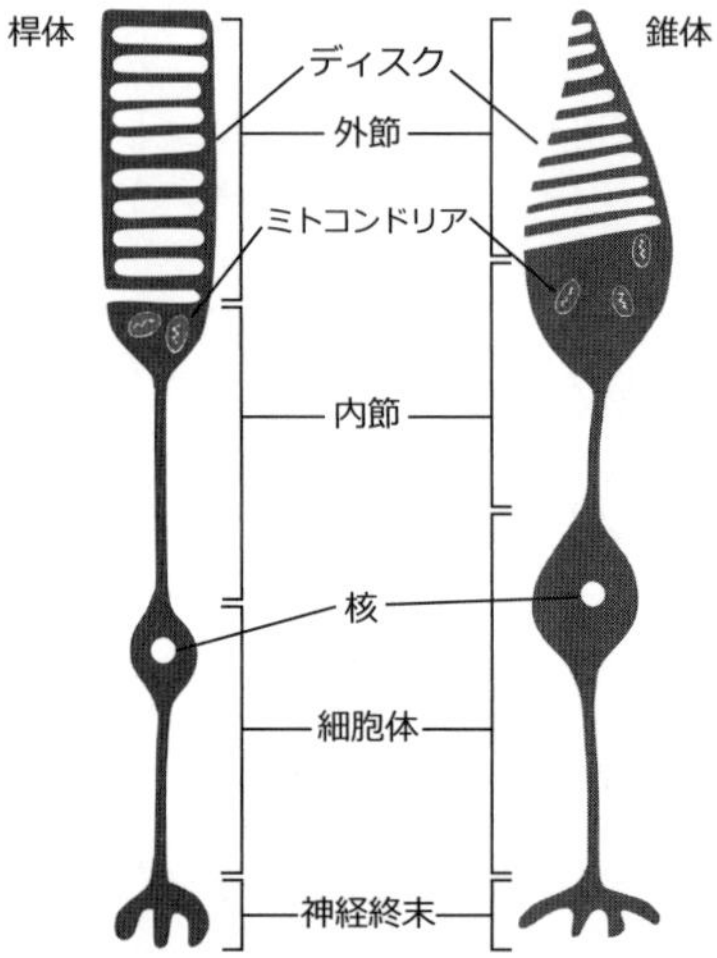

図 72　桿体と錐体

する準備をしています。錐体にも、11-シスレチナールと桿体とは別のオプシンが結合した**フォトプシン**がと呼ばれる物質が含まれています。フォトプシンを構成するオプシンは、3種類存在しています。それは、光の三原色である赤色（最大識別波長560ナノメートルで実際には黄緑。吸収波長域は500〜700ナノメートル）、緑色（最大識別波長530ナノメートル。吸収波長域は、450〜630ナノメートル）そして青色（最大識別波長430ナノメートル。吸収波長域は400〜500ナノメートル）の光を吸収することができます。1つの錐体には、これらのオプシンのうち1つが発現しています。それぞれのオプシンは三原色のうち1色だけを感じ取るのではなく、周辺の幅の広い範囲光を吸収することができます。この範囲がお互いに重なり合っているので、受容した光の色は複数の錐体の反応の総和として認識されています。その総和を生み出して色の情報を作り出すのが、アマクリン細胞や水平細胞です。

視細胞の外節の部分には、円盤状の組織（**ディスク**）がぎっしりと並んでいます。そして、ディスクの外側、つまり視細胞の細胞質側に**トランスデューシン**、そして細胞膜を7回貫通する形でロドプシン、そして、**ホスホジエステラーゼ**（**PDE：環状ヌクレオチドリン酸分解酵素**）が存在し

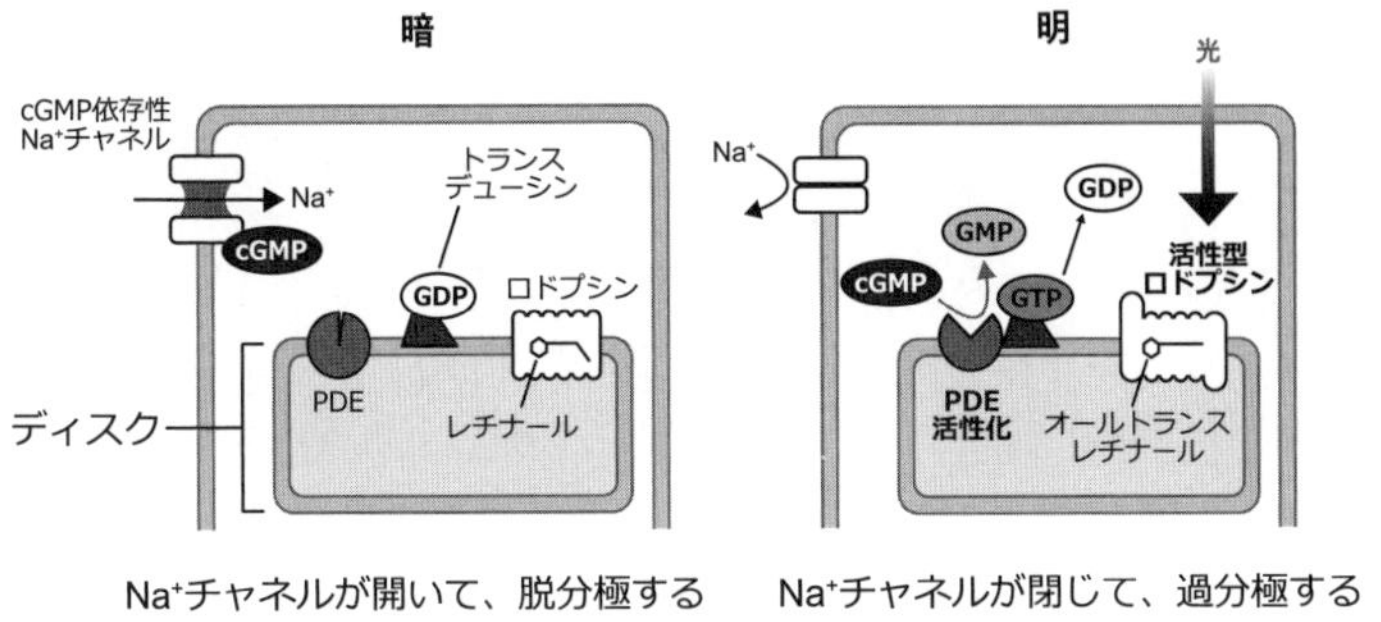

図 73　光情報のシグナル化

ています。また、**視細胞外節**の細胞膜上には、**環状ヌクレオチド作動性**（cyclic nucleotide-gated：**CNG**）**チャネル**が発現しています。このチャネルは、細胞内にcGMPが存在している場合には、常に開口した状態を保ちます。すると、細胞内にNa^+が流入するため、視細胞が脱分極します。つまり、視細胞は暗状態では、常にcGMPが細胞内に存在するため、常に脱分極している状態で、神経伝達物質であるグルタミン酸を分泌し続けています（図73）。

　視細胞に届いた光は、ロドプシンに含まれる11-シスレチナールに吸収されます。すると、11-シスレチナールは、その構造を変化させ**オールトランスレチナール**に変化します。すると、ロドプシンの構造にも変化が起こり、トランスデューシンを活性化します。トランスデューシンは、GTPをGDPへ分解する際にエネルギーを得て、ホスホジエステラーゼを活性化します。活性化されたホスホジエステラーゼは、視細胞の細胞質内に存在するcGMPを**GMP**（**グアノシン一リン酸**）に分解します。その結果、開口していたCNGチャネルが閉じることで、視細胞は一気に過分極します。これにより、マイナスの光受容電位が発生します。

光を感じる視神経は、通常の神経細胞とは異なり、過分極することで光の情報を脳に伝えているのです。また、同様なしくみが錐体のオプシンでも起こります。つまり、特定の波長の光をオプシンが受容することで、その波長の色の信号として錐体細胞が過分極します。そして3種類の錐体がどのような割合で活性化されたかによって色情報を受容します。

光を感じることで、11-シスレチナールは、オールトランスレチナールへと変化します。しかし、光を吸収し変化したままでは、次に届く光や色を感じることができなくなってしまいます。そこで、桿体の中では、ロドプシンを一度分解して、ロドプシンを新たに作るということを行います。まず細胞内にあるオールトランスレチナールを、ビタミンAの1つの形でもあるオールトランスレチノールに変換します。その後、オールトランスレチノールは、11-シスレチノールに変換され、最終的に、11-シスレチナールに変換され、新しいロドプシンが形成されます。

ここで重要になるのがビタミンAです。ビタミンAは桿体の細胞質と網膜の**色素上皮細胞**の両方に存在します。レチナールを新たに合成する必要がある場合、桿体や色素上皮細胞のビタミンAを利用しますが、レチナールが過剰に存在する場合は、逆にビタミンAに逆変換されます。このようにレチナールとビタミンAは、お互いに変換されています。そのため、重篤なビタミンA不足になれば、暗がりや夜にものが見にくくなる夜盲症を引き起こします。ただ、飽食の現代では、**夜盲症**はめったに起こりません。というのも大量のビタミンAを私たちは、肝臓に蓄えているためです。

明るい場所から暗い場所へ移動してしばらくすると、眼が慣れてきて周囲が見えるようになってきます。この反応を「**暗順応**」と呼びます。暗順応は、酵素反応によってオールトランスレチナールから11-シスレチナールを多く産生し、わずかな光にも反応できるようにしています。この反応には、30分程度の時間がかかります。一方、暗い場所から明るい場所へと移動すると、明るさに当初は慣れませんが、数秒で眩しさがなくなり周囲が徐々に見えてくるようになります。この反応を「**明順応**」と呼びます。この過程では、11-シスレチナールを分解し、光への反応を制限しています。分解だけのため、数秒で順応できるのです。Aさんが朝日を眩しいと感じたのは、まだ明順応していなかったためなのです。

▼もっと光を！

この言葉は、ヨハン・ヴォルフガング・フォン・ゲーテが臨終の場で語ったとされています。さて、朝起きたら突然周りのものの色がすべて黄色に見えたらどうでしょうか？ 何か自分におかしなことが起きたのか心配になり、もっと光を！ではなく、もっと色を！と思うかもしれません。

実際に、ものが黄色に見える疾患があり、**黄《おう》視《し》症《しょう》**と呼ばれます。原因の1つに薬の副作用があります。中でも、**ジギタリス**という薬を使うとものが黄色に見えるようになる場合があります。ジギタリスは、18世紀後半から心不全やてんかんなどの治療に用いられていました。ジギタリスは、細胞膜上にある**Na^+／K^+ポンプ**と呼ばれるチャネルを阻害します。Na^+／K^+ポンプは、細胞内のATPを利用して、細胞内からNa^+を汲み出し、細胞外のK^+イオンを取り込みます。このNa^+／K^+ポンプが阻害されることで、細胞内にNa^+がたまるようになります。その結果、心筋細胞内のCa^{2+}濃度が上昇し、心臓の収縮力が増加するようになります。

Na^+/K^+ポンプは、ヒトのすべての細胞に発現していて、桿体と錐体にも発現しています。先にも述べましたが、光が来ないときには、桿体や錐体の細胞内へNa^+が流入することで、脱分極していま す。ジギタリスを服用すると、Na^+流入が止まり、色を感じることがあります。錐体の中でも、特に赤色と緑色を感じる錐体が比較的薬物の影響を受けやすいため、その結果、2つの中間色である黄色を感じるようになります。画家であるフィンセント・ファン・ゴッホの作品には黄色が多く用いられています。緑であるはずの草木なども黄色く描かれています。ゴッホには**てんかん**があり、当時てんかんの治療薬としてジギタリスが用いられていたため、その副作用で、独特の色彩の画を描くようになったのではないかともいわれています。

黄視症以外にも、すべてのものが青く見えるようになる**青視症**《せいししょう》もあります。青視症で重要な役割を担うのが、桿体と錐体のディスクに存在するホスホジエステラーゼ（PDE）です。哺乳類では、11種類のPDEがさまざまな細胞に存在します。血管平滑筋に存在するPDE5の阻害剤であ る**シルデナフィル**は、血管平滑筋を弛緩させ、血流量を増加させることで、血圧を下げる作用があります。そのためシルデナフィルは、**肺動脈性肺高血圧症**の治療薬として用いられたり、局所的な血流量を増加させることで、男性の**勃起不全治療薬**としても用いられたりしています。シルデナフィルが、PDE5を選択的に阻害するといっても、その他のPDEの機能をまったく阻害しないわけではありません。桿体および錐体に発現するPDE6が、シルデナフィルによって阻害されると視細胞の機能不全を引き起こし、すべてのものが青色に見えるようになる場合があるのです。[66]

▼ジェニファー・アニストン細胞?!

今までは、目に入った情報をどのように脳へ伝えているのかを学んできました。私たちの脳は、目で視たものをどのようにして認識しているのか、について検証していきましょう。また世の中で日々出会う数多くの人やもの、そして場所といった無限とも思える視覚的な情報を脳の限られた数千億個の神経細胞だけでどのように処理して認識し、ときには記憶するのでしょうか。

「私のおばあさんの顔」を記憶するとき、私たちはどのような情報を用いてどのように記憶しているのでしょうか？　おばあさんの顔の特徴、たとえば両目の距離や鼻の高さ、唇の形や色、髪の毛の色といった情報に反応するさまざまな神経細胞が一緒に活動し、それらの神経活動の状態が組み合わさることで「私のおばあさん」として脳に記憶される可能性が考えられます。別の可能性として「私のおばあさん」の顔の情報や概念について選択的に反応する神経細胞が脳の中で作られ、それが「私のおばあさん」の情報を記憶するというものです。この選択的に「私のおばあさん」に反応する神経細胞は、「**おばあさん細胞**」と呼ばれるようになりました。[67]

「おばあさん細胞」の研究は、一見関連のないてんかんの治療と研究から大きく進展しました。ヒトの脳では、神経細胞同士の電気的な情報のやり取りのリズムが何らかの原因で乱れると、全身に痙攣《けいれん》が起こったり意識を失ったり身体の一部が勝手に動いたりする**てんかん**発作が起こります。てんかんの治療はまずてんかんを抑える薬を2、3種類用います。投薬によって2年以上治療を続けてもてんかん発作が止まらず日常生活に支障がある場合は、てんかんを引き起こす脳の部位を除去する開頭手術を勧められることがあります。開頭手術を行うためには、まずてんかん発生時に神経細胞の電気的な情報のやり取りに異常がみられる脳の部位を特定する必要があります。そのため、まず患者の脳に直接電極を埋め込み、てんかん発作時の神経細胞の活動を記録します。そして異常な脳の領域を探し出し、その場所の神経細胞を除去する手術を行います。

2005年アメリカの神経学者であるイツァーク・フリードらの研究チームは、てんかん患者8名の協力のもと、患者たちの内側側頭葉《ないそくそくとうよう》に電極を埋め込み次のような実験を行いました。それは特定の人物やものをさまざまな角度から撮影した写真や、その人物が役者である場合はさまざまな役柄を演じている場面の写真、その役者の名前の文字列だけを患者に見せるものでした。その結果、特定の人物に選択的に反応する神経細胞が内側側頭葉に存在することを発見しました[68]。患者たちに見せた写真の中には、アメリカの人気俳優であるブラッド・ピットやジェニファー・アニストン、ハル・ベリー、あるいはビル・クリントン前米大統領がありました。つまり、ブラッド・ピットにだけ反応する神経細胞やジェニファー・アニストンにだけ反応する神経細胞が内側側頭葉に存在するのです。この実験結果は「**おばあさん細胞**」または「**ハル・ベリー細胞**」の発見としてNatureで大きく紹介され、以後「**ジェニファー・アニストン細胞**」と呼ばれるようになりました。

2008年フリードらの研究チームは、さまざまな映画やドラマなどの場面を繋ぎ合わせた動画をてんかん患者たちに見せました。動画を見せた後、患者たちに感想を求め、頭に何かが思い浮かんだ瞬間にその思い浮かんだものを言葉で報告してもらいました。その結果、トム・クルーズの動画を見ているときだけでなく、トム・クルーズという概念が頭の中に思い浮かんだ瞬間でも活動する神経細胞、つまり「**トム・クルーズ細胞**」を発見しました[69]。

みなさんは不思議に思いませんか？　どうやって「ジェニファー・アニストン細胞」や「トム・クルーズ細胞」は私たちヒトの脳の中で作られるのでしょうか？　つまり神経細胞は、どのようにしてジェニファー・アニストンやトム・クルーズを記憶し認識できるようになるのでしょうか？

アメリカのカリフォルニア工科大学のドリス・ツァオらの研究グループは、サルにさまざまな写真を見せて、顔にだけ反応する神経細胞が密集しているパッチ状の構造（**顔パッチ**と呼ばれる）が大脳皮質に存在することを発見しました[70]。たとえば、両目がどれくらい離れているかに反応する神経細胞は、目と目の距離が近い場合には、神経細胞が興奮する頻度が低く、目と目の距離が離れている場合には、興奮頻度が高くなります。このことから顔パッチは、顔の特徴によって神経細胞の興奮頻度が変化し、それによって顔の特徴を捉えるセンサーとして機能します。では、神経細胞はどのようにして顔の特徴を捉えているのでしょうか？

ツァオは、鼻がどれくらい尖っているのか、目は顔のどの位置にあるのか、両目はどれくらい離れているのか、唇はどれくらい厚いのか、肌の色や髪型などの情報（次元）を組み合わせることで、あらゆる顔を作り出せることを発見しました。そこで、顔全体の中でも大きく変化する25の形状と25の外観を同定し、その50の次元を変化させて２０００種類にもおよぶ実在しない顔写真を作り出しました。そしてそれらの人工的に作成した顔写真をサルの前で短時間見せ、顔パッチの２０５個の神経細胞の活動を測定しました。その結果２０５個の神経細胞の興奮頻度のパターンを解析するだけで、サルに見せた２０００種類の顔を再構築することができたのです[71]。

その後の研究成果から、脳が顔を認識するしくみについて、以下の仮説が提唱されています。それは、ある顔パッチが顔の目の位置を検出した後、別の顔パッチが男性の顔であることを検出し、また別の顔パッチが悲しい顔であることを検出します。その後それらの検出情報は、**内側側頭葉**の神経細胞に同時に伝えられます。そして内側側頭葉の神経細胞でそれらの検出情報が統合された結果、その神経細胞が「ジェニファー・アニストン細胞」になるのではないかと考えられています。

感覚の基本講義⑤　聴覚

耳は、**外耳**、**中耳**、**内耳**の3つの部位に分けることができます。外から入ってきた音が通る穴を**外耳道**と呼びます。外耳とはこの外耳道の部位のことを指します。外耳道の突き当たりにあるのが、**鼓膜**です。鼓膜の先は、**鼓室**《こしつ》と呼ばれる空間になっています。鼓室は**耳管**と呼ばれる細い管で**咽**《いん》**頭**《とう》につながっています。この空間に、**耳小骨**と呼ばれる体内の中でも特に小さい骨が3つ、鼓膜側から**蝸牛**《かぎゅう》にかけて、**ツチ骨**、**キヌタ骨**、**アブミ骨**の順で配置されています。この耳小骨と耳管を合わせた領域を中耳と呼びます。

飛行機に乗ると、離着陸時に耳の奥や頭が痛くなり、耳が詰まったような感じを経験したことがあるのではないでしょうか？　飛行機が上昇すると機内の気圧が下がり、鼓膜内と外に気圧差ができ、鼓膜が外に向かって膨れます。そのため、飛行機の上昇中には耳が塞がったように感じます。

一方、着陸時には、耳の内側の気圧が外側と比較して相対的に低くなるため、鼓膜が内側に膨れます。つまり、鼓膜が中に押し込まれるようになるため、耳が痛くなり聞こえも悪くなります。この状態であくびをしたり唾を飲み込んだりすることで、耳の痛みがとれたことを経験された方が多いのではないでしょうか。

鼓室と咽頭には空気が通ることのできる耳管があります。通常はこの耳管は閉じられていますが、唾を飲み込んだりあくびをしたりすると、瞬間的に空気が通るようになります。このしくみによって、鼓膜内外の気圧の調整が行われ、痛みが自然に取れます。しかし、風邪などにより咽頭に炎症があったりすると耳管がうまく機能しません。そのために、耳が痛くなることがあります。

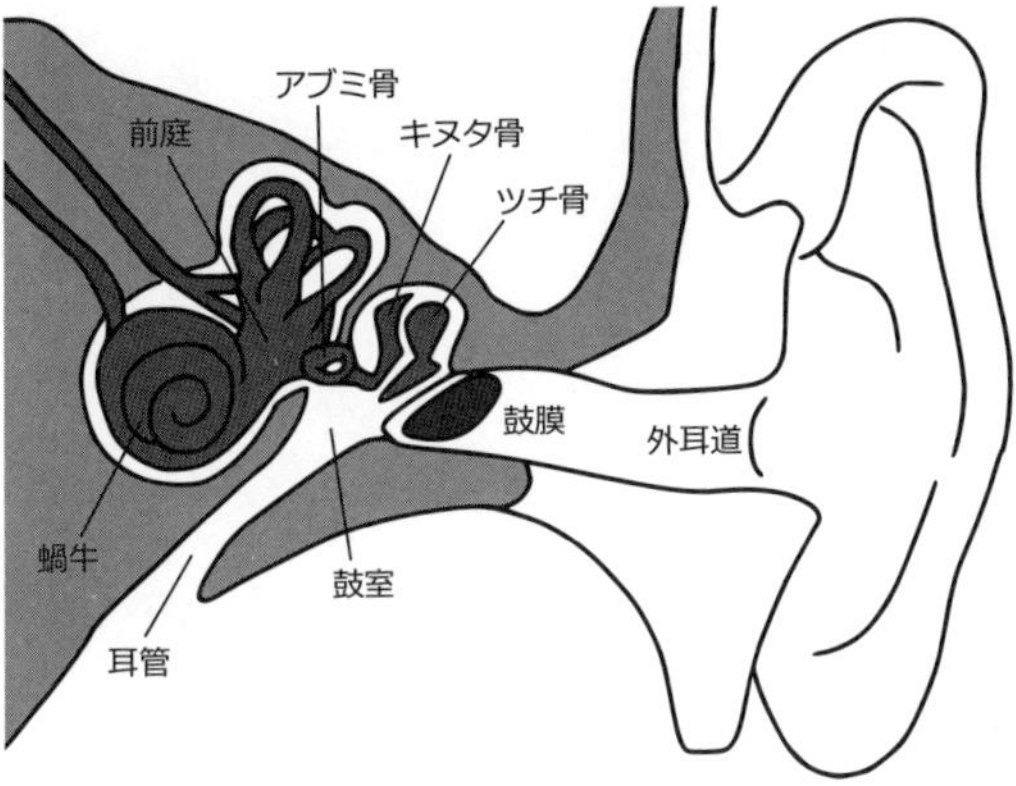

図 74　聴覚器の構造

さて、中耳まで伝達されてきた音、つまり空気の振動（音圧）は、蝸牛へと伝達されます。この蝸牛の部分を内耳と呼びます（**図74**）。蝸牛は音を電気的なシグナルに変換して、脳へ伝達しています。内耳が担う重要な感覚機能をもうすこし掘り下げてみましょう。

▼毛が大切

内耳は、音だけでなく、**平衡感覚**にも関与しています。蝸牛は聴覚を、前庭と呼ばれる部分は平衡感覚を担当しています。前庭には、体の垂直方向の動きを感じる**耳石《じせき》器《き》**と回転方向の動きを感じるための**半規管《はんきかん》**があります（**図75**）。前庭には、特殊な細胞、有毛細胞が存在します。**有毛細胞**の頂部には、1本の動毛と数十本の**不動毛**があります（**図76**）。

一方蝸牛では、3列に並んだ**外有毛細胞《がいゆうもうさいぼう》**と1列に並んだ**内有毛細胞《ないゆうもうさいぼう》**があります。ただ、蝸牛の有毛細胞は、前庭の有毛細胞とは異なり動毛はなく不動毛だけでできています。外有毛細胞と内有毛細胞のどちらも**蓋膜《がいまく》**と呼ばれるシート状の組織の中に埋め込まれています。音の振動は、蝸牛内部で、リンパ液の波に変換されて伝播していきます。この波が、蓋膜を上下に振動させます。すると、不動毛が曲がることで内外の有毛細胞が電気的に興奮します。ちなみに、有毛細胞の先端の不動毛がわずか±0・3ナノメートル、角度にして±0・003度変化するだけで有毛細胞は電気的に興奮します[72]。なお、内有毛細胞は、音の情報を脳へと伝え、外有毛細胞は、音を感

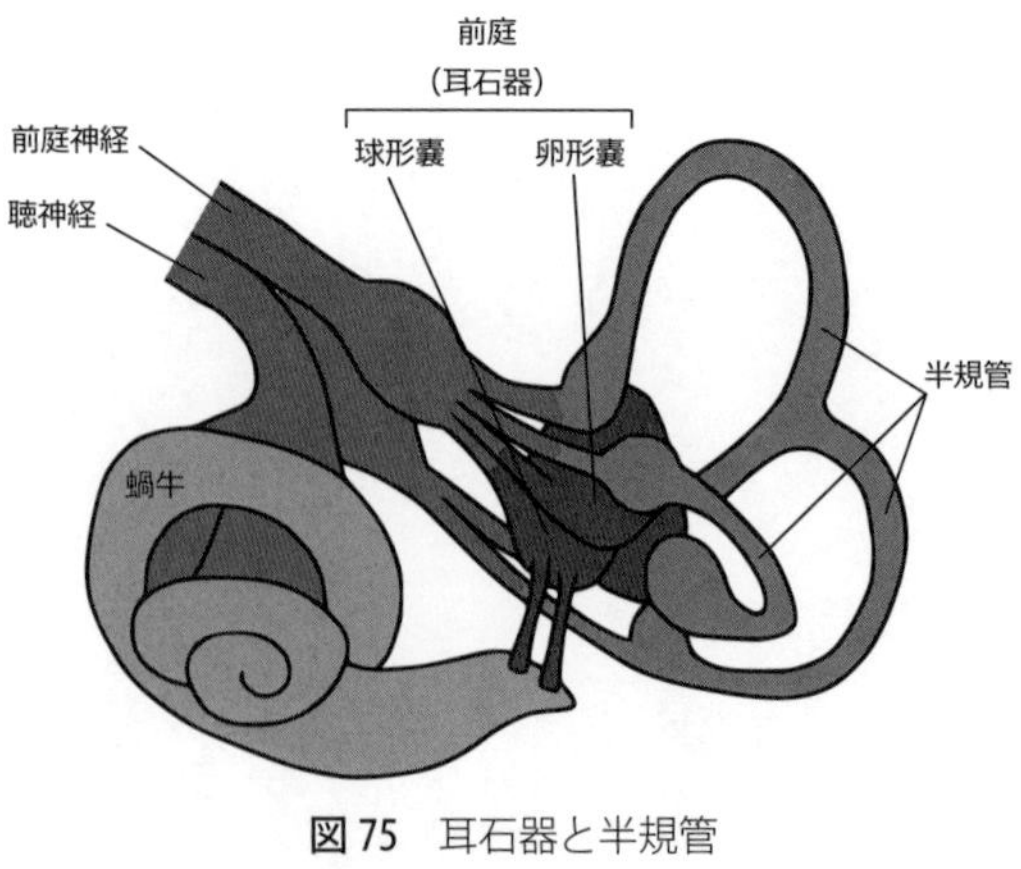

図75　耳石器と半規管

じるための感度を調節する役割をしています（**図77**）。

耳石器には、有毛細胞の上にゼラチン質でできた**平衡砂膜**《へいこうさまく》が覆いかぶさっています。その上には、炭酸カルシウムでできたさまざまな大きさの**耳石**《じせき》と呼ばれるつぶが多数のっています。耳石の大きさがそれぞれ異なるために、体の動きにしたがって耳石が動くと、平衡砂膜が変形します。その変形を有毛細胞の不動毛が感知することで体の垂直方向の動きを脳に伝えます。一方半規管には、耳

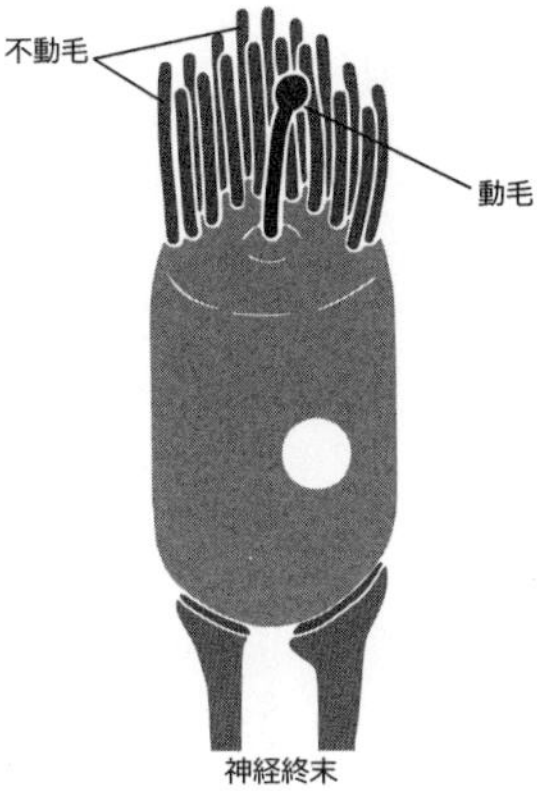

図76　有毛細胞の構造

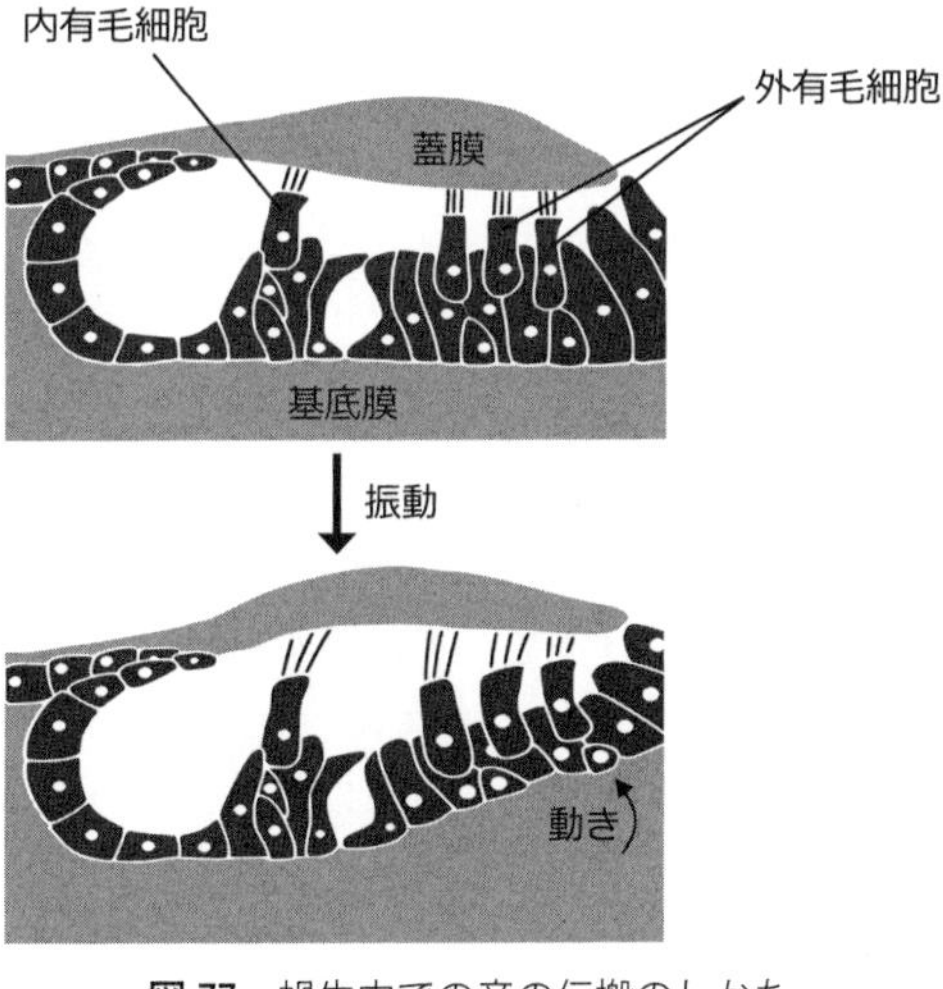

図77　蝸牛内での音の伝搬のしかた

石はありません。その代わりに**クプラ**と呼ばれるゼラチン質がソフトクリームのように有毛細胞を覆っています。クプラは、体が傾いたときに動きます。クプラの動きを組織に固定された有毛細胞が感じ取ることで体の回転や傾きを脳へ伝えることができるのです（図78）。

▼自分自身も動きます ― 音量調整の絶妙なしくみ

私たちの聴覚は、小さな音ほど敏感に反応し、大きな音ほど鈍感に反応します。たとえば、コンサートで大きな音を聞いても、しばらくするとその音に順応します。これは、外有毛細胞の特殊な性質によるものです。具体的には、外有毛細胞は興奮すると細胞体が長軸方向に収縮します。一方で、興奮がおさまると、逆に細胞体が伸長します[73]。音の振動の大きさに応じて、外有毛細胞の細胞体が伸縮し、聴覚の感度を調整していると考えられるのです。この特徴は、外有毛細胞の細胞体の側面にあるモータータンパク質の**プレスチン**によって制御されていると考えられています[74]。

私たちは、小さな音ほど敏感に反応しますが、その際に

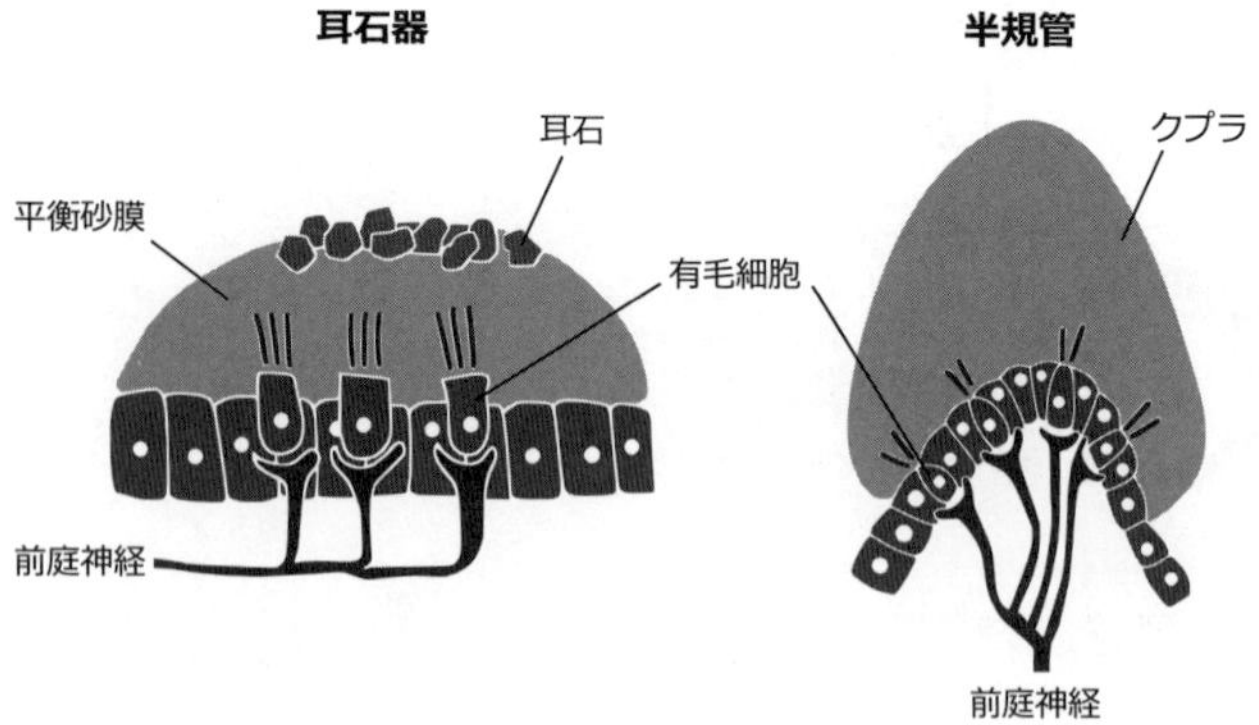

図78　耳石器と半規管

小さな音ほど蓋膜の振動が増幅されています。[75] プレスチン遺伝子を欠損させたマウスでは、この増幅が起こらなくなり、また聴力が低下します。[76] そのため、プレスチンによって外有毛細胞が伸縮することが蓋膜の振動の増幅と聴覚に必要不可欠だと考えられています。しかし、外有毛細胞の伸縮が、蓋膜の振動の増幅にどのように関与しているのかについては、まだ明らかになっていません。

▼大音量で音楽を聴くとキレてしまうかも

有毛細胞の先端の不動毛が変形することで、有毛細胞が電気的に興奮します。電気的な興奮にはイオンチャネルが必要なはずです。なぜ物理的に不動毛が変形すると有毛細胞は興奮するのでしょうか。それには、不動毛の特殊な構造にヒントがあります。不動毛は、有毛細胞から生えている部分に向かって徐々に細くなる構造をしています。その根元には、アクチン繊維が高密度に分布し、有毛細胞の頂側面に固定されています。さらに、不動毛同士は、直径数ナノメートル、全長90～200ナノメートルの**ティップリンク**と呼ばれる非常に微細なフィラメントによって架橋されています。それ以外にも、不動毛の側面同士を架橋する**ラテラルリンク**、不動毛と蓋膜とを架橋する**アタッチメントクラウン**という微細なフィラメントも存在します（**図79**）。

多くのフィラメントのうち、特に重要なのがティップリンクです。**機械電気変換**（mechanoelectrical transduction：**MET**）、つまり不動毛の動きの変化を電気信号に変換しているのが、**機械的に開閉する非選択的陽イオンチャネル**（**METチャネル複合体**）です。このMETチャネル複合体は、1体の不動毛あたり1～2個、不動毛の頂点面にあります。ティップリンクの下端は、MET

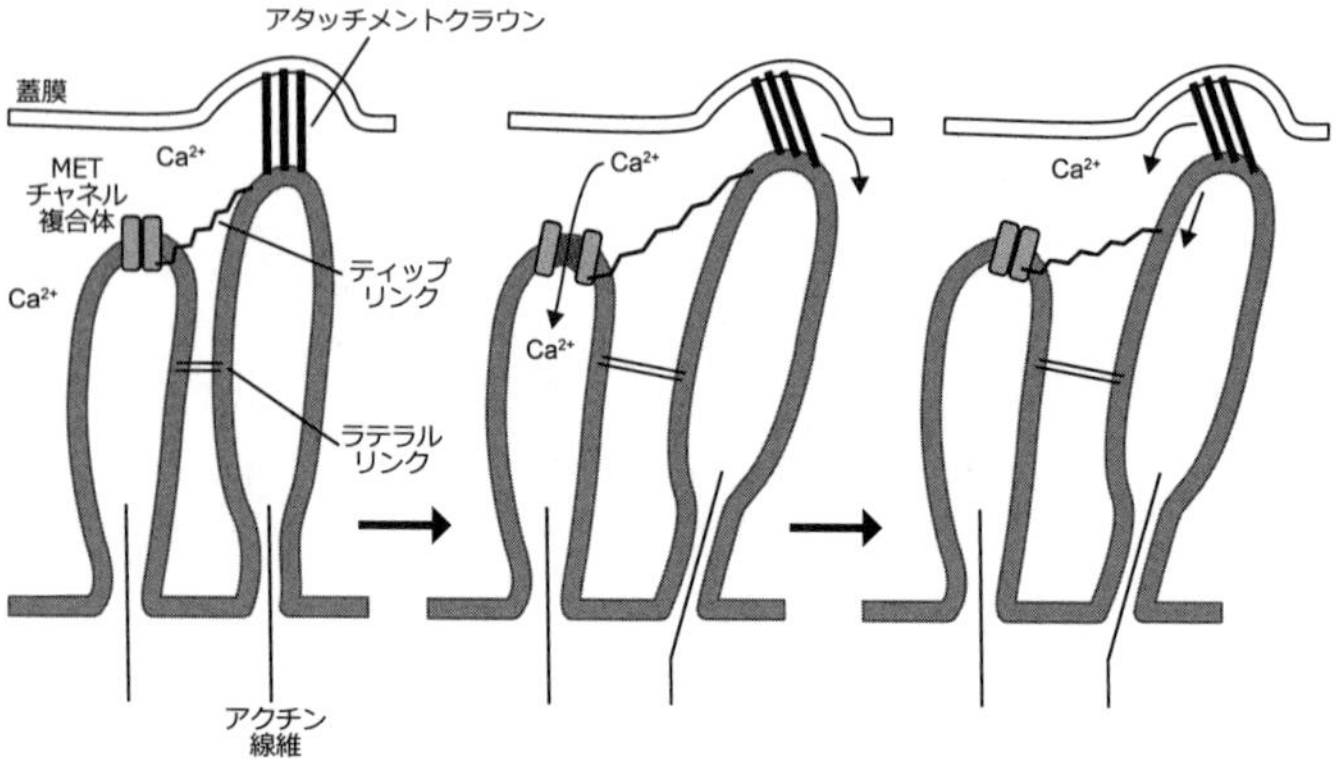

図 79　有毛細胞のティップリンク

チャネル複合体と直接結合しています。また、ティップリンクの両端には、モータータンパク質やその結合タンパク質が複合体を形成して、ティップリンクの張力を調節しています。蓋膜が振動して不動毛が曲がると、ティップリンクを介して下端にあるMETチャネルが開口して陽イオン（おもにCa^{2+}）が有毛細胞内に流入し、有毛細胞が興奮します[77]。一方、不動毛の根元は高密度なアクチン繊維があるため、ばねのようにもとの位置に戻ります。その結果、不動毛の傾きが戻るだけでなく、上端のティップリンクに結合しているモータータンパク質が下方向へ動くことで、ティップリンクの張力が低下し、METチャネルが閉じます（**図79**）。

METチャネルが開口することで、細胞内にCa^{2+}が流入します。流入したCa^{2+}は、カルシウム結合タンパク質であるオトフェリンと結合することで神経伝達物質の放出を促し、音の情報を聴神経へと伝達します[78]。このように非常に精巧なしくみによって私たちは音を聴くことができるのです。

近年、ＭＥＴチャネル複合体やティップリンクに結合しているモータータンパク質複合体の遺伝子変異によって**遺伝性難聴**や前庭の機能に障害が起こることがわかってきました。長時間に渡り大音量で音楽を聴くことで、ティップリンクが切断されてしまう可能性も示唆されています。哺乳類は、有毛細胞を再生することはできず、生涯にわたって、生まれながらに持っている有毛細胞を用いて音を感じています。日々大変な機械的なストレスを感じながら私たちに音を感じることを提供し続けている有毛細胞をキレさせてはいけないのはいうまでもありません。

人名索引

事項索引

▶あ行

▶か行

▶さ行

参考文献・図書

1章

1. Bianconi, E. *et al.*, An estimation of the number of cells in the human body. *Ann Hum Biol* 40, 463-471 (2013).
2. Kyogoku, H. & Kitajima, T. S., Large cytoplasm is linked to the error-prone nature of oocytes. *Dev Cell* 41, 287-298 (2017).
3. Braude, P. *et al.*, Human gene expression first occurs between the four- and eight-cell stages of preimplantation development. *Nature* 332, 459-461 (1988).
4. Van de Velde, H. *et al.*, The four blastomeres of a 4-cell stage human embryo are able to develop individually into blastocysts with inner cell mass and trophectoderm. *Hum Reprod* 23, 1742-1747 (2008).
5. Sasaki, H., Mechanisms of trophectoderm fate specification in preimplantation mouse development. *Dev Growth Differ* 52, 263-273 (2010).
6. Cockburn, K. & Rossant, J., Making the blastocyst: lessons from the mouse. *J Clin Invest* 120, 995-1003 (2010).
7. Gardner, R. L. & Rossant, J., Investigation of the fate of 4-5 day post-coitum mouse inner cell mass cells by blastocyst injection. *J Embryol Exp Morphol* 52, 141-152 (1979).
8. Lawson, K. A. *et al.*, Clonal analysis of epiblast fate during germ layer formation in the mouse embryo. *Development* 113, 891-911 (1991).
9. Evans, M. J. & Kaufman, M. H., Establishment in culture of pluripotential cells from mouse embryos. *Nature* 292, 154-156 (1981).
10. Capecchi, M. R., The new mouse genetics: altering the genome by gene targeting. *Trends Genet* 5, 70-76 (1989).
11. Maemura, M. *et al.*, Totipotency of mouse zygotes extends to single blastomeres of embryos at the four-cell stage. *Sci Rep* 11, 11167 (2021).
12. Willadsen, S. M., A method for culture of micromanipulated sheep embryos and its use to produce monozygotic twins. *Nature* 277, 298-300 (1979).
13. Gurdon, J. B., The developmental capacity of nuclei taken from intestinal epithelium cells of feeding tadpoles. *J Embryol Exp Morphol* 10, 622-640 (1962).
14. Willadsen, S. M., Nuclear transplantation in sheep embryos. *Nature* 320, 63-65 (1986).
15. Campbell, K. H. S. *et al.*, Sheep cloned by nuclear transfer from a cultured cell line. *Nature* 380, 64-66 (1996).
16. Wilmut, I. *et al.*, Viable offspring derived from fetal and adult mammalian cells. *Nature* 385, 810-813 (1997).
17. Boyer, L. A. *et al.*, Molecular control of pluripotency. *Curr Opin Genet Dev* 16, 455-462 (2006).
18. Thomas, K. R. & Capecchi, M. R., Site-directed mutagenesis by gene targeting in mouse embryo-derived stem cells. *Cell* 51, 503-512 (1987).
19. Thomson, J. A. *et al.*, Embryonic stem cell lines derived from human blastocysts. *Science* 282, 1145-1147 (1998).
20. Kitamura, T. *et al.*, Efficient screening of retroviral cDNA expression libraries. *Proc Natl Acad Sci USA* 92, 9146-9150 (1995).
21. Takahashi, K. & Yamanaka, S., Induction of pluripotent stem cells from mouse embryonic and

adult fibroblast cultures by defined factors. *Cell* 126, 663–676 (2006).
22. Takahashi, K. *et al.*, Induction of pluripotent stem cells from adult human fibroblasts by defined factors. *Cell* 131, 861–872 (2007).
23. Nakagawa, M. *et al.*, Generation of induced pluripotent stem cells without *Myc* from mouse and human fibroblasts. *Nat Biotechnol* 26, 101–106 (2008).
24. Wakayama, S. *et al.*, Healthy cloned offspring derived from freeze-dried somatic cells. *Nat Commun* 13, 3666 (2022).
25. Thomas, P. Q. *et al.*, *Hex:* A homeobox gene revealing periimplantation asymmetry in the mouse embryo and an early transient marker of endothelial cell precursors. *Development* 125, 85–94 (1998).
26. Srinvias, S. *et al.*, Active cell maigration drives the unilateral movements of the anterior visceral endoderm. *Development* 131, 1157–1164 (2004).
27. Jones, C. M. *et al.*, An anterior signaling centre in *Xenopus* reveled by the homeobox gene *XHex*. *Curr Biol* 9, 946–954 (1999).
28. Voiculescu, O. *et al.*, The amniote primitive streak is defined by epithelial cell intercalation before gastrulation. *Nature* 449, 1049–1052 (2007).
29. Hiramatsu, R. *et al.*, External mechanical cues trigger the establishment of the anterior-posterior axis in early mouse embryos. *Dev Cell* 27, 131–144 (2013).
30. Oki, S. *et al.*, Dissecting the role of Fgf signaling during gastrulation and left-right axis formation in mouse embryos using chemical inhibitors. *Dev Dyn* 239, 1768–1778 (2010).
31. Nüsslein-Volhard, C. & Wieschaus, E., Mutations affecting segment number and polarity in *Drosophila*. *Nature* 287, 795–801 (1980).
32. Riddle, R. D. *et al.*, *Sonic hedgehog* mediates the polarizing activity of the ZPA. *Cell* 75, 1401–1416 (1993).
33. Ulloa, F. & Briscoe, J., Morphogens and the control of cell proliferation and patterning in the spinal cord. *Cell Cycle* 6, 2640–2649 (2007).
34. 『北斗の拳に登場するキャラクター紹介』，北斗の拳 Official Web Site
http://www.hokuto-no-ken.jp/hokuto_archives/thouther
35. 『ブラック・ジャック作品』，手塚治虫ブラック・ジャック 40 周年記念アニバーサリー
https://www.akitashoten.co.jp/special/blackjack40/73
36. Nonaka, S. *et al.*, Randomization of left-right asymmetry due to loss of nodal cilia generating leftward flow of extraembryonic fluid in mice lacking kif3b motor protein. *Cell* 95, 829–837 (1998).
37. Hozumi, S. *et al.*, An unconventional myosin in *Drosophila* reverses the default handedness in visceral organs. *Nature* 440, 798–802 (2006).
38. International Clearinghouse for Birth Defects Surveillance and Research Annual Report. 2014. https://ghdx.healthdata.org/record/international-clearinghouse-birth-defects-surveillance-and-research-annual-report-2014
39. Prevention of neural tube defects: results of the Medical Research Council Vitamin Study. MRC Vitamin Study Research Group. *Lancet* 338, 131–137 (1991).
40. Nelen, W. L. D. M. *et al.*, Genetic risk factor for unexplained recurrent early pregnancy loss. *Lancet* 350, 861 (1997).
41. 厚生労働省，「神経管閉鎖障害の発症リスク低減のための妊娠可能な年齢の女性等に対する葉酸の摂取に係る適切な情報提供の推進について」平成 12 年 12 月 28 日
https://www.mhlw.go.jp/www1/houdou/1212/h1228-1_18.html
42. Molloy, A. M., Folate bioavailability and health. *Int J Vitam Nutr Res* 72, 46–52 (2002).

43. Obara, T. *et al.*, Prevalence and determinants of inadequate use of folic acid supplementation in Japanese pregnant women: the Japan Environment and Children's Study (JECS). *J Matern Fetal Neonatal Med* 30, 588-593 (2017).
44. Naiche, L. A. *et al.*, FGF4 and FGF8 comprise the wavefront activity that controls somitogenesis. *Proc Natl Acad Sci USA* 108, 4018-4023 (2011).
45. Aulehla, A. & Pourquié, O., Signaling gradients during paraxial mesoderm development. *Cold Spring Harb Perspect Biol* 2, a000869 (2010).
46. Wolpert, L., Positional information and the spatial pattern of cellular differentiation. *J Theor Biol* 25, 1-47 (1969).
47. Saga, Y., The mechanism of somite formation in mice. *Curr Opin Genet Dev* 22, 331-338 (2012).
48. Matsuda, M. *et al.*, Recapitulating the human segmentation clock with pluripotent stem cells. *Nature* 580, 124-129 (2020).
49. Gomez, C. *et al.*, Control of segment number in vertebrate embryos. *Nature* 454, 335-339 (2008).
50. Fowler, J. A., Control of vertebral number in teleosts — an embryological problem. *Q Rev Biol* 45, 148-164 (1970).
51. Head, J. J. & David, P. P., Dissociation of somatic growth from segmentation drives gigantism in snakes. *Biol Lett* 3, 296-298 (2007).
52. Lewis, E. B., A gene complex controlling segmentation in *Drosophila*. *Nature* 276, 565-570 (1978).
53. Schneuwly, S. *et al.*, Redesigning the body plan of *Drosophila* by ectopic expression of the homoeotic gene Antennapedia. *Nature* 325, 816-818 (1987).
54. Prud'homme, B. *et al.*, Body plan innovation in treehoppers through the evolution of an extra wing-like appendage. *Nature* 473, 83-86 (2011).
55. Lynch, V. J. *et al.*, Adaptive evolution of *Hox*-gene homeodomains after cluster duplications. *BMC Evol Biol* 6, 86 (2006).
56. Sessa, L. *et al.*, Noncoding RNA synthesis and loss of Polycomb group repression accompanies the colinear activation of the human *HOXA* cluster. *RNA* 13, 223-239 (2007).
57. Chambeyron, S. *et al.*, Nuclear re-organisation of the *Hoxb* complex during mouse embryonic development. *Development* 132, 2215-2223 (2005).
58. Dessaud, E. *et al.*, Pattern formation in the vertebrate neural tube: a sonic hedgehog morphogen-regulated transcriptional network. *Development* 135, 2489-2503 (2008).
59. Le Dréau, G. & Martí, E., Dorsal-ventral patterning of the neural tube: a tale of three signals. *Dev Neurobiol* 72, 1471-1481 (2012).
60. Poliakov, A. *et al.*, Diverse roles of eph receptors and ephrins in the regulation of cell migration and tissue assembly. *Dev Cell* 7, 465-480 (2004).
61. Takahashi, Y. *et al.*, Tissue interactions in neural crest cell development and disease. *Science* 341, 860-863 (2013).
62. Amiel, J. *et al.*, Hirschsprung disease, associated syndromes and genetics: a review. *J Med Genet* 45, 1-14 (2008).
63. Pingault, V. *et al.*, Review and update of mutations causing Waardenburg syndrome. *Hum Mutat* 31, 391-406 (2010).
64. Dixon, J. *et al.*, *Tcof1*/Treacle is required for neural crest cell formation and proliferation deficiencies that cause craniofacial abnormalities. *Proc Natl Acad Sci USA* 103, 13403-13408 (2006).

65. Nishiyama, C. *et al.*, Trans-mesenteric neural crest cells are the principal source of the colonic enteric nervous system. *Nat Neurosci* 15, 1211-1218 (2012).
66. Masaki, T. *et al.*, Reprogramming adult Schwann cells to stem cell-like cells by leprosy bacilli promotes dissemination of infection. *Cell* 152, 51-67 (2013).

2章

1. 総務省統計局「人口推計」2021年（令和3年）10月1日現在 https://www.stat.go.jp/data/jinsui/2021np/index.html
2. Pipoly, I. *et al.*, The genetic sex-determination system predicts adult sex ratios in tetrapods. *Nature* 527, 91-94 (2015).
3. Ginsburg, M. *et al.*, Primordial germ cells in the mouse embryo during gastrulation. *Development* 110, 521-528 (1990).
4. Call, K. M. *et al.*, Isolation and characterization of a zinc finger polypeptide gene at the human chromosome 11 Wilms' tumor locus. *Cell* 60, 509-520 (1990).
5. Bradford, S. T. *et al.*, A cell-autonomous role for WT1 in regulating *Sry in vivo*. *Hum Mol Genet* 18, 3429-3438 (2009).
6. Sinclair, A. H. *et al.*, A gene from the human sex-determining region encodes a protein with homology to a conserved DNA-binding motif. *Nature* 346, 240-244 (1990).
7. Koopman, P. *et al.*, Male development of chromosomally female mice transgenic for *Sry*. *Nature* 351, 117-121 (1991).
8. Cameron, F. J. & Sinclair, A. H., Mutation in *SRY* and *SOX9:* testis determining genes. *Hum Mutat* 9, 388-395 (1997).
9. Teixeira, J. *et al.*, Mullerian inhibiting substance: an instructive developmental hormone with diagnostic and possible therapeutic applications. *Endocr Rev* 22, 657-674 (2001).
10. Kim, Y. *et al.*, *Fgf9* and *Wnt4* act as antagonistic signals to regulate mammalian sex determination. *PLoS Biol* 4, e187 (2006).
11. Maatouk, D. M. *et al.*, Stabilization of beta-catenin in XY gonads causes male-to-female sex-reversal. *Hum Mol Genet* 17, 2949-2955 (2008).
12. Kaufman, R. H. *et al.*, Upper genital tract changes and pregnancy outcome in offspring exposed in utero to diethylstilbestrol. *Am J Obstet Gynecol* 137, 299-308 (1980).
13. Wilcox, A. J. *et al.*, Fertility in men exposed prenatally to diethylstilbestrol. *N Engl J Med* 332, 1411-1416 (1995).
14. Povey, A. C. & Stocks, S. J., Epidemiology and trends in male subfertility. *Hum Fertil* 13, 182-188 (2010).
15. Pomerantz, S. M. *et al.*, Expression of male-typical behavior in adult female pseudohermaphroditic rhesus: comparisons with normal males and neonatally gonadectomized males and females. *Horm Behav* 20, 483-500 (1986).
16. Goy, R. W. & Deputte, B. L., The effects of diethylstilbestrol (DES) before birth on the development of masculine behavior in juvenile female rhesus monkeys. *Horm Behav* 30, 379-386 (1996).
17. 新井康允,『脳の性差　男と女の心を探る』共立出版 (1999).
18. Baker, T. G., A quantitative and cytological study of germ cells in human ovaries. *Proc R Soc Lond B Biol Sci* 158, 417-433 (1963).
19. Gougeon, A., Dynamics of follicular growth in the human: a model from preliminary results. *Hum Reprod* 1, 81-87 (1986).
20. Honda, A. *et al.*, Large-scale production of growing oocytes in vitro from neonatal mouse

ovaries. *Int J Dev Biol* 53, 605–613 (2009).

21. Grøndahl, M. L. *et al.*, Gene expression profiles of single human mature oocytes in relation to age. *Hum Reprod* 25, 957–968 (2010).
22. Markholt, S. *et al.*, Global gene analysis of oocytes from early stages in human folliculogenesis shows high expression of novel genes in reproduction. *Mol Hum Reprod* 18, 96–110 (2012).
23. Mishina, T. *et al.*, Single-oocyte transcriptome analysis reveals aging-associated effects influenced by life stage and calorie restriction. *Aging Cell* 20, e13428 (2021).
24. Yamamuro, T. *et al.*, Rubicon prevents autophagic degradation of GATA4 to promote Sertoli cell function. *PLoS Genet* 17 e1009688 (2021).
25. Tosti, E. & Ménézo, Y., Gamete activation: basic knowledge and clinical applications. *Hum Reprod Update* 22, 420–439 (2016).
26. Bahat, A. *et al.*, Thermotaxis of human sperm cells in extraordinarily shallow temperature gradients over a wide range. *PLoS One* 7, e41915 (2012).
27. Caballero-Campo, P. *et al.*, A role for the chemokine receptor CCR6 in mammalian sperm motility and chemotaxis. *J Cell Physiol* 229, 68–78 (2014).
28. Teves, M. E. *et al.*, Progesterone at the picomolar range is a chemoattractant for mammalian spermatozoa. *Fertil Steril* 86, 745–749 (2006).
29. Miki, K. & Clapham, D. E., Rheotaxis guides mammalian sperm. *Curr Biol* 23, 443–452 (2013).
30. Hino, T. & Yanagimachi, R., Active peristaltic movements and fluid production of the mouse oviduct: their roles in fluid and sperm transport and fertilization. *Biol Reprod* 101, 40–49 (2019).
31. Usami, F. M. *et al.*, Intercellular and intracellular cilia orientation is coordinated by CELSR1 and CAMSAP3 in oviduct multiciliated cells. *J Cell Sci* 134, jcs257006 (2021).
32. Krauchunas, A. R. *et al.*, The molecular complexity of fertilization: Introducing the concept of a fertilization synapse. *Mol Reprod Dev* 83, 376–386 (2016).
33. Okabe, M., The cell biology of mammalian fertilization. *Development* 140, 4471–4479 (2013).
34. Inoue, N. *et al.*, The immunoglobulin superfamily protein Izumo is required for sperm to fuse with eggs. *Nature* 434, 234–238 (2005).
35. Bianchi, E. *et al.*, Juno is the egg Izumo receptor and is essential for mammalian fertilization. *Nature* 508, 483–487 (2014).
36. Noda, T. *et al.*, Sperm proteins SOF1, TMEM95, and SPACA6 are required for sperm-oocyte fusion in mice. *Proc Natl Acad Sci USA* 117, 11493–11502 (2020).
37. Fujihara, Y. *et al.*, Spermatozoa lacking Fertilization Influencing Membrane Protein (FIMP) fail to fuse with oocytes in mice. *Proc Natl Acad Sci USA* 117, 9393–9400 (2020).
38. Miyado, K. *et al.*, Requirement of CD9 on the egg plasma membrane for fertilization. *Science* 287, 321–324 (2000).
39. Tsuboi, R. *et al.*, Autologous cell-based therapy for male and female pattern hair loss using dermal sheath cup cells: A randomized placebo-controlled double-blinded dose-finding clinical study. *J Am Acad Dermatol* 83, 109–116 (2020).

3章

1. Troy, A. *et al.*, Coordination of satellite cell activation and self-Renewal by par-complex-dependent asymmetric activation of p38a/b MAPK. *Cell Stem Cell* 11, 541–553 (2012).
2. Huxley, H. E., The double array of filaments in cross-striated muscle. *J Biophys Biochem Cytol* 3, 631–648 (1975).

3. Crowfoot, D., X-ray single-crystal photographs of insulin. *Nature* 135, 591-592 (1935).
4. Brink, C. *et al.*, X-ray crystallographic evidence on the structure of vitamin B12. *Nature* 174, 1169-1171 (1954).
5. Komaki, H. *et al.*, Systemic administration of the antisense oligonucleotide NS-065/NCNP-01 for skipping of exon 53 in patients with Duchenne muscular dystrophy. *Sci Transl Med* 10, eaan0713 (2018).
6. Jinek, M. *et al.*, A programmable dual-RNA-guided DNA endonuclease in adaptive bacterial immunity. *Science* 337, 816-821 (2012).
7. Kenjo, E. *et al.*, Low immunogenicity of LNP allows repeated administrations of CRISPR-Cas9 mRNA into skeletal muscle in mice. *Nat Commun* 12, 7101 (2021).
8. McPherron, A. C. & Lee, S. J., Double muscling in cattle due to mutations in the myostatin gene. *Proc Natl Acad Sci USA* 94, 12457-12461 (1997).
9. Schuelke, M. *et al.*, Myostatin mutation associated with gross muscle hypertrophy in a child. *N Engl J Med* 350, 2682-2688 (2004).
10. 木下政人・髙橋拓児，京大発「肉厚マダイ」参上．京都大学広報誌『紅萠』(2018)（オンライン）
https://www.kyoto-u.ac.jp/kurenai/201809/taidan/
11. Weyand, P. G. *et al.*, The biological limits to running speed are imposed from the ground up. *J Appl Physiol* 108, 950-961 (2010).
12. Costill, D. L. *et al.*, Skeletal muscle enzymes and fiber composition in male and female track athletes. *J Appl Physiol* 40, 149-154 (1976).
13. Fink, W. J. *et al.*, Submaximal and maximal working capacity of elite distance runners. Part II. Muscle fiber composition and enzyme activities. *Ann NY Acad Sci* 301, 323-327 (1977).
14. Zierath, J. R. & Hawley, J. A., Skeletal muscle fiber type: influence on contractile and metabolic properties. *PLoS Biol* 2, e348 (2004).
15. Simoneau, J. A. & Bouchard, C., Genetic determinism of fiber type proportion in human skeletal muscle. *FASEB J* 9, 1091-1095 (1995).
16. Changeux, J. P. *et al.*, Acetylcholine receptor: an allosteric protein. *Science* 225, 1335-1345 (1984).
17. Noda, M. *et al.*, Primary structure of alpha-subunit precursor of *Torpedo californica* acetylcholine receptor deduced from cDNA sequence. *Nature* 299, 793-797 (1982).
18. Noda, M. *et al.*, Primary structures of beta- and delta-subunit precursors of *Torpedo californica* acetylcholine receptor deduced from cDNA sequences. *Nature* 301, 251-255 (1983).
19. Noda, M. *et al.*, Structural homology of *Torpedo californica* acetylcholine receptor subunits. *Nature* 302, 528-532 (1983).
20. Tanabe, T. *et al.*, Primary structure of the receptor for calcium channel blockers from skeletal muscle. *Nature* 328, 313-318 (1987).
21. Takeshima, H. *et al.*, Primary structure and expression from complementary DNA of skeletal muscle ryanodine receptor. *Nature* 339, 439-445 (1989).
22. Numa, S. *et al.*, Molecular insights into excitation-contraction coupling. *Cold Spring Harb Symp Quant Biol* 55, 1-7 (1990).
23. Ebashi, F. & Ebashi, S., Removal of calcium and relaxation in actomyosin systems. *Nature* 194, 378-379 (1962).
24. Ebashi, S. & Lipmann, F., Adenosine triphosphate-linked concentration of calcium ions in a particulate fraction of rabbit muscle. *J Cell Biol* 14, 389-400 (1962).
25. Ebashi, S. & Kodama, A., A new protein factor promoting aggregation of tropomyosin. *J*

Biochem 58, 107–108 (1965).
26. Maruyama, K. & Ebashi, S., Alpha-actinin, a new structural protein from striated muscle. II. Action on actin. *J Biochem* 58, 13–19 (1965).
27. Ebashi, S. & Ebashi, F., Alpha-actinin, a new structural protein from striated muscle. I. Preparation and action on actomyosinàtp interaction. *J Biochem* 58, 7–12 (1965).
28. North, K. N. *et al.*, A common nonsense mutation results in alpha-actinin-3 deficiency in the general population. *Nat Genet* 21, 353–354 (1999).
29. Yang, N. *et al.*, *ACTN3* genotype is associated with human elite athletic performance. *Am J Hum Genet* 73, 627–631 (2003).
30. Mikami, E. *et al.*, *ACTN3* R577X genotype is associated with sprinting in elite Japanese athletes. *Int J Sports Med* 35, 172–177 (2014).
31. Berman, Y. & North, K. N., A gene for speed: the emerging role of alpha-actinin-3 in muscle metabolism. *Physiology* 25, 250–259 (2010).
32. Wyckelsma, V. L. *et al.*, Loss of α-actinin-3 during human evolution provides superior cold resilience and muscle heat generation. *Am J Hum Genet* 108, 446–457 (2021).
33. Kangawa, K. & Matsuo, H., Purification and complete amino acid sequence of alpha-human atrial natriuretic polypeptide (alpha-hANP). *Biochem Biophys Res Commun* 118, 131–139 (1984).
34. Kuroda, T. *et al.*, Mass screening of cardiovascular disorders by two-dimensional echocardiography. *J Cardiol* 19, 933–943 (1989).
35. Watkins, H. *et al.*, Characteristics and prognostic implications of myosin missense mutations in familial hypertrophic cardiomyopathy. *N Engl J Med* 326, 1108–1114 (1992).
36. Geisterfer-Lowrance, A. A. *et al.*, A molecular basis for familial hypertrophic cardiomyopathy: a beta cardiac myosin heavy chain gene missense mutation. *Cell* 62, 999–1006 (1990).
37. Seidman, C. E. & Seidman, J. G., Identifying sarcomere gene mutations in hypertrophic cardiomyopathy: a personal history. *Circ Res* 108, 743–750 (2011).
38. Nyegaard, M. *et al.*, Mutations in calmodulin cause ventricular tachycardia and sudden cardiac death. *Am J Hum Genet* 91, 703–712 (2012).
39. Crotti, L. *et al.*, Calmodulin mutations associated with recurrent cardiac arrest in infants. *Circulation* 127, 1009–1017 (2013).
40. Brohus, M. *et al.*, Infanticide vs. inherited cardiac arrhythmias. *Europace* 23, 441–450 (2021).
41. Phillips, N., Trails of the heart. *Nature* 611, 219–223 (2022).
42. オーストラリア科学アカデミー「Science central in overturning Australia's greatest miscarriage of justice」2023年6月5日 https://www.science.org.au/news-and-events/news-and-media-releases/science-central-in-overturning-australias-greatest-miscarriage-of-justice
43. 総務省消防庁「令和3年版救急救助の現況」
44. 日本赤十字社「AED（自動体外式除細動器）を用いた電気ショック」 https://www.jrc.or.jp/study/safety/aed/
45. 公益財団法人日本AED財団 https://aed-zaidan.jp/index.html
46. 畔柳三省，スポーツ中の突然死．心臓 38，suppl3，53–60（2006）.

4章

1. Coste, B. *et al.*, Piezo1 and Piezo2 are essential components of distinct mechanically activated cation channels. *Science* 330, 55–60 (2010).
2. Wang, L. *et al.*, Structure and mechanogating of the mammalian tactile channel PIEZO2.

Nature 573, 225–229 (2019).

3. Ranade, S. S. *et al.*, Piezo2 is the major transducer of mechanical forces for touch sensation in mice. *Nature* 516, 121–125 (2014).
4. Woo, S. H. *et al.*, Piezo2 is required for Merkel-cell mechanotransduction. *Nature* 509, 622–626 (2014).
5. Chesler, A. T. *et al.*, The role of PIEZO2 in human mechanosensation. *N Engl J Med* 375, 1355–1364 (2016).
6. Marshall, K. L. *et al.*, PIEZO2 in sensory neurons and urothelial cells coordinates urination. *Nature* 588, 290–295 (2020).
7. Nonomura, K. *et al.*, Piezo2 senses airway stretch and mediates lung inflation-induced apnoea. *Nature* 541, 176–181 (2017).
8. Nonomura, K. *et al.*, Mechanically activated ion channel PIEZO1 is required for lymphatic valve formation. *Proc Natl Acad Sci USA* 115, 12817–12822 (2018).
9. Ma, S. *et al.*, Common PIEZO1 allele in african populations causes RBC dehydration and attenuates plasmodium infection. *Cell* 173, 443-455 (2018)
10. Jancso, M., Histamine as a physiological activator of the reticulo-endothelial system. *Nature* 159, 227 (1947).
11. Caterina, M. J. *et al.*, The capsaicin receptor: a heat-activated ion channel in the pain pathway. *Nature* 389, 816–824 (1997).
12. Montell, C. & Rubin, G. M., Molecular characterization of the drosophila *trp* locus : putative integral membrane protein required for phototransduction. *Neuron* 2, 1313–1323 (1989).
13. Lee, N. *et al.*, Expression and characterization of human transient receptor potential melastatin 3 (hTRPM3). *J Biol Chem* 278, 20890–20897 (2003).
14. Story, G. M. *et al.*, ANKTM1, a TRP-like channel expressed in nociceptive neurons, is activated by cold temperatures. *Cell* 112, 819–829 (2003).
15. Fujita, F. *et al.*, Intracellular alkalization causes pain sensation through activation of TRPA1 in mice. *J Clin Invest* 118, 4049–4057 (2008).
16. Vriens, J. *et al.*, TRPM3 is a nociceptor channel involved in the detection of noxious heat. *Neuron* 70, 482–494 (2011).
17. McKemy, D. D. *et al.*, Identification of a cold receptor reveals a general role for TRP channels in thermosensation. *Nature* 416, 52–58 (2002).
18. Bautista, D. M. *et al.*, The menthol receptor TRPM8 is the principal detector of environmental cold. *Nature* 448, 204–208 (2007).
19. Colburn, R. W. *et al.*, Attenuated cold sensitivity in TRPM8 null mice. *Neuron* 54, 379–386 (2007).
20. Dhaka, A. *et al.*, TRPM8 is required for cold sensation in mice. *Neuron* 54, 371–378 (2007).
21. Derouiche, S. *et al.*, Inhibition of transient receptor potential vanilloid 1 and transient receptor potential ankyrin 1 by mosquito and mouse saliva. *Pain* 163, 299–307 (2022).
22. Rowe, A. H. *et al.*, Voltage-gated sodium channel in grasshopper mice defends against bark scorpion toxin. *Science* 342, 441–446 (2013).
23. Cox, J. J. *et al.*, An *SCN9A* channelopathy causes congenital inability to experience pain. *Nature* 444, 894–898 (2006).
24. Yang, Y. *et al.*, Mutations in *SCN9A*, encoding a sodium channel alpha subunit, in patients with primary erythermalgia. *J Med Genet* 41, 171–174 (2004).
25. Buck, L. & Axel, R., A novel multigene family may encode odorant receptors: a molecular basis for odor recognition. *Cell* 65, 175–187 (1991).

26. Zhao, H. *et al.*, Functional expression of a mammalian odorant receptor. *Science* 279, 237–242 (1998).
27. Touhara, K. *et al.*, Functional identification and reconstitution of an odorant receptor in single olfactory neurons. *Proc Natl Acad Sci USA* 96, 4040–4045 (1999).
28. Zhang, X. *et al.*, Comparative genomics of odorant and pheromone receptor genes in rodents. *Genomics* 89 441–450 (2007).
29. Keller, A. *et al.*, Genetic variation in a human odorant receptor alters odour perception. *Nature* 449 468–472 (2007).
30. Pohl, S. L. *et al.*, Glucagon-sensitive adenyl cylase in plasma membrane of hepatic parenchymal cells. *Science* 164, 566–567 (1969).
31. Ross, E. M. & Gilman, A. G., Reconstitution of catecholamine-sensitive adenylate cyclase activity: interactions of solubilized components with receptor-replete membranes. *Proc Natl Acad Sci USA* 74, 3715–3719 (1977).
32. Rall, T. W. & Sutherland, E. W., Formation of a cyclic adenine ribonucleotide by tissue particles. *J Biol Chem* 232, 1065–1076 (1958).
33. Sutherland, E. W. & Rall, T. W., Fractionation and characterization of a cyclic adenine ribonucleotide formed by tissue particles. *J Biol Chem* 232, 1077–1091 (1958).
34. Takeuchi, H. & Kurahashi, T., Identification of second messenger mediating signal transduction in the olfactory receptor cell. *J Gen Physiol* 122, 557–567 (2003).
35. Keller, A. *et al.*, Genetic variation in a human odorant receptor alters odour perception. *Nature* 449, 468–472 (2007).
36. Jaeger, S. R. *et al.*, A Mendelian trait for olfactory sensitivity affects odor experience and food selection. *Curr Biol* 23, 1601–1605 (2013).
37. Pluznick, J. L. *et al.*, Olfactory receptor responding to gut microbiota-derived signals plays a role in renin secretion and blood pressure regulation. *Proc Natl Acad Sci USA* 110, 4410–4415 (2013).
38. Munakata, Y. *et al.*, Olfactory receptors are expressed in pancreatic β-cells and promote glucose-stimulated insulin secretion. *Sci Rep* 8, 1499 (2018).
39. Cheng, J. *et al.*, Autonomous sensing of the insulin peptide by an olfactory G protein-coupled receptor modulates glucose metabolism. *Cell Metab* 34, 240–255 (2022).
40. Stern, K. & McClintock, M. K., Regulation of ovulation by human pheromones. *Nature* 392, 177–179 (1998).
41. Zhang, Z. & Nikaido, M., Inactivation of *ancV1R* as a predictive signature for the loss of vomeronasal system in mammals. *Genome Biol Evol* 12, 766–778 (2020).
42. Kimoto, H. *et al.*, Sex-specific peptides from exocrine glands stimulate mouse vomeronasal sensory neurons. *Nature* 437, 898–901 (2005).
43. Kimoto, H. *et al.*, Sex- and strain-specific expression and vomeronasal activity of mouse ESP family peptides. *Curr Biol* 17, 1879–1884 (2007).
44. Haga, S. *et al.*, The male mouse pheromone ESP1 enhances female sexual receptive behaviour through a specific vomeronasal receptor. *Nature* 466, 118–122 (2010).
45. Hattori, T. *et al.*, Self-exposure to the male pheromone ESP1 enhances male aggressiveness in mice. *Curr Biol* 26, 1229–1234 (2016).
46. Osakada, T. *et al.*, Sexual rejection via a vomeronasal receptor-triggered limbic circuit. *Nat Commun* 9, 4463 (2018).
47. Ferrero, D. M. *et al.*, A juvenile mouse pheromone inhibits sexual behaviour through the vomeronasal system. *Nature* 502, 368–371 (2013).

48. Uenoyama, R. *et al.*, The characteristic response of domestic cats to plant iridoids allows them to gain chemical defense against mosquitoes. *Sci Adv* 7, eabd9135 (2021).
49. Nelson, G. *et al.*, An amino-acid taste receptor. *Nature* 416, 199–202 (2002).
50. Zhao, G. Q. *et al.*, The receptors for mammalian sweet and umami taste. *Cell* 115, 255–266 (2003).
51. Nelson, G. *et al.*, Mammalian sweet taste receptors. *Cell* 106, 381–390 (2001).
52. Nelson, G. *et al.*, An amino-acid taste receptor. *Nature* 416, 199–202 (2002).
53. Koizumi, A. *et al.*, Human sweet taste receptor mediates acid-induced sweetness of miraculin. *Proc Natl Acad Sci USA* 108, 16819–16824 (2011).
54. Adler, E. *et al.*, A novel family of mammalian taste receptors. *Cell* 100, 693–702 (2000).
55. Kuhn, C. *et al.*, Oligomerization of TAS2R bitter taste receptors. *Chem Senses* 35, 395–406 (2010).
56. Li, X. *et al.*, Pseudogenization of a sweet-receptor gene accounts for cats' indifference toward sugar. *PLoS Genet* 1, 27–35 (2005).
57. Jiang, P. *et al.*, Major taste loss in carnivorous mammals. *Proc Natl Acad Sci USA* 109, 4956–4961 (2012).
58. Zhao, H. *et al.*, Pseudogenization of the umami taste receptor gene *Tas1r1* in the giant panda coincided with its dietary switch to bamboo. *Mol Biol Evol* 27, 2669–2673 (2010).
59. Zhao, H. *et al.*, Molecular evidence for the loss of three basic tastes in penguins. *Curr Biol* 25, R141–R142 (2015).
60. Mosinger, B. *et al.*, Genetic loss or pharmacological blockade of testes-expressed taste genes causes male sterility. *Proc Natl Acad Sci USA* 110, 12319–12324 (2013).
61. Meyer, D. *et al.*, Expression of Tas1 taste receptors in mammalian spermatozoa: functional role of *Tas1r1* in regulating basal Ca^{2+} and cAMP concentrations in spermatozoa. *PLoS One* 7, e32354 (2012).
62. Lu, P. *et al.*, Extraoral bitter taste receptors in health and disease. *J Gen Physiol* 149, 181–197 (2017).
63. Lee, R. J. *et al.*, T2R38 taste receptor polymorphisms underlie susceptibility to upper respiratory infection. *J Clin Invest* 122, 4145–4159 (2012).
64. Bufe, B. *et al.*, The molecular basis of individual differences in phenylthiocarbamide and propylthiouracil bitterness perception. *Curr Biol* 15, 322–327 (2005).
65. 文部科学省「令和 2 年度学校保健統計」
66. Foresta, C. *et al.*, Expression of the PDE5 enzyme on human retinal tissue: new aspects of PDE5 inhibitors ocular side effects. *Eye* 22, 144–149 (2008).
67. Gross, C. G., Genealogy of the "grandmother cell". *Neuroscientist* 8, 512–518 (2002).
68. Quiroga, R. Q. *et al.*, Invariant visual representation by single neurons in the human brain. *Nature* 435, 1102–1107 (2005).
69. Gelbard-Sagiv, H. *et al.*, Internally generated reactivation of single neurons in human hippocampus during free recall. *Science* 322, 96–101 (2008).
70. Freiwald, W. A. & Tsao, D. Y., Functional compartmentalization and viewpoint generalization within the macaque face-processing system. *Science* 330, 845–851 (2010).
71. Chang, L. & Tsao, D. Y., The code for facial identity in the primate brain. *Cell* 169, 1013–1028 (2017).
72. Hudspeth, A. J., How the ear's works work. *Nature* 341, 397–404 (1989).
73. Brownell, W. E. *et al.*, Evoked mechanical responses of isolated cochlear outer hair cells. *Science* 227, 194–196 (1985).

74. Zheng, J. *et al.*, Prestin is the motor protein of cochlear outer hair cells. *Nature* 405, 149–155 (2000).
75. Ota, T. *et al.*, Characterisation of the static offset in the travelling wave in the cochlear basal turn. *Pflugers Arch* 472, 625–635 (2020).
76. Lagarde, M. M. M. *et al.*, Prestin's role in cochlear frequency tuning and transmission of mechanical responses to neural excitation. *Curr Biol* 18, 200–202 (2008).
77. Beurg, M. *et al.*, Localization of inner hair cell mechanotransducer channels using high-speed calcium imaging. *Nat Neurosci* 12, 553–558 (2009).
78. Pangršì, T. *et al.*, Otoferlin: a multi-C2 domain protein essential for hearing. *Trends Neurosci* 35, 671–680 (2012).

参考図書

・L・A・アーリー他『キャンベル生物学 原書 11 版』池内昌彦 他監訳，丸善出版（2018）.
・浅田義正・河合蘭『不妊治療を考えたら読む本』講談社（2016）.
・B・アルバーツ他『細胞の分子生物学 第 6 版』中村桂子・松原謙一監訳，ニュートンプレス（2017）.
・B・アルバーツ他『Essential 細胞生物学 原書第 5 版』中村桂子 他監訳，南江堂（2021）.
・D・エプスタイン『スポーツ遺伝子は勝者を決めるか？』福典之監修，川又政治訳，早川書房（2014）.
・R・H・エプスタイン『ホルモン全史』坪井貴司訳，化学同人（2022）.
・R・カニーゲル『メンター・チェーン』熊倉鴻之助訳，工作舎（2020）.
・北口哲也・塚原伸治・坪井貴司・前川文彦『みんなの生命科学』化学同人（2016）.
・T・W・サドラー『ラングマン人体発生学 第 11 版』安田峯生・山田重人訳，メディカルサイエンスインターナショナル（2016）.
・G・C・シェーンウォルフ他『ラーセン人体発生学 第 4 版』仲村春和・大谷浩監訳，西村書店（2013）.
・柴原浩章『実践　卵管学』中外医学社（2021）.
・J・スラック『エッセンシャル発生生物学 改訂第 2 版』大隅典子訳，羊土社（2007）.
・坪井貴司『知識ゼロからの東大講義　そうだったのか！ヒトの生物学』丸善出版（2019）.
・J・A・デイヴィス『人体はこうしてつくられる』橘明美訳，紀伊國屋書店（2018）.
・東京大学生命科学教科書編集委員会『理系総合のための生命科学 第 5 版』羊土社（2020）.
・東原和成『化学受容の科学』化学同人（2012）.
・仲野徹『生命科学者の伝記を読む』秀潤社（2011）.
・S・ファインスタイン『イグノランス：無知こそ科学の原動力』佐倉統・小田文子訳，東京化学同人（2014）.
・J・E・ホール『ガイトン生理学 原著第 13 版』石川義弘・岡村康司・尾中達史・河野憲二総監訳，ELSEVIER（2018）.
・山科正平『カラー図解人体誕生　からだはこうして造られる』講談社（2019）.
・山本健人『すばらしい人体』ダイヤモンド社（2021）.
・R・ルービン・D・S・ストレイヤー『ルービン病理学』鈴木利光 他監訳，西村書店（2017）.
・N・レンツ『人体，なんでそうなった？』久保美代子訳，化学同人（2019）.
・和田勝『基礎から学ぶ生物学・細胞生物学 第 4 版』羊土社（2020）.
・『細胞工学』秀潤社，vol. 33，no. 4（2014）.

著者紹介
坪井 貴司（つぼい たかし）
東京大学大学院総合文化研究科教授。博士（医学）。日本生理学会奨励賞、日本神経科学学会奨励賞、文部科学大臣表彰若手科学者賞を受賞。専門は、分泌生理学、内分泌学、神経科学。基礎・応用の両面から、腸内細菌がどのように腸管のホルモン分泌機能を調節し、摂食や認知機能を制御するのか研究している。著訳書に『知識ゼロからの東大講義 そうだったのか！ ヒトの生物学』（著書、丸善出版）、『キャンベル生物学 原書11版』（分担翻訳、丸善出版）、『みんなの生命科学』（共著、化学同人）、『魅惑の生体物質をめぐる光と影 ホルモン全史』（翻訳、化学同人）、『休み時間の細胞生物学 第2版』（著書、講談社）、『分子細胞生物学 第9版』（分担翻訳、東京化学同人）などがある。

知識ゼロからの東大講義
そこが知りたい！ ヒトの生物学　2時限目

令和 5 年 10 月 30 日　発　行

著作者　坪　井　貴　司

発行者　池　田　和　博

発行所　丸善出版株式会社
〒101-0051 東京都千代田区神田神保町二丁目17番
編集：電話(03)3512-3261／FAX(03)3512-3272
営業：電話(03)3512-3256／FAX(03)3512-3270
https://www.maruzen-publishing.co.jp

組版印刷・創栄図書印刷株式会社／製本・株式会社 松岳社

ISBN 978-4-621-30854-7　C 3045　　Printed in Japan